Studienskripten zur Soziologie

20 E.K.Scheuch/Th.Kutsch, Grundbegriffe der Soziologie
   Band 1 Grundlegung und Elementare Phänomene
   2. Auflage, 376 Seiten, DM 16,80

21 E.K.Scheuch, Grundbegriffe der Soziologie
   Band 2 Komplexe Phänomene und
   Systemtheoretische Konzeptionen
   In Vorbereitung

22 H.Benninghaus, Deskriptive Statistik
   (Statistik für Soziologen, Bd. 1)
   3. Auflage, 280 Seiten, DM 16,80

23 H.Sahner, Schließende Statistik
   (Statistik für Soziologen, Bd. 2)
   188 Seiten, DM 10,80

24 G.Arminger, Faktorenanalyse
   (Statistik für Soziologen, Bd. 3)
   198 Seiten, DM 12,80

25 H.Renn, Nichtparametrische Statistik
   Statistik für Soziologen, Bd. 4)
   138 Seiten, DM 9,80

26 K.Allerbeck, Datenverarbeitung in der
   empirischen Sozialforschung
   Eine Einführung für Nichtprogrammierer
   187 Seiten, DM 10,80

27 W.Bungard/H.E.Lück, Forschungsartefakte
   und nicht-reaktive Meßverfahren
   181 Seiten, DM 10,80

28 H.Esser/K.Klenovits/H.Zehnpfennig,
   Wissenschaftstheorie 1 Grundlagen
   und Analytische Wissenschaftstheorie
   285 Seiten, DM 16,80

29 H.Esser/K.Klenovits/H.Zehnpfennig,
   Wissenschaftstheorie 2 Funktionalanalyse
   und hermeneutisch-dialektische Ansätze
   261 Seiten, DM 15,80

30 H.v.Alemann, Der Forschungsprozeß
   Eine Einführung in die Praxis der
   empirischen Sozialforschung
   351 Seiten, DM 16,80

Fortsetzung auf der 3. Umschlagseite

Zu diesem Buch

Die Vermittlung methodischen Wissens nimmt heute
einen zentralen Bereich im Studium sozialwissenschaftlicher Fächer ein. Es wird in dieser Reihe
durch jeweils mehrere Bände in "Techniken der Datenerhebung" und zur "Statistik für Soziologen"
vertreten.

Dennoch zeigen sich bei der Umsetzung dieses Wissens in der Forschungspraxis gewaltige Probleme
und Mängel. Didaktisch gut aufbereitete "Aufgaben"
zum Einüben in die "Methoden" erfolgreich zu bewältigen ist offensichtlich etwas anderes, als in der
Praxis für eine inhaltliche Fragestellung methodische Konzepte überhaupt erst auszusuchen und anzupassen. Nur allzuoft bleiben dabei "Methode" oder
Inhalt auf der Strecke.

Diese "Methodenkritik" arbeitet die Probleme und
Mängel in der konkreten empirischen Sozialforschung
auf. Damit soll das methodische Wissen einerseits
vertieft, andererseits die Sensibilität gegenüber
den Problemen empirischer Forschung erhöht und die
Fähigkeit zu sachgemäßer Kritik behaupteter Ergebnisse gefördert werden. Dieser Band wendet sich daher sowohl an Studenten der Soziologie, Psychologie,
Pädagogik, Politologie, Publizistik und Medizin, als
auch an die Praktiker in diesen Bereichen.

Studienskripten zur Soziologie

Herausgeber: Prof. Dr. Erwin K. Scheuch
          Dr. Heinz Sahner

Teubner Studienskripten zur Soziologie sind als in
sich abgeschlossene Bausteine für das Grund- und
Hauptstudium konzipiert. Sie umfassen sowohl Bände
zu den Methoden der empirischen Sozialforschung,
Darstellungen der Grundlagen der Soziologie, als
auch Arbeiten zu sogenannten Bindestrich-Soziologien,
in denen verschiedene theoretische Ansätze, die Entwicklung eines Themas und wichtige empirische Studien
und Ergebnisse dargestellt und diskutiert werden.
Diese Studienskripten sind in erster Linie für Anfangssemester gedacht, sollen aber auch dem Examens-
kandidaten und dem Praktiker eine rasch zugängliche
Informationsquelle sein.

Methodenkritik empirischer Sozialforschung

Eine Problemanalyse sozialwissenschaftlicher Forschungspraxis

Von Prof. Dr. phil. Jürgen Kriz
Universität Osnabrück

B. G. Teubner Stuttgart 1981

Prof. Dr. phil. Jürgen Kriz

1944 in Ehrhorn/Soltau geboren. Studium der
Psychologie und Sozialpädagogik (Hamburg), dann
Psychologie, Astronomie und Philosophie (Wien).
1969 Promotion in dieser Fächerkombination.
1967-70 als Scholar/Forschungsassistent am
Institut für Höhere Studien in Wien, 1970-72
als wiss.Rat am Seminar für Sozialwissenschaften
der Universität Hamburg, 1972-74 Professor für
"Empirie/Statistik" an der Fakultät für Soziologie
der Universität Bielefeld, ab 1974 o.Prof. für
"Empirische Sozialforschung und Statistik und ihre
wissenschaftstheoretischen Grundlagen" an der
Universität Osnabrück.

CIP-Kurztitelaufnahme der Deutschen Bibliothek

Kriz, Jürgen:
Methodenkritik empirischer Sozialforschung :
e. Problemanalyse sozialwissenschaftl. Forschungs-
praxis / von Jürgen Kriz. - Stuttgart : Teubner,
1981.
   (Teubner Studienskripten ; 49 : Studienskripten
   zur Soziologie)
   ISBN 978-3-519-00049-5   ISBN 978-3-322-94917-2 (eBook)
   DOI 10.1007/978-3-322-94917-2
NE: GT

Umschlaggestaltung: W. Koch, Sindelfingen

Vorwort

Dieses Buch ist Produkt meiner mehr als zehnjährigen Auseinandersetzung mit den Problemen empirischer Forschung in den Sozialwissenschaften. Es wendet sich an Studenten, Kollegen und Praktiker in der Hoffnung, einen Besinnungs- und Diskussionsprozeß zu fördern über den Stand sozialwissenschaftlicher Methodik in der Forschungspraxis. Es ist ein sehr kritisches Buch geworden, wenngleich ich mich bemüht habe, äußerst vorsichtig und unpolemisch zu formulieren und meine steigenden Empfindungen von Sarkasmus und Resignation bei der Analyse empirischer Arbeiten und der Methodenpraxis in meiner scientific community nicht durch die Formulierungen sondern durch die Sache zu vermitteln.

Mein Anliegen ist es, mit diesem Band den Leser sensibler zu machen gegenüber dem sozialwissenschaftlichen Unsinn, der unter Berufung auf scheinbar objektive (und damit intendiert: unantastbare) "Methoden" als wahre und kaum mehr zu hinterfragende Erkenntnis ausgegeben wird. Es soll gezeigt werden, wie stark Inhalt und "Methoden" tatsächlich miteinander verknüpft sind und beide zusammen nur Sinn in einem diskursiven Prozeß haben können. Der Unsinn beginnt also dort, wo sozialwissenschaftliche Theorie von den "Methoden" getrennt wird - man sehe sich daraufhin die Gliederung der Universitätsveranstaltungen oder die Konzeption von Verlegern und Herausgebern sozialwissenschaftlicher Literatur an! - mit dem praktischen Erfolg (wie spätestens in Teil III deutlich werden soll), daß der sozialwissenschaftliche Sachverstand dort abgeschaltet wird, wo die "Methoden" beginnen. Mein Anliegen ist also dazu aufzurufen, (Sozial-)Wissenschaft wieder stärker als diskursiven Prozeß zu begreifen, dessen Sinn und Fortschritt von einer stärkeren Diskussion zwischen den Forschern abhängt.

Die Trennung von Theorie und "Methode" wird allerdings auch von manchen Methodikern vorangetrieben, die ihre phantastischen

Modelle im obersten Stockwerk des Elfenbeinturms basteln und dort vom hehren Licht der Wissenschaft so geblendet sind, daß sie die Probleme der Forscher auf dem Erdboden nicht mehr wahrzunehmen vermögen - oder, wie ein ehemaliger Freund von mir formulierte, "nur noch in amerikanischen Zeitschriften publizieren, da das Niveau deutschsprachiger Sozialwissenschaftler ohnedies zu niedrig ist" (sinngemäße Wiedergabe). An diese - gottlob wenigen - Kollegen wendet sich mein Buch nicht. Mir geht es nicht um die hehren Methodenprobleme, sondern um die konkreten Probleme in der (in Publikationen niedergeschlagenen) Praxis _meiner_ scientific community, die damit auch meine Probleme sind.

Bei einer so langen Bearbeitungszeit haben sehr viele durch Diskussion zu diesem Band beigetragen. Ihnen allen möchte ich herzlich danken; hervorheben möchte ich meine Studenten - und die Scholaren während einer Gastprofessur am "Institut für höhere Studien und wissenschaftliche Forschung" in Wien - deren Fragen und Kritik mir sehr weitergeholfen haben. Namentlich danken möchte ich wegen ihrer konkreten Beiträge zur schriftlichen Fassung in der Endphase dieses Jahres Dr. Heinz Sahner und Dr. Ralf Lisch, der auch das Register erstellte.

In diesem Band ist oft von "Relevanz" und "Lebensbedingungen" die _Rede_. Beschämt muß ich feststellen, daß mir die _weitergehende_ Bedeutung erst in letzter Zeit wirklich bewußt geworden ist. Trotz der rund 500 000 Buchstaben dieses Bandes steht nur jeweils 1 Buchstabe für 70 Kinder, die wir allein 1980 haben verhungern lassen (um nur _ein_ wirklich relevantes Problem zu benennen). Diesem namenlosen Elend, das ansonsten in diesem Band wie auch in anderer sozialwissenschaftlicher Literatur weitgehend vergessen wurde, soll dieses Buch (und Honorar) gewidmet sein, auch wenn dies allein wenig ändert.

Osnabrück, Ende 1980   Jürgen Kriz

Inhaltsverzeichnis

Vorbemerkung: Zum Anliegen dieses Buches

In der Besorgnis, daß besonders Teil III nicht nur (erwünschte) heftige Diskussion, sondern auch Mißverständnisse
auslösen wird, will ich versuchen, dem Leser Anliegen und
Entstehungsgeschichte des vorliegenden Werkes näherzubrin-
gen, in der Hoffnung, damit einigen Fehlinterpretationen
vorzubeugen.

Als ich vor gut 10 Jahren erste Seminare zum Thema "Forschungskritik" durchführte, ging es mir darum, den Studenten zu zeigen, welche Fehler bei der Umsetzung methodischen
Wissens in die Forschungspraxis - so wie sie sich in sozialwissenschaftlichen Publikationen niederschlägt - entstehen
können. Es handelte sich praktisch um Aufbauveranstaltungen
zu den - allgemein üblichen - Grundkursen in "Methoden empirischer Sozialforschung" und "Statistik", in denen wir -
nicht ohne Überheblichkeit und Sadismus - empirische Publikationen auf Mängel und Fehler hin sezierten. Dieses Vorha-
ben rechtfertigte sich aus meiner (damaligen) Ansicht, methodische Mängel empirischer Sozialforschung hätten im wesentlichen ihre Ursache darin, daß die Forscher eben zu geringe oder mangelhafte Methodenkenntnisse besäßen; und wenn
man Studenten nur gründlich in den "Methoden" ausbilde und
zusätzlich noch an konkreten Fehlern in Veröffentlichungen
schulen würde, könnten bessere Sozialforscher nachrücken und
damit würden die methodischen Mängel mittelfristig aus der
Sozialforschung von selbst verschwinden.

Diese Ansicht mußte mit wachsender Anzahl analysierter Arbeiten und dem steigenden Ausmaß persönlicher Kontakte in
der scientific community revidiert werden. Einerseits zeigte
sich nämlich, daß es sich keineswegs um vereinzelte Arbeiten
handelte, sondern daß in praktisch jeder herausgegriffenen
Arbeit bei genügendem Aufwand für die Reanalyse - sofern
diese überhaupt möglich war - gravierende methodische Mängel

zu finden waren. Andererseits lernte ich manchen kritisierten Autor in anderen Zusammenhängen durchaus als ehrenwertes
Mitglied der scientific community kennen. Beides führte weg
von einer individualisierten Betrachtungsweise der Ursachen
unzureichender Forschungspraxis - diese nämlich in den mangelnden Methodenkenntnissen einzelner Forscher zu sehen - hin
zu strukturellen methodischen Problemen. Für mich wurde deutlich, daß die in so vielen Arbeiten konkret aufgetretenen
Mängel nicht so sehr an isolierten methodischen Detailun-
kenntnissen liegen, sondern auf umfassendere Mißverständnisse
methodischer Konzepte im Forschungsprozeß zurückzuführen
sind, die zudem durch das Publikationsverhalten und dessen
Sanktionen in der scientific community stabilisiert werden
müssen. Entsprechend hatten dann in meinen Seminaren die
konkreten Mängel in den analysierten Arbeiten nur noch exem-
plarischen Charakter: Es ging mir eigentlich darum, diese
grundlegenden methodischen Probleme zu vermitteln und herauszuarbeiten, was ehrenwerte intelligente Forscher daran hindert, sogar extreme und eklatante Widersprüche, Ungereimtheiten und Unsinnigkeiten in den behaupteten Ergebnissen,
Tabellen etc. selbst zu entdecken. Dieser Analyseebene entspricht Teil II dieses Werkes.

Je klarer bei der Analyse der Struktur methodischer Probleme
herausgearbeitet wurde, daß ein wesentliches Moment damit
zusammenhängt, daß Forschung durch den Methodenapparat als
objektivierter und nicht so sehr diskursiver Prozeß wahrgenommen wird (d.h. daß die jeweilige _Perspektive_, unter der
Realität erfaßt und weiterverarbeitet wird, nicht mehr als
solche erkannt wird), stellte sich die Frage nach meiner
eigenen Perspektive. Mir wurde deutlich, daß die unternom-
mene Forschungskritik implizit einen normativen Standpunkt
beinhaltet, von dem aus die Analyse und die Abstraktion der
konkreten Mängel (Ebene III) zu strukturellen Problemen
(Ebene II) unternommen wird. In dem Bemühen, diesen Standpunkt explizit zu machen, ergab sich eine Auseinandersetzung

mit der Frage, welche Funktion Forschung - und insbesondere
das Instrumentarium der empirischen Sozialforschung - eigentlich (normativ gesehen) hat (Ebene I).

Die in diesem Buch vorgetragene Argumentationsfolge der Forschungskritik - von der methodologischen über die methodische hin zur praktisch-empirischen Ebene - hat sich also im
Laufe eines Jahrzehnts in umgekehrter Reihenfolge für mich
herausgeschält; mit dem Erreichen einer höheren Ebene hat
sich allerdings jeweils auch das Verständnis für die Phänomene auf der darunterliegenden grundsätzlich gewandelt, so
daß mir heute die gewählte Reihenfolge in der Darstellung
als sinnvollste und angemessenste erscheint. Trotzdem kann
ich mir vorstellen, daß gerade der an konkreten Problemen
interessierte und orientierte Leser mit größerem Gewinn die
Ausführungen zunächst "rückwärts" (also Teil III, dann II,
dann I) verfolgt - bzw. gegebenenfalls mit Teil II beginnt.
Ich habe mich bemüht, selbst auf die Gefahr von Redundanzen
hin, die Teile auch einzeln möglichst verständlich zu gestalten.

Da nun allerdings eine solche Vorgehensweise - wie auch das
Lesen einzelner Stellen aus dem Gesamtzusammenhang - verstärkt den Eindruck entstehen lassen könnte, es ginge darum,
einzelne Arbeiten oder Autoren zu "zerreißen", will ich hier
nochmals ganz explizit auf mein wirkliches Anliegen verweisen: Das Buch wäre nicht geschrieben worden, wenn es um einzelne mangelhafte Forschungsarbeiten ginge. Statt dessen geht
es um grundsätzliche Probleme in der scientific community,
die nicht - jedenfalls nicht allein - dadurch gelöst werden
können, daß eine umfassendere und intensivere Ausbildung in
"Erhebungsmethoden" und "Statistik" erfolgt. Sie hängen vielmehr damit zusammen, daß sich die "Methoden" verselbständigt
haben, daß wir zunehmend verlernt haben, nach der inhaltlichen Bedeutung und Relevanz der methodischen Schritte zu
fragen und die "Methoden" jeweils den Inhalten anzupassen -

so wie es in den Anfängen der empirischen Sozialforschung
z.B. für DURKHEIM oder LAZARSFELD noch selbstverständlich
war. Wer sich hämisch über die vielen aufgezeigten Mängel
der in Teil III referierten Arbeiten freut, hat dieses Werk
gründlich mißverstanden.

Ein weiteres Mißverständnis - das sich allerdings ebenfalls
nur aus einer sehr oberflächlichen Lektüre ergeben könnte -
hat ein empirisch arbeitender Kollege am Ende eines Seminars
polemisch überspitzt (und hoffentlich nicht ernst gemeint)
wie folgt formuliert: "Ich habe gelernt, wie man in Publikationen die Ergebnisse und Daten noch viel raffinierter tar-
nen muß, damit man nicht so leicht die Probleme und Artefakte aufdecken kann." Demgegenüber wird hier die Position vertreten, daß Forschung (wie "Leben" schlechthin) gar nicht
problemlos sein kann, denn jeder Forschungsansatz ist verbunden mit einem bestimmten Standort, von dem aus die Wirklichkeit sinnhaft strukturiert wird. Wie ausgeführt wird,
kann intersubjektive Faktizität aber gerade erst in Auseinandersetzung solcher unterschiedlichen Perspektiven entstehen.

Anliegen dieses Buches ist es, für einen stärkeren Diskurs
der Forscher zu plädieren und die Fähigkeit zur Methoden-
-Kritik zu fördern, damit zwischen Fakten und Artefakten im
sozialwissenschaftlichen Forschungsprozeß differenziert werden kann.

I. METHODOLOGISCHE EBENE

ASPEKTE EINES NORMATIVEN MODELLS EMPIRISCHER SOZIALFORSCHUNG

1. Einleitung: Zum Stellenwert der normativen Perspektive

Die Analyse konkreter empirischer Forschungsarbeiten (Teil III)
belegt, daß Sozialforscher und ihre scientific community
(Kollegen, Herausgeber, Beirat, Leser) selbst gravierende inhaltliche Widersprüche und Unsinnigkeiten der vorgetragenen
Ergebnisse in Publikationen kaum bemerken, wenn diese Ergebnisse mit scheinbar "objektiven Methoden" erbracht wurden.

Fragt man nach den Ursachen, so zeigt sich auf der methodischen Ebene (Teil II), daß der Stellenwert des methodischen
Instrumentariums im Forschungsprozeß falsch eingeschätzt wird,
wodurch sich durchaus sinnvolle methodische Konzepte (z.B.
"Signifikanz", "Indikatorbildung", "Korrelation" etc.) aus
dem Handlungszusammenhang, der ihnen jeweils Sinn gibt, herausgelöst und verselbständigt haben.

Hinter der letzten Aussage - so verkürzt sie hier ist - steckt
implizit eine normative Position: Wenn nämlich der "Stellenwert des methodischen Instrumentariums _falsch_ eingeschätzt
wird", so stellt sich unmittelbar die Frage, wie denn die
"_richtige_" Interpretation lautet, d.h. welche Funktion das Instrumentarium im Prozeß empirischer Sozialforschung "eigentlich" haben sollte. Dazu sollen einige wesentliche Gedanken
im folgenden ausgeführt werden. Im Gesamtzusammenhang hat
dieser erste Teil also die Aufgabe, das normative Gerüst für
die Beurteilung der Funktion und des Sinns des methodischen
Instrumentariums in den Sozialwissenschaften zu entwickeln,
mit dem dann dessen konkrete Verwendung im Forschungsprozeß
problematisiert und kritisiert werden kann. Im zweiten, eher
methodischen Teil soll vor diesem Hintergrund ausgeführt wer-

den, <u>wie</u> eine Fehlinterpretation des Stellenwertes methodischer Schritte zu inadäquaten und widersprüchlichen Ergebnissen führen kann. Deren Nachweis im konkreten Forschungsprozeß anhand exemplarisch herausgegriffener Publikationen soll der dritte Teil leisten.

Um den Argumentationsstrang möglichst durchgehend über diese drei Ebenen der Forschungskritik zu ziehen, wird hier auf eine breitere Erörterung wissenschaftstheoretischer Grundpositionen verzichtet. Es ist - gerade angesichts der hier vertreten Meinung - selbstverständlich, daß die vorgetragenen Argumente immer schon einen engen Bezug zu der Diskussion in der scientific community haben müssen. Wenn somit zwangsläufig alle Gedanken in Auseinandersetzung mit anderen Autoren entstanden, sollen diese doch nur insofern explizit aufgeführt werden, wie entweder unmittelbar zitiert wird oder aber ein Hinweis auf weitergehende Ausführungen für den Leser besonders notwendig erscheint.

Unabhängig von jeder spezifischen wissenschaftstheoretischen Position besteht wohl dahingehend Konsens, daß empirische Sozialforschung (wie jede empirische Wissenschaft) eine spezielle Form von <u>Erfahrung</u> beinhaltet. Dabei weist bereits die doppelte Bedeutung von "Erfahrung" - einmal im Sinne von "ich erfahre" an mein <u>hier</u> und <u>jetzt</u> gebunden, zum anderen im Sinne von "bisheriger Erfahrung" auf die Ansammlung des zu unterschiedlichen Zeitpunkten an unterschiedlichen Orten bisher Erfahrenen abzielend - darauf hin, daß Erfahrung immer nur vor dem Hintergrund der Interdependenz <u>phylogenetischer</u>, <u>soziogenetischer</u> und <u>ontogenetischer</u> Entwicklung des Erfahrenden verstanden werden darf; das bedeutet

<u>phylogenetisch</u>: das, was ich erfahre, ist gebunden an den stammesgeschichtlichen Entwicklungsstand "Mensch" - insbesondere an die spezifischen Sinnesorgane und das zentrale Nervensystem,

soziogenetisch: meine Erfahrung ist gebunden an den Ent-
wicklungsstand der Gesellschaft, in der ich
sozialisiert worden bin (mit ihren spezifischen Interaktionsregeln und materiellen
Gegebenheiten),

ontogenetisch: ich kann bei neuer Erfahrung das bisher Ge-
lernte nicht ignorieren, meine Vergangen-
heit prägt mit die Erfahrungsstruktur meiner Gegenwart und der Zukunft.

Dieser dreifache entwicklungsgeschichtliche Hintergrund für
die Erfahrung jedes menschlichen Individuums ist komplex miteinander verwoben und soll im folgenden immer mitbedacht -
kann aber nicht an jeder einzelnen Stelle in seinen Auswirkungen expliziert - werden.

Stattdessen soll der Vorgang der Erfahrung in einer anderen
Dimension differenziert werden: Um den Stellenwert empirischer Sozialforschung und ihres methodischen Instrumentariums
im Erkenntnisprozeß zu verdeutlichen, sollen einige Aspekte
hinsichtlich der Unterschiedlichkeit und Gemeinsamkeit von
individueller, gesellschaftlicher und wissenschaftlicher
Erfahrung erörtert werden. Dabei ist nach der obigen Feststellung wohl selbstverständlich, daß eine solche Trennung nur
analytische Funktion haben kann, und sich im konkreten Forschungsprozeß alle drei Aspekte der Erfahrung nicht trennen
lassen. Die individuelle Erfahrung des Forschers ist immer
schon geprägt durch die jahrtausende dauernde Erfahrung seiner Gesellschaft, in die er hineingeboren wird, sowie durch
die spezifische Erfahrung seiner scientific community, in die
er aufgenommen wurde. Ebenso ist wissenschaftliche Erfahrung
abhängig von der Gesellschaft und wirkt wieder verändernd auf
diese zurück (man denke nur an den großen Anteil technischer
Ausdrücke in unserer Alltagssprache). Trotz dieser Strukturen
ist die Quelle der Erfahrung das Individuum, in Interaktion
mit der Natur und anderen Individuen.

2.   Komponenten der Erfahrung

2.1. Individuelle Erfahrungskomponente

Gegenstand der Erfahrung (und somit auch jeder empirischen
Wissenschaft) ist - so könnte man zunächst unpräzise sagen -
Realität. Das, was wir üblicherweise unter "Realität" verstehen, nämlich unsere Wirklichkeit, ist nun allerdings bereits Ergebnis eines aktiven Erkenntnisprozesses: Jede Realität wird nämlich durch Interaktion zweier Systeme konstituiert, und zwar eines erfahrenden Systems mit einem zu erfahrenden System. Man kann sich diesen Vorgang der Reali-
tätskonstitution veranschaulichen, indem man als Beispiel
einen Mann (erfahrendes System) wählt, der etwas (zu erfahrendes System) erblickt (Interaktion), das er als "Stück
braunes Plastikband" (Realität) identifiziert.

Realität ist immer an die Wechselwirkung beider Systeme gebunden, existiert also (so) nicht unabhängig vom erfahrenden System. Es ist ebenso unsinnig, extrem idealistisch das
braune Plastikband nur für eine subjektive Fiktion zu halten,
wie extrem materialistisch zu meinen, auch ohne den erkennenden Mann läge dort ein "braunes Plastikband". Schon die Qualität "braun" ist, in physikalischen Kontexten interpretiert,
nichts anderes als die Tatsache, daß das "etwas" bevorzugt
elektromagnetische Schwingungen von einer bestimmten Wellenlänge reflektiert; erst in Interaktion mit dem Menschen
(also den Rezeptoren im Auge und der Verarbeitung im zentralen Nervensystem, ZNS) wird die subjektive Qualität "braun"
konstituiert.

Da - wieder in physikalischen Kontexten gesprochen - unterschiedliche Atome des Plastikbandes von unterschiedlichen
Atomen der Unterlage und unterschiedlichen Atomen der Luft
umgeben sind, bedarf es zunächst einer aktiven Ordnungslei-

<u>stung</u> seitens des erfahrenden Systems, die Atome von Unter-
lage, Luft und Plastikband zu trennen, d.h. eine Wahrnehmungs-
figur durch Heraushebung aus ihrem Hintergrund zu identifizieren. Soweit wir heute wissen, ist der größte Teil dieser
Leistung bereits angeboren. Natürlich können wir als Er-
wachsene gar kein "braunes Plastikband" wahrnehmungsmäßig
konstituieren, das nicht zusätzlich unsere persönliche und
gesellschaftliche Erfahrung an die Begriffe "braun", "Pla-
stik", "Band" etc. und sehr viele damit verbundene Assoziationen ungewollt wachriefe. Doch auch der Säugling oder die
isoliert aufgezogene Katze greift nach dem (sich bewegenden)
"etwas". Auch sie konstituieren dies "etwas" zu einem Teil
<u>ihrer</u> Wirklichkeit, die also nicht begrifflich oder gesell-
schaftlich strukturiert ist.

Es ist allerdings faktisch unmöglich, über das "etwas" vor
seiner Konstitution zu reden. Radiosterne gab es für uns
erst, als wir entsprechende Apparate bauen konnten, die in
Interaktion mit den ausgestrahlten Schwingungen treten konnten (obwohl es klar ist, daß auch vorher schon "etwas" da
war, was wir dann als Radiostern identifizierten). Daher war
es oben unkorrekt, vom "zu erfahrenden System" zu reden,
denn "System" ist ebenso wie "braun" oder "Schwingung" ein
Begriff, der sich nur auf bereits konstituierte Wirklichkeit bezieht. Statt von "zu erfahrendem System" soll daher
einfach von "Welt" gesprochen werden; damit ist potentielle
oder latente Realität gemeint, die dann eben erst durch die
Interaktion mit einem bestimmten erfahrenden System konstituiert und damit als spezifische Realität manifest wird. [1]

Ein erfahrendes System bedarf bestimmter Rezeptoren, mit
denen es in Interaktion mit der Welt treten kann, und in Abhängigkeit davon wird eine begrenzte und spezifische Realität konstituiert. Was in Interaktion mit dem menschlichen
Auge (und dem Verarbeitungsapparat im zentralen Nervensystem)
zur Realität "braunes Plastikband" führte, kann in spezifi-

scher Interaktion mit den Magnetköpfen eines Tonbandgerätes
zu elektrischen bzw. durch den Verstärker und den Laut-
sprecher zu akustischen Schwingungen führen (die dann in
Interaktion mit dem Menschen über das Ohr zu einem "Klavierkonzert" werden), oder sich in Interaktion mit den Reagenzien, die ein Chemiker benutzt, als Realität "Polyester
mit Eisenoxyd" herausstellen. Seine angeborenen Rezeptoren
hat der Mensch also (besonders im Laufe der letzten Jahr-
hunderte) um eine große Anzahl künstlicher Erfassungsinstru-
mente erweitert, nämlich z.B. physikalische Apparate, die
eine bis dahin völlig unbekannte Realität konstituiert haben (z.B. "Radioaktivität", "Protonen", "Radiosterne",
etc.).

Erfaßbare Realität ist ferner vom Gesamtzustand des erfahrenden Systems abhängig; d.h. wie bei der Konstitution die Wirklichkeit strukturiert und weiterverarbeitet wird. Im Falle
des Menschen ist die Wirklichkeit nicht nur von den natürlichen und künstlichen Rezeptoren, sondern auch vom Zustand
des dahinterliegenden Verarbeitungsapparates (dem ZNS und
seinen Einsatzmöglichkeiten) abhängig. Damit ist nicht nur
die biologische Ausstattung gemeint, sondern der ontogeneti-
sche Zustand des ZNS, der beim untersuchenden Forscher insbesondere durch Fragestellung, Interesse und bisherige Erfahrung beeinflußt wird. So zeigt die Gestaltpsychologie,
daß bei "derselben" Vorlage unterschiedliche Figuren aus dem
Grund hervorgehoben werden. Im obigen Beispiel ist nicht nur
eine Interaktion des braunen Bandes mit den Köpfen eines
Tonbandgerätes möglich und "ergibt" dann beim Menschen ein
"Klavierkonzert", sondern die Interaktion mit den ähnlichen
Rezeptoren (Magnetköpfen) eines Videorecorders lassen das
Bild einer "Katze" entstehen, oder die Magnetbandstation
eines Computers strukturiert die unterschiedliche Magneti-
sierung auf demselben Band in Interaktion mit ihren Magnetköpfen zu alphamerischen Zeichen, die dann auf dem Drucker
ausgegeben und vom Menschen als "Text" gelesen werden.

Rezeptoren und Verarbeitungsapparat wirken somit bei der Erfahrung praktisch untrennbar zusammen. Beim heutigen Menschen ist nun dieser Verarbeitungsapparat nicht nur durch seine biologische Struktur bestimmt, sondern insbesondere auch durch die Kultur, in die er hineingeboren wird und die seine Erfahrungsmöglichkeiten steuert, worauf gleich noch näher eingegangen wird. Trotzdem ist ganz am Anfang der Menschwerdung - sowohl phylogenetisch als auch jeweils ontogenetisch - Erfahrung eben zunächst rein subjektiv und individuell. Ebenso ist die Erfahrung von Wirklichkeit unterschiedlicher Menschen trotz weitgehend gleichem Gehirn und gleichen Rezeptoren, selbst wenn sie in derselben Familie aufgewachsen sind, eben nicht _identisch_, d.h. es gibt auch noch beim voll sozialisierten Menschen eine nicht zu unterschätzende Komponente rein individueller Erfahrung.

Entscheidend für den weiteren Fortgang der Argumentation ist nun die Frage, wie trotz der Tatsache, daß jeder Mensch individuelle Rezeptoren und _sein_ ZNS hat, so etwas wie gesellschaftliche Erfahrung, d.h. intersubjektiv gültige Wirklichkeit entstehen kann. Denn die Gleichheit der biologischen Struktur und eine gleiche Umwelt erklären nur, daß jedes Individuum Wirklichkeit _für sich_ in ähnlicher Weise konstituiert (und das tun zwei Katzen in gleicher Umgebung wohl auch). Wesentlich aber für gesellschaftliche Erfahrung ist, daß ich weiß, daß ich meine Wirklichkeit weitgehend mit anderen teile und daß sie das auch wissen, d.h. daß wir uns über die gemeinsame Wirklichkeit verständigen und sie miteinander intentional verändern können. Die zentrale Frage lautet also, wie führt individuelle Erfahrung zur Erfahrung interindividueller Faktizität?

2.2. Gesellschaftliche Erfahrungskomponente

Bekanntlich ist der Mensch, der ja mit seiner Geburt biolo-

gisch vom Versorgungssystem der Mutter abgenabelt ist,
allein völlig hilflos, nicht lebensfähig und braucht wesentlich länger als jedes andere Lebewesen, bevor er für seine
elementarsten Bedürfnisse selbst sorgen könnte. Schon daher
ist es lebensnotwendig, Realität so zu konstituieren, daß
zwischen Menschen, die zunächst als Eltern nahezu alle seine
wichtigen Bedürfnisse befriedigen, und anderer Realität
differenziert werden kann. Insbesondere muß erfahren und gelernt werden, daß und wie mit diesen Menschen Kommunikation
möglich ist.

Diese Menschen strukturieren die mögliche Interaktion mit
der Welt zudem gezielt so, daß bevorzugt bestimmte Erfahrungen gemacht werden können: Die Konfrontation mit Nahrung,
Kleidung, Spielzeug, Lernmaterial, Sprache, Umgangsregeln
etc. erfolgt als selektives Angebot. Eltern geben also auf
diesem Wege das jeweils selbst Erfahrene teilweise an die
nächste Generation weiter.

Damit allein wäre Kumulation von Erfahrung allerdings ausschließlich an Ontogenese gebunden; zu einer solchen Erfahrungskumulation, die in jeder Generation auf praktisch
gleiche Weise erfolgt, und die mit dem individuellen Tod
endet, ist nämlich auch das Tier fähig. Das spezifische der
gesellschaftlichen Erfahrung beginnt erst in dem Augenblick,
wo es gelingt, individuelle Erfahrung durch Veränderung der
materiellen Welt weiterzugeben - also insbesondere mit der
ersten Werkzeugherstellung. Damit kann eine Kumulation von
Erfahrung über die Generationen hinweg erfolgen: Man braucht
das Rad und den Hammer nicht in jeder Generation neu zu erfinden; diese Erfindungen liegen als materielle Realisationen vor und werden oft bereits vom Kleinkind sensumotorisch
erfahren. Insgesamt enthält unsere heutige Umwelt kaum noch
rein Natürliches: Jahrtausende kumulierte Erfahrung ist in
nahezu allen Gegenständen des täglichen Lebens materiell
manifestiert.

Ebenso wichtig, wie die Kumulation von Erfahrung in Form von
veränderter Materie, ist für die Soziogenese die Herausdif-
ferenzierung von Sprache. Selbst die materielle Weitergabe
von 'Erfindungen' bedarf des kommunikativen Kontaktes, bei
dem durch Gesten und Laute gemeinsamer Sinn gestiftet wird.
Sprache ermöglicht darüber hinaus kooperatives, arbeitstei-
liges Handeln, sowie einen leichteren raum-zeitlichen Trans-
port von Erfahrung (und zwar auch von kumulierter Erfahrung).
Es ist nun leicht einsehbar, daß von dem Spektrum individueller Erfahrung sich insbesondere jenes materiell und sprachlich niederschlägt, was zur besseren Lebensbewältigung in
Form von kooperativem Handeln erforderlich und brauchbar
ist. Sprache leistet also zusammen mit der materiellen Um-
gestaltung erfahrbarer Welt die Koordination von individueller Erfahrung im gemeinschaftlichen Handeln.

In der Sozialisation ist es allerdings nicht nur wichtig,
daß bestimmte Erfahrungen gegenüber der materiellen Umwelt
gemacht und Handlungen (z.B. Hantieren von Werkzeug) routi-
nemäßig erlernt werden, sondern dasselbe gilt in bezug auf
andere Individuen (zunächst die Eltern): Man lernt also
nicht nur die Eigenschaften bzw. Wirkungen der Objekte (z.B.
Rollen des Wagens, Brennen des Feuers) vorherzusehen, sondern auch das typische Handeln anderer Menschen, insbesondere wieder jenes, das für gemeinsame Aktivitäten relevant
ist. Am Bahnhof kann ich den Mann mit der blauen Mütze nach
Auskunft fragen, und er weiß, daß ich das weiß etc. Solches
Wissen erspart zwei aufeinandertreffenden Individuen, alle
gemeinsamen Belange jeweils neu auszuhandeln. Ohne die einzelnen Schritte hier ausführen zu können, ist wohl nachvollziehbar, daß solche typischen Handlungen und das Wissen
um sie zu Rollen und diese zu Bausteinen der Institutionen
und letztlich der gesamten Gesellschaftsordnung werden.[2]

Das neugeborene Individuum findet die gesellschaftlichen
Objekte, Rollen (Gesellschaftsstruktur) und Sprache nicht

nur bereits vor, sondern erhält gezielt deren <u>Sinn</u> vermittelt. Nur so ist es zu verstehen, daß z.B. die (verminderte) "Rollreibung" - d.h. das Prinzip des Rades - oder die "Fallgesetze" einerseits nicht in jeder Generation neu entdeckt werden müssen, andererseits jedoch auch nicht "immer schon" so erfahren wurden. Die Konstitution der Welt zur Wirklichkeit erfolgt sinnhaft; und Sinn, so hatten wir herausgestellt, wird insbesondere durch gemeinsames Handeln gestiftet. Die Sozialisation hat sicherzustellen, daß man bestimmte Dinge und Handlungen eben nur in interindividuell gleicher Weise erfährt und sich ihnen gegenüber konform verhält. Das erleichtert sowohl das Leben der Vorgeneration als auch das der folgenden: Interindividuell akzeptierte Fakten ersparen es, Routinehandlungen immer wieder neu miteinander abzustimmen und ihren Sinn problematisieren zu müssen. Das Wissen um gleichartige Erfahrung der materiellen Welt (Objekte) und gleichartiges Handeln (Rollen) bezieht sich also (wie die Herausbildung von Sprache) auf solche Realitätsbereiche, die gesellschaftlich relevant sind. Ich weiß um die Intersubjektivität meiner Erfahrung von Tisch, Eisenbahn und Brot und kann gut darüber reden. Meine Erfahrung beim Hören von Mahlers dritter Sinfonie oder während der Meditation ist hingegen weitgehend individuell und sprachlich kaum vermittelbar.[3)]

Die gesellschaftliche Komponente der Erfahrung ist somit gekennzeichnet durch die in der Soziogenese kumulierte Erfahrung in Form von funktional veränderter Materie sowie erwartbaren Handlungsmustern und gemeinsamen Wissensbeständen darüber, ferner durch Sprache, um diese Wissensbestände weiterzugeben und individuelle Erfahrung im Hinblick auf gesellschaftlich relevantes Handeln zu synchronisieren. Es ist klar, daß in der historischen Entwicklung das gegenseitige Abstimmen und Überdauern der rein individuellen Erfahrung durch interindividuelle Konstitution von Dingen, Symbolen und Rollen höchst funktional ist, nämlich um die Lebenschan-

cen der Spezies Mensch zu verbessern, und daß sowohl die
Struktur der Dinge als der Handlungen diesem funktionalen Sinn
genügt. Die häufige Frage "welchen Sinn hat heute noch ...?"
zeigt allerdings auch, daß mit dem Wandel der Lebensbedingungen diese Funktionalität im einzelnen immer wieder hinterfragt und gegebenenfalls geändert werden muß. [4]

2.3. Wissenschaftliche Erfahrungskomponente

Die Herausbildung von gesellschaftlicher aus individueller
Erfahrung hat uns deshalb besonders interessiert, weil gezeigt werden soll, daß wissenschaftliche Erfahrung im wesentlichen in einer speziellen Fortführung dieses Prozesses
besteht: Bestimmte Erfahrungs- und Handlungsmuster gegenüber
Materie und zwischen Personen sind für die gemeinsame Lebensbewältigung relevant und hierfür bildet sich bevorzugt
Sprache heraus, mit der diese Handlungsmuster gegenseitig
abgestimmt und als Wissensbestände raum-zeitlich übermittelt
werden können, das übrige Spektrum bleibt der nicht-konfor-
men individuellen Erfahrung überlassen. Ich behandle den
Tisch, eine Maschine und den Zugschaffner wie es in dieser
Gesellschaft üblich ist, meine Träume, Körperempfindungen,
Gefühle beim Sonnenuntergang etc. sind hingegen meine "Pri-
vatsache".

Natürlich gibt es in der Alltagswelt auch viele Sinnprovinzen, die nicht von allen geteilt werden: Der Bäcker z.B.
setzt sich in dieser Rolle mit einem speziellen Bereich der
Materie (Backwaren) auf spezifische Weise auseinander. Deren
Sinn und Wissensbestände werden ihm in der Lehre vermittelt;
und damit diese spezifischen Erfahrungen weitergegeben werden können und garantiert ist, daß gemeinsames abgestimmtes
Handeln möglich ist, bedarf es einer Erweiterung der Sprache
um Fachausdrücke, die sich von denen des Malers oder Klemp-
ners unterscheiden.

Diese Spezialisierung auf sehr eingegrenzte Teilbereiche
möglicher Erfahrung gilt auch für Wissenschaft, z.B. interessiert den Astronom (in dieser Rolle) nur ein sehr kleiner
Wirklichkeitsbereich. Dieser Begrenzung in der Erfahrungs-
breite steht aber eine erhebliche Vertiefung der Möglichkeiten in diesem engen Bereich gegenüber. Im Gegensatz zum
Handwerker sind diese spezifischen Erfahrungs- und Handlungsmuster allerdings nicht so sehr auf das Hervorbringen und
Verändern von Dingen gerichtet, als vielmehr auf eine systematische Erweiterung der spezifischen Wissensbestände. Berücksichtigt man dies, dann ist typisch für wissenschaftliche (und besonders sozialwissenschaftliche) Erfahrung:

a) Spezifische Fragestellungen: Die Frage nach dem Verhalten
   von Metallen im Zusammenhang mit Säuren oder der Erwärmung eines Drahtes im Zusammenhang mit dem elektrischen
   Strom sind für den Sozialwissenschaftler (in dieser Rolle)
   in der Regel uninteressant - im Gegensatz zur Frage der
   Interaktion sozialer Systeme. Vice versa gilt entsprechendes für den Physiker oder den Chemiker.

b) Spezifische Wahrnehmungsapparate: Der Sozialwissenschaftler verwendet daher für die Untersuchung seiner Fragestellung in der Regel nicht die Reagenzien des Chemikers
   oder die technischen Apparate des Radioastronomen, sondern spezifische, seinem Untersuchungsgegenstand ange-
   paßte experimentelle Apparate, Fragebögen etc. Ferner insbesondere auch seine natürlichen, für das Alltagsleben
   geeigneten Sinnesorgane (z.B. bei Beobachtung oder Inhaltsanalyse); denn für ihn ist ja gerade das Alltagsleben ein zentraler Bereich vieler seiner Fragestellungen.

c) Spezifische Sprache und Wissensbestände: Die wissenschaftliche Erfahrung innerhalb einer Disziplin ist durch die
   Interdependenz der spezifischen Fragestellungen Wahrnehmungsapparate und materiellen Veränderung mit einer spe-

zifischen Sprache und einem spezifischen Wissensbestand
gekennzeichnet. Radioastronomen bedürfen ebenso einer spezifischen Sprache, um über ihre wissenschaftliche Erfahrungen zu kommunizieren, wie Sozialwissenschaftler z.B.
bei der Analyse von Mobilität. Auch hier hat Sprache also
die Synchronisation individueller Erfahrung im Hinblick
auf koordiniertes Handeln in einer scientific community
zu leiten (worunter auch die Kumulation weiteren Wissens
gerechnet werden soll).

Diese Analyse - so verkürzt sie sein muß [5] - zeigt klar,
daß empirische Wissenschaft nicht so sehr mit immer gültiger und von gemeinsamen Konstitutionen der Wissenschaftler zu einer Zeit unabhängiger "Wahrheit" zu tun hat, als
mit Handeln und Kommunikation. Von daher ergibt sich
schon die Inadäquatheit des logischen Empirismus, demzu-
folge Wissenschaft ein System von wahren Sätzen und Forschung in einer Vermehrung der wahren Sätze liegen soll.
Der Forscher, der immer schon eine Gesellschaft und
scientific community vorfindet, in die er hineinsoziali-
siert wird, kann eben Realität nur sinnhaft konstituieren,
d.h. weitgehend gemäß jener Strukturen, die ihm vermittelt
wurden. Insbesondere ist der satzförmige Ausdruck von Erfahrung ohne Rekurs auf die gemeinsame Be-Deutung der Wörter und dahinter stehende theoretische Annahmen gar nicht
möglich, ganz abgesehen von der Tatsache, daß die Wahrheit eines All-Satzes nicht durch endlich viele Beobachtungen nachgewiesen werden kann.

Wenn es aber keine definitive Wahrheit gibt, ist auch der
Begriff der "Wahrheitsnähe" - Kern des kritischen Ratio-
nalismus - sinnlos: Die "Nähe" zu einem Punkt, über dessen
Koordinaten man nichts sagen kann, ist nicht feststellbar. Letztlich muß auch noch der Ansicht KUHNs widersprochen werden: Zwar ist dessen Position der hier skiz-
zierten sehr ähnlich, indem er annimmt, daß "normale" For-

schung (s.u.) Realität konstituiert im Sinne der gemeinsam akzeptierten Strukturen einer Wissenschaftlergemeinschaft ("Paradigma" bzw. "disziplinäre Matrix"). Doch postuliert er, daß beim Wechsel der Paradigmen keinerlei Vergleichbarkeit oder Wissenstransfer möglich ist ("Inkommensurabilitätsthese"), da das Paradigma die Erfahrung steuert und man so über Erfahrung in zwei unterschiedlichen Paradigmen nichts sagen könnte. KUHN übersieht dabei m.E., daß Erfahrung eben auch und zuerst in veränderter Materie kumuliert, deren Sinn stabiler ist als Paradigmen: Auch nach einem Paradigmawechsel bleibt ein Rad ein Rad zum Rollen, ein Mikroskop wird nicht zur Teetasse, und die Apparate des Radioastronomen interagieren mit derselben Welt wie vorher auf dieselbe Weise, nur unsere Deutungen ändern sich ggf.; d.h. disziplinäre Matrizen werden nicht inkommensurabel, sondern nur Teilmengen von ihnen.

Zusammenfassend soll zunächst nochmals betont werden, daß im konkreten Forscher die individuelle, gesellschaftliche und wissenschaftliche Komponente immer schon miteinander verwoben sind. Die Focussierung unserer Betrachtung auf einzelne Komponenten der Erfahrung sollte aber herausarbeiten,

i)   daß gesellschaftliche Erfahrung insbesondere die für Interaktion zwischen Menschen relevanten Aspekte der individuellen Erfahrung sinnhaft koordiniert und daß analog wissenschaftliche Erfahrung die für eine spezifische Interaktion relevanten gesellschaftlichen Erfahrungen vertieft und koordiniert,

ii)   daß Erfahrung, Handeln und Kommunikation somit sowohl für alltägliche wie auch wissenschaftliche Konstitution von Wirklichkeit eine unlösliche Trias bilden,

iii) daß in dem Wissenschaftsprozeß, der eine Vertiefung und Differenzierung (allgemeiner) gesellschaftlicher Erfahrung bedeutet, gemeinsam mit der spezifischen Veränderung der Materie die Sprache die Kumulation und Synchronisation von Erfahrungen und Handlungen zu leisten hat.

Alle wesentlichen sozialen Errungenschaften - zu denen auch die Wissenschaft zählt - haben sich somit daraus entwickelt, daß der Mensch sich gegen eine Umwelt behaupten mußte um zu überleben. Und daher hat die Kooperation mit anderen Menschen, eine reflexive Sprache und eine materielle Veränderung der Umwelt funktionale Bedeutung. Die Folgerung, die daraus gezogen wird, ist, daß Wissenschaft ihre Funktion in einer Fortsetzung dieses Prozesses haben sollte, nämlich zur Verbesserung der Lebensbedingungen beizutragen.[6]

Die folgende Analyse soll zeigen, daß tatsächlich grundlegende Prinzipien der Umweltbewältigung im Alltag mit solchen von Wissenschaft korrespondieren (bzw. bei der Entwicklung einzelner wissenschaftlicher Konzepte einmal korrespondiert haben) sich aber dann verselbständigten - d.h. sich des tradierten Sinns entkleideten - und damit dem normativen Ziel entzogen.

3. Wissenschaft als Interaktion

Wenn wir überlegen, welche Vorteile eigentlich eine sinnvolle Realität für den Menschen hat - d.h. warum die intersubjektiv sinnhafte Strukturierung der Erfahrung unsere
Überlebenschancen verbessert hat - so werden wir finden, daß
Sinn (unangenehme) Überraschung und Arbeit vermindert. Indem
ich den Sinn des Rades und der Säge von meinen Eltern erfahre, bleibt es mir erspart, durch mühevolles Herumhantie-
ren deren Funktion selbst herauszufinden oder gar diese
Dinge ggf. neu zu erfinden. Indem ich den Sinn der Rollen
"Lehrer" und "Schaffner" erfahre, erspare ich mir (und den
anderen), alle Verhaltensregeln in unserem Umfang neu aushandeln zu müssen - z.B. zu versuchen, beim Lehrer (in dieser Rolle) Kartoffeln zu bekommen.

Dies setzt aber voraus, daß in der Vergangenheit erfahrener
Sinn auch in der Zukunft ähnlich erfahrbar bleibt, d.h. daß
die Wirklichkeit morgen früh (weitgehend) so ist wie heute
abend. Die sinnhaft strukturierte Konstitution von Wirklichkeit ermöglicht somit, Prognosen über erfolgreiches Handeln
anzustellen (und nach Kartoffeln dann nicht beim Lehrer sondern beim Kaufmann zu fragen). Gerade in dieser Hinsicht
kommt Wissenschaft eine bedeutende Funktion zu, nämlich die
Entwicklung solcher Strukturen in Bereichen voranzutreiben,
die von der Alltagswelt nicht erfaßt werden (wobei allerdings
die erfolgreiche Umsetzung dieser Strukturen in Handlung
dann wieder in die Alltagswelt diffundiert - man denke z.B.
an die Technisierung heutiger Alltagswelt).

Daß schon im alltäglichen Prozeß der Koordination, Speiche-
rung und Weitergabe von Erfahrung die Sprache (und Schrift)
eine wichtige Funktion hat, wurde mehrfach angesprochen:
Sprache kann zeitlich und räumlich entfernte Erfahrung ins
hier und jetzt der Interaktion holen. Ebenfalls herausgear-

beitet wurde, daß <u>wissenschaftliche</u> Fachsprache nur eine
Fortentwicklung alltäglicher Sprache ist, hervorgerufen und
erforderlich wegen der spezifischen Erfahrungen und Handlungen innerhalb einer Fachdisziplin. Daß die Verwendung mathematischer und statistischer Konzepte in den Sozialwissenschaften genau diese Funktion einer spezialisierten Fachsprache hat, nämlich die Interaktion der sozialwissenschaftlichen Erfahrungen und Handlungen miteinander abzustimmen,
soll nun näher ausgeführt werden.

3.1 Der Pragmatik-Aspekt

Lehrbücher der Mathematik und Statistik bestehen ebenso wie
die Wörter in diesem Buch aus Zeichenketten; wobei Zeichen
- z.B. im Gegensatz zu Signalen - <u>gesellschaftlich vermittel-
te</u> Bedeutungsträger sind. Die Wissenschaft von den Zeichen,
"Semiotik", hat uns gelehrt, daß Zeichen nur in einem <u>Prozeß</u>
(dem "Zeichenprozeß") als solche fungieren, d.h. ein Zeichen
ist das, was es ist, nur in einem Funktionsprozeß (der "Semi-
ose"). In diesem sind - etwas freier interpretiert - Zeichen,
Erkenntnisobjekt und Erkenntnissubjekt untrennbar miteinander verknüpft, wie die Ecken in dem folgenden Dreieck:

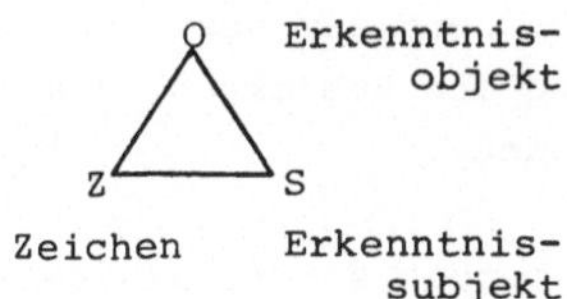

Die Darstellung als Dreieck hat dabei die Funktion darauf
hinzuweisen, daß gerade diese Trias wesentlich ist und sowohl eine Betrachtung einzelner Ecken als auch einzelner
zweistelliger Beziehungen zwischen zwei Ecken eine - gegebenenfalls analytisch gerechtfertigte aber für das Verständnis des Gesamtprozesses unzulässige - Reduktion ist. Viel-

mehr muß bei der Relation Zeichen-Objekt mitbedacht werden, daß sie eben nur durch das Subjekt (in Interaktion mit anderen Subjekten) konstituiert wird. Die Relation Zeichen-Subjekt hat nur Funktion, wenn mitbedacht wird, daß sich das Subjekt in einer materiellen, objektiven Welt behaupten muß und seine Erfahrungen mit Hilfe der Zeichen kumuliert, regelt und weitergibt und damit seine Lebenschancen beträchtlich erhöht. Letztlich kann die Beziehung Objekt-Subjekt in heutigen Gesellschaften nur verstanden werden, wenn mitbedacht wird, daß alle "objektive" Wirklichkeit, sofern sie gesellschaftlich relevant ist, über die Vermittlung von Zeichen erfahren wird.

Zeichen sind also vereinbart und werden nicht einsam verwendet, sondern in einem interaktiven Prozeß von (mindestens) einem Individuum für (mindestens) ein Individuum. Geht man vom Zeichen aus, so kann man nach MORRIS (1938) die folgenden drei Zeichendimensionen unterscheiden:

Syntaktik, als Untersuchung der Beziehungen zwischen den Zeichen selbst,

Semantik, als Untersuchung der Beziehungen zwischen den Zeichen und den Objekten, auf die sie sich beziehen,

Pragmatik, als Untersuchung der Beziehungen zwischen den Zeichen und den Subjekten, die sie erschufen und verwenden.

Der Pragmatik-Aspekt betont somit, daß Zeichen nicht nur (und wohl nicht einmal primär) zur Beschreibung von "Welt" verwendet werden, sondern als Beziehungsstifter zwischen Subjekten in Auseinandersetzung mit der Welt und zur Konstitution einer gemeinsamen Wirklichkeit. Es wird also die Tatsache in den Vordergrund gerückt, daß Zeichen nicht nur nach bestimmten Regeln mit anderen Zeichen verknüpft werden können (Syntaktische Dimension) und auf Gegenstände (im all-

gemeinsten Sinne) verweisen (Semantische Dimension) sondern
daß beides erst funktional wird im Hinblick auf Erkenntnissubjekte, die solche Zeichen in einer bestimmten Weise miteinander vereinbart haben, um gemeinsame (gesellschaftliche)
Prozesse zu optimieren.

Diese spezifische Funktion mathematisch-statistischer Zeichen wird erhellt, wenn man sich zunächst klarmacht, daß
hinreichende (kommunikative) Verständigung, als Grundlage
gemeinsamen Handelns (und der Wissenskumulation) in einer
scientific community voraussetzt, daß man sich über die
<u>wesentlichen</u> Strukturen der konstituierten Realität einig
ist bzw. schnell einigen kann. So ist es Aufgabe von empirischer Forschung (wie von Alltagshandeln), Situationen und
Verknüpfungen (Relationen) zwischen Situationen zunächst als
"Fakten" zu erfassen und dann die Fülle solcher Fakten zu
einfacheren Fakten ("Gesetzen") zu strukturieren und zu reduzieren, welche geeignet sind, in zukünftigen Situationen
möglichst erfolgreich zu handeln. Z.B. ist Physik eben nicht
die Summe aller physikalischen Einzelerfahrungen - etwa die
Sammlung sämtlicher Experiment-Protokolle in Millionen von
Bänden - sondern deren Reduktion auf sehr wenige aber grundsätzliche "Fakten" (etwa das 'Fallgesetz'), die es ermöglichen, Prognosen für den Einzelfall abzuleiten, wobei diese
'Fakten' eben von den interaktiv wirklichkeitskonstituieren-
den Erkenntnissubjekten, ihren Wissensbeständen und Handlungsregeln abhängen.

Solange diese Prognosen erfolgreich sind, findet ein Wechsel-
wirkungsprozeß statt, der nach KUHN (1976) mit "normaler
Wissenschaft" bezeichnet werden kann: Forschung konstituiert Realität im Sinne der gemeinsam akzeptierten Strukturen (d.h. eines bestimmten <u>Paradigmas</u>), neue Einzelergebnisse führen zu einer Präzisierung und Differenzierung dieser Strukturen und damit der Fragestellungen, was es wiederum möglich und nötig macht, weitere Erfahrungen zu sammeln.

Diese Differenzierung erfahrener Realität und die Einordnung des Erfahrenen in die akzeptierten Strukturen setzt sich solange fort, bis Prognose und Erfahrung (mit den gleichzeitig weiterentwickelten und differenzierten Wahrnehmungsapparaten) zu nicht lösbaren Widersprüchen führen, und dieser Mißerfolg einen Paradigmawechsel notwendig macht.

Im Rahmen normaler Wissenschaft ist also das Faktensammeln und Lösen sehr begrenzter Probleme vor dem Hintergrund eines akzeptierten Paradigmas von großer Bedeutung und unterscheidet sich vom Alltagshandeln im wesentlichen nur dadurch, daß die gemeinsamen Wissensbestände weitgehend explizit formuliert und die zulässige Erfahrung durch Beschränkung auf spezifische Fragestellungen und Wahrnehmungsapparate (je nach Disziplin) spezifiziert ist.

Wir wollen nun die Verwendung der mathematisch-statistischen Zeichen im speziellen Reduktionsprozeß der Sozialwissenschaften weiter verfolgen. Dazu halten wir fest, daß das Ergebnis des Faktensammelns innerhalb des sozialwissenschaftlichen Paradigmas zunächst ein _empirisches Relativ_ ist, das aus einer wohldefinierten Menge empirischer Elemente und empirisch beobachtbaren Beziehungen (Relationen) zwischen diesen Elementen besteht. Es sollte nach dem vorhergegangenen klar geworden sein, daß die Auswahl der Elemente und Relationen in unserer Disziplin insbesondere von der spezifischen sozialwissenschaftlichen Fragestellung einer Untersuchung abhängt, und daß unser Paradigma den Hintergrund abgibt, vor dem diese Elemente und Relationen konstituiert werden.

3.2 Das Problem der Informationsreduktion

Die empirischen Elemente können z.B. Menschen, Gruppen von Menschen, Institutionen, Städte, Kunstwerke, Kreuze auf

Fragebögen oder auf Tonträgern gespeicherte Gefühlsäußerungen von Menschen sein. Die empirischen Relationen können z.B. beobachtbare Aussagen, wie "ist später geboren als", "sitzt zwischen", "sind sich ähnlicher als" usw. sein. Die **Notwendigkeit für die Reduktion der Information** des konstituierten empirischen Relativ und die Probleme, die dabei auftreten, lassen sich leicht veranschaulichen:

Stellen wir uns dazu eine sehr sehr kleine Fragebogenuntersuchung vor, in der 100 Personen jeweils 5 Fragen zur Reform des Abtreibungsparagraphen vorgelegt wurden und zusätzlich nach Alter, Geschlecht, Einkommen, Familienstand und Religionszugehörigkeit gefragt wurde. Das empirische Relativ besteht dann aus den 1000 Angaben auf den Fragebögen und bestimmten Beziehungen zwischen diesen Angaben, z.B. hinsichtlich des Alters, des Einkommens, einer bestimmten Fragebeantwortung etc.

Stellen wir uns weiterhin vor, man würde den Untersuchungsleiter bitten mitzuteilen, was bei dieser Untersuchung herausgekommen ist. Wenn nun der Untersuchungsleiter daraufhin die 100 Fragebogen nähme und beim ersten beginnend einfach sämtliche Antworten vorlesen würde, so würde man ihn wahrscheinlich spätestens beim 10. Fragebogen mit Worten unterbrechen wie: "Was soll ich mit dieser Detailinformation, können Sie nicht das Wesentliche kurz zusammenfassen?" Diese Forderung würde man aber nicht nur aus Zeitmangel stellen, sondern einfach deshalb, weil man mit der detaillierten Information kaum etwas anzufangen wüßte, d.h. man könnte wahrscheinlich bereits nach 10 Fragebögen nicht einmal so banale Fragen beantworten, wie "ob die weiblichen Befragten älter gewesen sind als die männlichen", oder "ob die Katholiken ein höheres Einkommen hatten als die Protestanten" usw.. Das bedeutet, bei unsystematischer Präsentation der Information eines empirischen Relativs ist unser menschliches Gehirn ohne Hilfsmittel nicht in der Lage, die Information adäquat,

d.h. im Hinblick auf die Beantwortung bestimmter Fragen, zu
reduzieren. Dabei muß bedacht werden, daß dieses Beispiel
mit nur 100 Befragten und jeweils 10 Fragen sogar ein untypisch kleines empirisches Relativ darstellt.

Das Beispiel sollte zeigen, daß Wissenschaft offensichtlich
nicht darin besteht, die gesammelten Einzelfakten des empirischen Relativs möglichst vollständig und unverfälscht in
den Kommunikationsprozeß einzubringen, sondern insbesondere
darin, die Information eines empirischen Relativs im Hinblick auf bestimmte Fragen adäquat zu reduzieren. Es sollte
auch deutlich werden, daß unser menschliches Gehirn in den
meisten Fällen ohne Hilfsmittel zu einer solchen Informationsreduktion nicht in der Lage ist, d.h. daß der direkte
Weg, von einem komplexen empirischen Relativ zu kommunizier-
baren Ergebnissen zu gelangen, in der Regel aufgrund der be-
schränkten menschlichen Intelligenz versperrt ist.

Eine Möglichkeit, diese Intelligenzbarriere zu umgehen - und
dabei ist sowohl das Wort "eine" wie auch "Möglichkeit" zu
betonen - ist die Zuhilfenahme mathematisch-statistischer
Modelle. Dazu muß nun als erster Schritt die empirische Information, die ja aus empirischen Objekten und empirischen
Beziehungen zwischen diesen Objekten besteht, in numerische
Information, die aus einer Menge von Zahlen und mathematischen Beziehungen zwischen diesen Zahlen besteht, übersetzt
werden. Anders ausgedrückt: das empirische Relativ wird auf
ein numerisches Relativ abgebildet. Dabei entspricht jedem
empirischen Element eine Zahl und jeder Beziehung zwischen
empirischen Elementen eine Beziehung zwischen den entsprechenden Zahlen (vgl. Schema).

Wenn es nun gelingt, die empirische Information wirklich
vollständig als numerische Information abzubilden, dann ist
es möglich, die numerische Information mit Hilfe bestimmter
mathematischer Algorithmen (und dazu gehört eben die Stati-

Schema 3.1.: Zum Stellenwert von Statistik

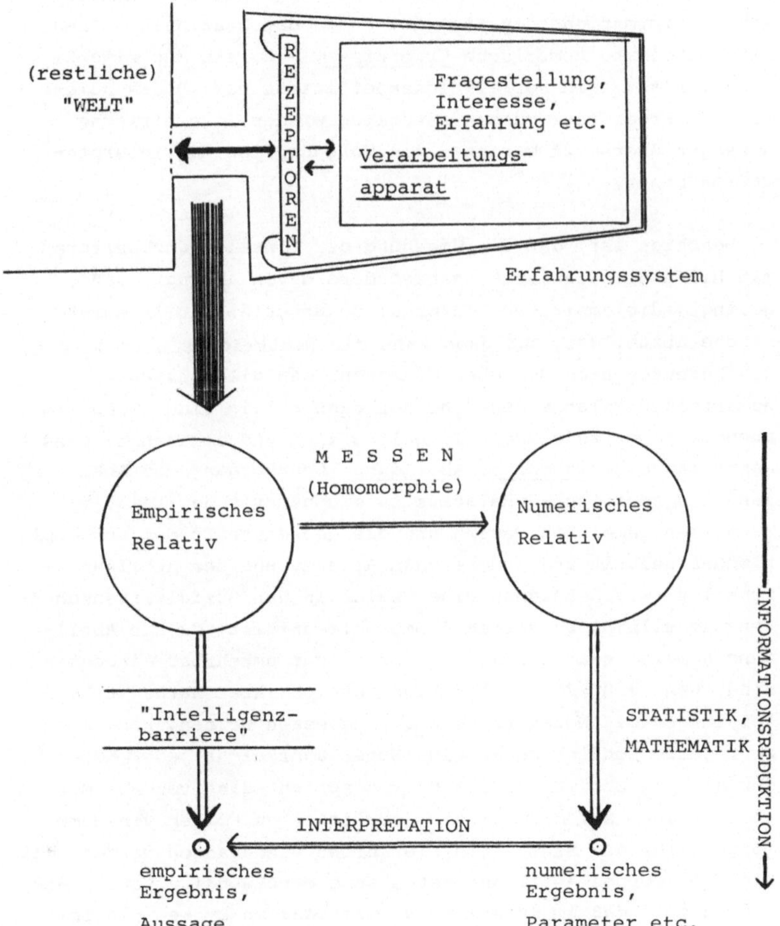

stik) zu reduzieren, d.h. die numerischen Daten können nach
bestimmten Gesichtspunkten geordnet und zusammengestellt,
Kennwerte berechnet werden usw.. Als Ergebnis der numerischen Informationsreduktion mit Hilfe der Statistik stehen
dann bestimmte numerische Ergebnisse, z.B. ein Mittelwert,
eine Varianz, ein Korrelationskoeffizient usw. Diese numerischen Ergebnisse müssen natürlich wieder in empirische
Aussagen übersetzt werden - ein Vorgang, den man Interpretation nennt.

Zu beachten ist, daß die Umgehung der "Intelligenzbarriere"
mit Hilfe der Statistik insbesondere davon abhängt, daß es
gelingt, die empirische Information unverfälscht in numerische abzubilden, nur dann kann die Reduktion sinnvoll sein.
Das bedeutet nach dem eben Gesagten, daß alle Aussagen im
numerischen Relativ dann und nur dann gültig sind, wenn sie
auch im empirischen Relativ gültig sind und umgekehrt. Dies
nennt man eine isomorphe Abbildung. Den Vorgang der Abbildung des empirischen Relativs in ein numerisches Relativ
nennt man gemeinhin Messen und das geordnete Tripel aus empi-
rischem Relativ und numerischem Relativ und der Abbildungsfunktion zwischen ihnen eine Skala. In den Sozialwissenschaften ist allerdings selten Isomorphie erfüllt, da die Abbil-
dungen meist zwar eindeutig, aber nicht umkehrbar eindeutig
sind. Wenn z.B. 20 Schüler hinsichtlich ihrer Mathematik-
leistungen mit Noten von 1 bis 6 gemessen werden, kann man
zwar jedem Schüler genau eine Note, aber nicht jeder Note
genau einen Schüler zuordnen; man spricht dann von Homomor-
phie - wobei auf die relativ komplizierten Folgen von Homo-
morphie für die Meßtheorie hier nicht eingegangen werden soll.
Eine homomorphe Abbildung ist also die notwendige Voraussetzung dafür, daß im numerischen relationalen System die Information des empirischen Relativs adäquat abgebildet worden ist, und mit Hilfe der Statistik somit nur solche Information reduziert wird, der empirisch auch ein Sinn zukommt.

Um Mißverständnissen vorzubeugen soll an dieser Stelle
nochmals daran erinnert werden, daß die ins numerische Relativ abgebildeten Strukturen des empirischen Relativs eben
<u>nicht unabhängig</u> von Erkenntnissubjekten, ihrem Paradigma
(insbesondere den Theorien) und der Gesellschaft sind, sondern genau vor diesem Hintergrund als Wirklichkeit konstituiert werden.

Wenn oben betont wurde, daß der Einsatz von Statistik und
Mathematik in den Sozialwissenschaften zwar eine sehr wichtige, aber eben nur <u>eine</u> Möglichkeit zur Informationsreduktion darstellt, so sollte damit ein gelegentlich vorzufin-
dender Alleinvertretungsanspruch der Verwendung mathematischer Kalküle zur Erkenntnisgewinnung im Sinne von "objektiv richtige Vorghensweise" eingeschränkt und statt dessen
auf den intersubjektiv vereinbarten Charakter eines Hilfs-
mittels zur besseren Kommunikation und Erfahrungskumulation
in spezifischen Handlungskontexten verwiesen werden. Der
rein pragmatische Vorteil der Verwendung einer formalen
Sprache wie der Mathematik in der wissenschaftlichen Kommunikation wird deutlich, wenn der wissenschaftliche Informationsaustausch mit dem im Alltagsleben verglichen wird.

3.3 Wissenschaftliche versus "alltägliche" Interaktion

In jedem Fall setzt der Informationsaustausch zwischen zwei
kommunizierenden Individuen - neben einer Reihe von anderen
Bedingungen - insbesondere einen hinreichend großen gemeinsamen Zeichenvorrat und einen hinreichend übereinstimmenden
Interpretationsrahmen voraus. Diese Rahmenbedingungen für
die Kommunikation im Alltagsleben sind natürlich in hohem
Maße gesellschaftlich determiniert und an eine räumlich-
zeitlich fixierte Kultur gebunden. Im Alltagsleben begegnet
man in der Regel Menschen mit dem gleichen kulturellen Hintergrund, bei denen man also einen hinreichend großen

"common sense" voraussetzen kann. Unter diesen Umständen
wird sehr häufig davon Gebrauch gemacht, das empirische re-
lationale System in Wortsysteme zu transformieren, d.h. die
komplexe Information mit Hilfe von Alltagsbegriffen, Metaphern und Allegorien zu übermitteln, im Vertrauen darauf,
daß das menschliche Gehirn unseres Kommunikationspartners
in der Lage ist, das Übermittelte richtig zu verstehen, also
z.B. die komplexe Information so einer Metapher hermeneu-
tisch zu reduzieren.

Trotz der Fülle von mehrdeutigen und unscharfen Alltagsbegriffen funktioniert die Verständigung - von Pannen abgesehen - hinreichend gut. Man kennt die wesentlichen Rollen
und sozialen Strukturen, in denen man mit dem Partner agiert.
Semantik und Syntax der verwendeten Sprache sind eben durch
diese gemeinsam definierte Situation in ihrer Interpreta-
tionsbreite erheblich eingeengt. Sofern über die Sinnprovinz
(im Sinne von SCHÜTZ, 1971), innerhalb derer die Kommunikation abläuft, Konsensus hergestellt ist, spielt es nicht
einmal mehr eine Rolle, ob "dieselben" Zeichen (Wörter) in
unterschiedlichen Sinnprovinzen dieselbe Bedeutung haben
oder nicht: die gewählte Sinnprovinz indiziert quasi das
Wort, und seine Bedeutung hängt dann von der spezifischen
Sprachverwendung der Kommunikationspartner ab. So läßt sich
z.B. bei langjährigen Ehepartnern beobachten, wie durch
Wechsel der Sinnprovinz mitten in der Kommunikation Außen-
stehenden die Nachvollziehbarkeit der Aussagen entzogen
wird, indem die verwendeten Wörter eine spezifische - nur
von den beiden Partnern zu decodierende - Bedeutung erhalten. Letztlich tragen bei der face-to-face-Kommunikation
auch noch die paralinguistischen Faktoren wie Betonung, Modu-
lation etc. und die nicht-sprachlichen Kommunikationskanäle
wie Mimik, Gestik etc. erheblich zur Verringerung der Unschärfe einer Verständigung bei.

Für wissenschaftliche Kommunikation scheint es nun besonders

wichtig zu sein, die Unschärfe solcher Kommunikation möglichst zu reduzieren, und zwar insbesondere deshalb,

1. weil moderne Wissenschaft - und hier in besonders hohem
   Maße Naturwissenschaft - ganz exaktes Handeln praktisch
   und symbolisch voraussetzt und intendiert, bei dem geringfügige Mißverständnisse oft lebensgefährlich sein
   können;

2. weil die Übermittlung komplexer Information möglichst
   optimiert werden soll; das bedeutet auch, daß der Reduktionsprozeß möglichst weit fortgeschritten sein soll;

3. weil gerade für wissenschaftliche Aussagen ein räumlich-
   zeitlich fixierter interkultureller "common sense" mit
   den jeweiligen Adressaten keinesfalls vorausgesetzt werden kann. Denn wissenschaftliche Aussagen haben den Anspruch, daß sie auch mit Mitgliedern anderer Kulturkreise
   austauschbar sein sollen, und somit das Gemeinte auch
   über den Wandel der Metapher-Interpretationen hinaus über
   einen hinreichend großen Zeitraum verständlich sein muß.

Diese notwendige Präzision kann erreicht werden, indem man
bei der Kommunikation zwischen wissenschaftlichen Subjekten
das empirische Relativ eben nicht in Metaphern übersetzt,
sondern in eine Sprache, bei der man einen durch Definitionen oder Axiome erzwungenen interkulturellen "common sense"
voraussetzen kann, wie es teilweise für die wissenschafts-
spezifische Fachsprache gilt, und in noch höherem Maße bei
der Mathematik der Fall ist.

Im Vergleich zur hermeneutischen Informationsreduktion kann
zudem der Vorgang der **Reduktion mittels Statistik** intersubjektiv eher nachvollzogen werden. Für alle, die genügend
Übung im Umgang mit Mathematik besitzen, bekommt dieser
Vorgang den Charakter nacherfahrbaren Handelns - denn Mathe-

matik ist bekanntlich nicht die Wissenschaft "vom Quantitativen" sondern vom Operieren mit Symbolen, ihre Anwendung
ist also symbolisches Handeln.

Nur in diesem Kontext, also im Hinblick auf eine möglichst
exakte Koordination von Erfahrung und Handeln interaktiv
sich verständigender Individuen, haben der Einsatz und die
Fortentwicklung von methodischen Konzepten in den Sozialwissenschaften einen Sinn. Die intersubjektive Vereinbarung
bestimmter Handlungsregeln und eine Fortentwicklung der
"Rezeptoren" bei der Wirklichkeitskonstitution der Sozialwissenschaftler (der Gegenstand der sog. "Methoden empirischer Sozialforschung") erhöht die Nachvollziehbarkeit der
Erfahrung bei den einzelnen Mitgliedern der scientific community (erleichtert also den Diskurs - ersetzt ihn aber natürlich nicht). Die intersubjektive Vereinbarung bestimmter
Handlungsregeln bei der Reduktion der konstituierten Wirklichkeit (der Gegenstand der sog. "statistisch-mathematischen
Methoden") erhöht diese Kommunizierbarkeit von Erfahrung -
insbesondere über räumliche und zeitliche Distanzen hinweg -
und erleichtert es, erfolgreiche Prognosen für zukünftiges
Handeln aus den so komprimierten Erfahrungsstrukturen abzuleiten.

4. Rekonstruktion der interaktiven Funktion formaler Konzepte

Wenn die Entwicklung der Wissenschaft - analog zur Herausbildung intersubjektiver Wirklichkeiten aus subjektiver Erfahrung - dazu dienen soll (normativ), Realität sinnhaft so
zu konstituieren, daß Erfahrung von der Vergangenheit in die
Zukunft transferierbar und zwischen Individuen austauschbar
wird, damit das Handeln des Menschen in der sozialen Gemein-
schaft und ihren Manifestationen (Dingen und Regeln) erfolgreicher verläuft, und wenn "Methoden" in Zeichensystemen geronnene Handlungsmuster sind, dann muß sich der Sinn formaler methodischer Konzepte auch noch in nuce im Alltagshandeln wiederfinden lassen.

Denn wenn sich Wissenschaft tatsächlich aus Alltagshandeln
durch spezielle Fragestellungen, Wahrnehmungsapparate,
Sprache und Wissensbestände herausdifferenziert hat, und somit die Funktion von Wissenschaft aus der Soziogenese ableit-
bar sein soll - die Basis unserer normativen Vorstellungen -
dann müssen alltägliche Funktionen den formalen Konzepten
zugrunde liegen und nur spezifischer und differenzierter gefaßt worden sein.

Dies soll nun exemplarisch anhand der drei Konzepte "Inferenz", "Zuverlässigkeit" ("Reliabilität") und "Gültigkeit"
("Validität") gezeigt werden. Ziel ist es also nachzuweisen,
daß diese Begriffe auf allgemeinen, auch in der Alltagswelt
relevanten, Konzepten basieren und daß sie im Interaktionsprozeß zwischen Individuen, die ihre Realität sinnhaft konstituieren, höchst funktional sind (normativ!) - wenngleich
in Teil III gezeigt werden wird, daß auch diese formalen
Konzepte aus dem Sinnzusammenhang herausgelöst verwendet und
damit sinnlos werden.

4.1. Über Inferenz

Im Alltagsleben sind wir dazu geneigt und darauf angewiesen,
das bisher empirisch Erfahrene auf bisher noch nicht Erfah-
renes zu verallgemeinern, und zwar erfolgt eine solche ver-
allgemeinernde Erfahrungsprognose sowohl hinsichtlich der
Elemente als auch hinsichtlich der Relationen und drittens
in der Zeitdimension: Wir nehmen selbstverständlich an, daß
die Menschen in unserem Lande, die wir bisher nicht getroffen haben (Elemente), ebenfalls in der Regel über eine Nase
und zwei Ohren verfügen, und sie etwas empfinden, was wir
mit Liebe und Haß bezeichnen, daß Geizhälse weniger dyna-
misch und euphorisch sind als Verschwender (Relationen), und
daß ein hinreichend abschätzbarer Prozentsatz der 70-80-jäh-
rigen im nächsten Jahr sterben wird (Zeit). Wir betrachten
also unsere Erfahrung als eine Stichprobe aus einer Grundgesamtheit und zweifeln nicht daran, daß die mit anderen
kommunizierte Erfahrung, und zwar sowohl deren unmittelbare
als auch die aggregierte Erfahrung, unserer Erfahrung soweit
vergleichbar ist, daß für uns nicht nur die Mitteilung sel-
ber, sondern auch deren Inhalt zur Realität wird - jedenfalls solange, wie Prognosen aus dem so generierten Erfah-
rungsbestand erfolgreiches Handeln garantieren und mit neuer
Erfahrung nicht in Widerspruch geraten.

Für den wissenschaftlichen Prozeß kann man wieder versuchen,
einige Aspekte dieses Vorganges mathematisch abzubilden,
d.h. man kann zunächst spielerisch Grundgesamtheiten mit
axiomatischen Eigenschaften konstruieren und daraus Stichproben ziehen, und unter bestimmten mathematischen Gesichtspunkten versuchen, diesen Vorgang zu optimieren. Diese Erkenntnisse am Modell kann man dann auf die konkrete Handlung
im Forschungsprozeß umsetzen, wobei natürlich wieder die
adäquate Übersetzbarkeit ein entscheidendes Problem wird.

Betrachtet man nun, welche Aspekte formal entwickelt wurden, so ergibt sich:

a) <u>Element-Aspekt</u>: Am weitesten entwickelt und akzeptiert sind derzeit Modelle, welche eine Stichprobenziehung auf der Elementebene zum Gegenstand haben - so z.B. wenn man statt <u>allen</u> "Wahlberechtigten" eben nur 2000 nach bestimmten Modellvorstellungen ausgesuchte Leute befragt. Diese Fragen werden im Rahmen üblicher Stichprobentheorie abgehandelt.

b) <u>Zeit-Aspekt</u>: Problematischer werden schon Modelle für Stichprobenziehung in der Zeitdimension. Einerseits ist in den Sozialwissenschaften der Einfluß des Erfahrungssystems (z.B. Interviewer) auf das zu erfahrende Geschehen (z.B. die Meinung der Bevölkerung) erheblich, so daß schon von daher eine zweite Befragung nicht unmittelbar mit der ersten vergleichbar ist, andererseits ist eine mehrmalige Befragung u.a. mit so großen technischen und finanziellen Schwierigkeiten verbunden, daß solche <u>Paneluntersuchungen</u> in der Praxis relativ selten vorkommen. Dennoch muß man sich klar machen, daß eine einzelne Untersuchung natürlich immer eine Stichprobe aus der Zeitdimension darstellt. So glauben wir zwar an ständigen 'sozialen Wandel', andererseits dürfen die Ergebnisse nicht so sein, daß wir eine Stunde später befragt <u>ganz</u> andere Resultate bekommen hätten. Voraussetzung für sinnvolle Aussagen ist somit der Glaube an eine hinreichende Erfahrungsrepräsentativität für eine bestimmte Zeit trotz ständigen Wandels dieser Realität.

c) <u>Relations-Aspekt</u>: Praktisch überhaupt nicht entwickelt sind formale Theorien für Inferenzschlüsse auf der Ebene der Relationen. Es ist aber nicht einzusehen, warum die in einer Untersuchung empirisch konstituierten Relationen u.U. nicht als Stichprobe aus einer wesentlich komplexeren

Struktur - die also wesentlich mehr Relationen enthält - verstanden werden können. Die Stereotypieforschung zeigt zumindest, daß eine solche Schlußweise im Alltagsleben oftmals erfolgreich angewendet wird, denn aus zwei oder drei wahrgenommenen Eigenschaften schließen wir auf die ganze Person, was zwar Schwierigkeiten mit sich bringt, aber offensichtlich Komplexität annehmbar reduziert.

Formal läßt sich dieses Problem etwa wie folgt skizzieren: Die beobachteten Relationen r_1, r_2, ..., r_n werden als eine Stichprobe aus der zugrunde liegenden Relationenmenge (Grundgesamtheit) R_1, R_2, ..., R_t aufgefaßt (mit $t \gg n$). Damit jetzt der Begriff Inferenz überhaupt irgendeinen formalen Sinn erhält, muß es z.B. möglich sein, der Menge von Relationen mittels einer Funktion einen oder mehrere Parameter zuzuordnen. So etwas ist natürlich nur für ein relationales System, nicht für eine Menge, möglich. Daher wäre zunächst so anzusetzen, daß man Aussagen über die Beziehungen der Relationen untereinander fällt, daß man also Relationen von Relationen bildet. Das bedeutet letztlich nichts anderes, als daß eine Metastruktur (oder ein Metarelativ) gebildet wird, dessen _Elemente_ die ursprünglichen Relationen und dessen _Relationen_ eben die Relationen zwischen den ursprünglichen Relationen sind. Genau diese Metastrukturen sind es offensichtlich, die in der Alltagsinferenz gebildet werden, wenn nämlich Aussagen über den Zusammenhang zwischen Geiz, Euphorie und Dynamik gemacht werden (also Relationen zwischen den empirischen Relationen "geiziger", "euphorischer", "dynamischer").

Meines Wissens gibt es für diesen dritten Inferenzaspekt stichprobentheoretisch bisher keinerlei methodische Ansätze. Es zeigt sich aber, daß es fruchtbar sein kann, die Korrespondenz zwischen Alltag und Wissenschaft zu untersuchen, denn dadurch wird hier eine Lücke sichtbar, über die nachzudenken nicht uninteressant wäre.

4.2. Über Zuverlässigkeit und Gültigkeit

Bei diesen beiden Konzepten beginnen wir die Analyse nicht
beim Alltag, sondern in der Wissenschaft: Dort werden Zuverlässigkeit und Gültigkeit als zentrale Kriterien für die
Güte von Erhebungs- und Meßinstrumenten angesehen - insbesondere im Rahmen der klassischen Testtheorie. Beide Konzepte sind weder völlig eindeutig definiert, noch hinsichtlich ihrer wissenschaftstheoretischen und meßtheoretischen
Implikationen unumstritten. Als wesentlichste Gesichtspunkte
können aber wohl übereinstimmend die folgenden Aussagen getroffen werden:

Zuverlässigkeit (Reliabilität) beinhaltet die Reproduzierbarkeit von Ergebnissen unter den gleichen intersubjektiven Bedingungen - insbesondere also die Forderung, daß andere Forscher bei Anwendung desselben Erhebungsinstrumentes in Interaktion mit demselben Untersuchungsgegenstand zu demselben
Ergebnis gelangen.

Gültigkeit (Validität) beinhaltet die Übereinstimmung von
Ergebnissen mit dem durch die Untersuchung (Messung) vorgegebenen theoretisch-begrifflich zu erfassenden Sachverhalt - insbesondere also die Forderung, daß die gewählten
Operationalisierungen den begrifflichen Merkmalsbereich hinreichend erschöpfend erfassen, daß die Ergebnisse mit dem
theoretischen Bezugsrahmen grundsätzlich in Einklang zu
bringen sind, und daß sie als Prognosekriterium für die von
der Theorie vorhergesagten (und empirisch feststellbaren)
Phänomene dienen können.

Fragt man nach dem weiteren Sinn dieser Konzepte, dann hat
eine hohe Zuverlässigkeit offensichtlich die intersubjektive

Erfahrbarkeit im Gegensatz zu raum-zeitlich-singulärer und individueller Erfahrung zu garantieren, während Gültigkeit die Verbindung zwischen realer Erfahrung und gängigen Kommunikationsprozessen (z.B. wissenschaftliches Sprachsystem) im Hinblick auf zielgerichtetes koordiniertes Handeln (Prognosefunktion) gewährleisten soll. Jene Realität, die sich nur durch individuelle (z.B. "geniale") Fähigkeiten einzelner erschließen läßt, ist für die community solange von keiner Bedeutung, bis jene die betreffenden Phänomene nachvollziehen kann (Reliabilität), oder zumindest die von einzelnen reproduzierbaren Ergebnisse in ihren Auswirkungen allgemein als handlungsrelevant akzeptiert werden (Validität).

Aus diesen Gründen ist hohe Zuverlässigkeit auch notwendige Voraussetzung für Gültigkeit: Singuläre Erscheinungen (oder Erscheinungen mit zu großer ungeklärter Variabilität) eignen sich weder zur Prognose, noch können sie im Rahmen einer Theorie handlungsbestimmend sein. Was in seiner Reproduktion zu wenig zuverlässig ist, kann auch keine (situationsunspezifische) Gültigkeit im Rahmen kumulierbaren Wissens haben, und damit keine Sicherheit für eine unter bestimmten Bedingungen nachvollziehbare Erfahrung bieten. Bisher ungeklärte Einflüsse - oder in anderer Terminologie: Fehlervarianz - schlagen von der Reliabilität somit unmittelbar auf die Validität durch, wie man auch formal zeigen kann.

Die aus der allgemeinen Verbindlichkeit von Zuverlässigkeit und Gültigkeit resultierende Forderung, den Forschungsprozeß so zu gestalten, daß die Phänomene insbesondere reproduzierbar und prognostizierbar sind, werfen das phänomenologische Problem auf, die unendliche Vielfalt erscheinender Realität in relevante Äquivalenzklassen zu strukturieren. Gerade weil es eben keine intersubjektiv relevante Erfahrung gibt, deren Strukturen wir nicht bereits mit der Sozialisation vermittelt bekamen - also die Unmöglichkeit einer theoriefreien Beobachtung - können wir diese Äquiva-

lenzklassen nur sehr langsam verändern und oft nehmen wir
sie gar nicht bewußt wahr. Die <u>Gültigkeit</u> von Ergebnissen
hinsichtlich ihres theoretisch-begrifflichen Rahmens kann
aber nur auf dieser Ebene beantwortet werden: Welche Erscheinungen fallen in die Klasse, die den Merkmalsbereich
ausmacht? Welche gehören zu der Klasse der vorhergesagten
Phänomene? etc.

Im Zusammenhang mit <u>Zuverlässigkeit</u> muß z.B. entschieden
werden, was die Formulierung: "unter gleichen Bedingungen
reproduzierbar" im konkreten Fall bedeuten soll. Es gibt
stets eine unendliche Anzahl von Bedingungen - welche davon
sind die entscheidenden, die "konstant gehalten" werden
müssen, d.h. bei den unterschiedlichen Interaktionen des
Untersuchungsbereiches mit dem Instrument (Forscher) wieder
gleichgeartet sein sollen? Bei der zweimaligen Vorgabe eines
Tests an eine Person gibt es dabei unter anderem folgende
Fragen zu klären: Ist die Person in ähnlicher Stimmung, hat
sie sich durch die erste Testung verändert, sind die äuße-
ren Bedingungen gleich etc.

In diesen Punkten nun treten Inferenz-, Zuverlässigkeits-
und Gültigkeitsaspekte meines Erachtens untrennbar miteinander vermischt auf: Realisierte Testwiederholungen können
als Stichprobe aus der theoretischen Grundgesamtheit aller
möglichen Wiederholungen betrachtet werden. So gesehen
stellt sich sofort die Frage, welche Parameter zur Beschreibung der Situation, also dieses Stichprobenprozesses herangezogen werden müssen, d.h. wie die Grundgesamtheit definiert wird und welche der (unendlich vielen) Parameter praktisch relevant werden. Konkret gesprochen: ist es pragmatisch sinnvoll, beide Testsituationen so zu gestalten, daß
die Person zweimal mit gleichem Mageninhalt, gleicher Aufmerksamkeit, gleicher emotionaler Verfassung, ohne kogniti-
ve Veränderungen etc. in einem Raum gleicher Temperatur,
gleicher Helligkeit etc. antritt (sofern dies überhaupt hin-

reichend möglich wäre und die Frage entschieden ist, ob als
"Gleichheit" physikalisch-apparative Gleichheit, oder aber
Gleichheit der subjektiven Repräsentation gemeint und entscheidend ist)? Durch eine solche Testvorschrift würden zwar
einige Störfaktoren reduziert, und die Chance für gleichartige Ergebnisse in beiden Situationen - und damit die Reliabilität - würde erhöht sein. Da dies aber nur über eine Beschränkung der Menge variierender Parameter erreicht wurde,
hat sich natürlich auch die Grundgesamtheit möglicher Phänomene erheblich verändert. Aussagen - und damit auch solche
über Validität - beziehen sich nun nur noch auf Situationen,
die als Stichprobe aus dieser, so weit eingeschränkten,
Grundgesamtheit aufgefaßt werden können, d.h. auf Testsituationen unter den oben angegebenen Bedingungen.

Die Validität für solche Situationen wird nicht gesunken,
sondern möglicherweise sogar wegen der höheren Reliabilität
gestiegen sein. Erweitert man den Begriff der Gültigkeit
allerdings um den Aspekt der möglichst umfassenden Allgemein-
gültigkeit im Hinblick auf commen-sense-relevante Alltagsphänomene, so ist durch die artifizielle Testsituation diese
Gültigkeit - im Sinne von Brauchbarkeit für Alltagshandeln -
sicher erheblich gesunken.

Gerade in diesem Punkt besteht ein wesentlicher Unterschied
zwischen Natur- und Sozialwissenschaften: Typisch und praktisch relevant für Naturwissenschaft sind weitgehend artifizielle Situationen, denn in ihrer Anwendung hat sie sich
unter den von Menschen künstlich erzeugten, fest vorgegebenen und hinreichend konstant gehaltenen Bedingungen zu be-
währen, in Zusammenhang mit von Menschen bereits weitgehend
bearbeiteter Materie. Wo dies befriedigend erfüllt ist -
z.B. in der Technik - ist die Naturwissenschaft sehr viel
erfolgreicher (und auch in den Aussagen viel reliabler und
valider) als dort, wo sie sich mit nicht-künstlichen (ursprünglichen) Naturphänomenen auseinandersetzen muß (z.B.

51

Wettervorhersage, Naturkatastrophen, Landwirtschaft, Schäd-
lingsbekämpfung etc.).

Die Phänomene in Vier-Zylinder-Benzinmotoren mit Einsprit-
zung und deren Auswirkung auf das Drehmoment der Achse sind
von vielen Parametern abhängig; die speziellen Bedingungen
in einem bestimmten Motortyp sehr artifiziell. Durch eine
technisierte Produktionsweise aber können diese Bedingungen
beliebig oft hinreichend gut reproduziert werden, so daß
reliable und valide Ergebnisse hinsichtlich Leistung, Ver-
brauch etc. eines bestimmten Motors aus dieser Typserie möglich werden. Obwohl also die genauen Bedingungen, unter
denen die Verbrennung in einem Zylinder stattfindet, sehr
artifiziell sind und so nur für die betreffende Metallegie-
rung, Bohrung, Hubraum, Form etc. gelten, ist das Ergebnis
dennoch nicht nur zuverlässig und gültig, sondern diese
Gültigkeit ist auch praktisch relevant, denn die Verbrennung
in diesem Motor wird immer nur unter diesen speziellen (artifiziellen) Bedingungen ablaufen.

Eine Testvalidität, die an artifizielle Laboratoriumsbedin-
gungen gebunden ist, hat hingegen wenig praktische Relevanz
(jedenfalls auf dem gegenseitigen Stand der Theoriebildung
in den Sozialwissenschaften): Alltagsverhalten, das ja prognostiziert werden soll, findet - im Gegensatz zu dem oben
geschilderten Verhalten eines Zylinders im Motor - unter
sehr stark variierenden Bedingungen statt. Je stärker die
Variabilität der Alltagsphänomene durch unentdeckte und/oder
theoretisch unberücksichtigte Parameter (Störfaktoren) bestimmt ist, desto mehr wird eine Erhöhung der Reliabilität
durch Eliminierung dieser Parameter den praktisch relevanten Aspekt der Validität beeinträchtigen. Andererseits aber
ist - wie oben bereits festgestellt wurde - eine hinreichend
hohe Reliabilität notwendige Voraussetzung für eine brauchbare Validität. Ein Dilemma, das nur zu lösen ist, indem man
entweder artifizielle Bedingungsstrukturen untersucht, in der

Hoffnung, aus Einzelergebnissen eines Tages eine umfassende und alltagsrelevante Theorie konstruieren zu können, oder aber indem man statt der Eliminierung der Bedingungen möglichst weitgehend multivariat verfährt, und so die Komplexität der Alltagssituationen in der Analyse zumindest teilweise erreicht.

Letzteres bedeutet konsequenterweise nach den vorgetragenen Argumenten eine weitgehendere Verschmelzung von Inferenz-, Reliabilitäts- und Validitätsaspekt, denn wenn es in realen Situationen der Forschungspraxis keine identischen Bedingungen gibt, werden daraus auch keine genau gleichen Ergebnisse folgen können. Wesentlich wird damit die Frage, ob aus Bedingungen, die zur gleichen alltagsrelevanten phänomenologischen Äquivalenzklasse gehören (oder anders: als n-parametrige Stichprobe aus der gleichen Grundgesamtheit stammen), auf der Ergebnisseite ebenfalls alltagsrelevante äquivalente Phänomene folgen. Dazu werden in Kap. 8 noch weitere Überlegungen angestellt.

5. Resümee von Teil I

Ausgehend von dem Kernbegriff empirischer Wissenschaft - der
Erfahrung - wurde gezeigt, daß zwar jede Erfahrung beim Individuum ansetzt, dieses Individuum aber immer schon in eine
Gesellschaft hineingeboren wird, welche dessen Erfahrungsmöglichkeiten von der ersten Stunde an durch ein selektives
Angebot strukturiert und den Sinn dieser Erfahrungen kommen-
tierend vermittelt. Die Erfahrung, die eine Gesellschaft so
von Generation auf Generation weitergibt (dabei aber auch bedingt verändert und vermehrt), ist insbesondere in Form von
funktional veränderter Materie (z.B. Werkzeuge), sozialen
Handlungsmustern (Rollen, Institutionen), Sprache (und Schrift)
sowie spezifischen Wissensbeständen geronnen. Damit konnten
einerseits die biologisch gegebenen Erfahrungsmöglichkeiten
des einzelnen Individuums erheblich erweitert werden - z.B.
Erweiterung der angeborenen Rezeptoren um Apparate, Erweiterung des Gedächtnisses durch schriftlich fixiertes Wissen,
Erweiterung der Verarbeitung im Zentralnervensystem durch al-
gorithmische Operationen und deren Durchführung am Computer
etc. - andererseits wurde die lebensnotwendige Kooperation
zwischen Individuen ökonomisiert, denn gemeinsam akzeptierte
Sinnstrukturen individueller Wirklichkeiten ersparen es, in
jeder Situation des Aufeinandertreffens von Individuen (auch
bei der gemeinsamen Bewältigung von Problemen mit der nicht-
-menschlichen Materie) alle Verhaltensaspekte neu aushandeln
zu müssen. Beides ist im Evolutionsprozeß, in dem der Mensch
seine Lebensbedingungen in dieser Welt verbessert, höchst
funktional, da so Handeln (und dessen Konsequenzen) zunehmend
vorhersehbar wird.[1)]

Empirische Wissenschaft, so wurde weiter argumentiert, ist
nun eine spezifische Fortentwicklung dieser sozialen Koordination individueller Erfahrung, indem gegenüber der gesellschaftlichen Alltagserfahrung (je nach Fachdisziplin) spezifi-

sche Aspekte von "Wirklichkeit" interessieren, zu deren Erforschung spezifische "Wahrnehmungsapparate" herausgebildet werden und die damit gemachte spezifische Erfahrung durch eine ebenso spezifische Sprache vermittelbar wird und sich in entsprechenden Wissensbeständen niederschlägt. Ähnlich, wie jeder Mensch in eine Gesellschaft hineingeboren wird, existiert die scientific community längst bevor ein heutiger Forscher die wissenschaftliche Bühne betritt. In seiner wissenschaftlichen Sozialisation wird ihm der Sinn seiner Disziplin nacherfahrbar vermittelt, d.h. er lernt mit den wissenschaftsspezifischen Dingen zu operieren, über diese Erfahrung auf eine bestimmte Weise zu kommunizieren und den typischen Erfahrungshintergrund seiner Kollegen zu teilen. Erfahrungen, die er dann als Forscher macht, sind nämlich für die scientific community (und ggf. für einen weiteren Teil der Gesellschaft) nur von Bedeutung (im doppelten Sinne!), wenn diese eben im Hinblick auf diesen gemeinsamen Erfahrungshintergrund (Wissensbestände, Paradigma) kommuniziert wird und damit von anderen nacherfahren werden und so das zukünftige Handeln beeinflussen kann.

Wissenschaft ist also ein interaktiver Prozeß, der (etwas salopp formuliert) dazu dient, unsere Wirklichkeit besser in den Griff zu bekommen, so daß in zukünftigen Situationen Handeln erfolgreicher verläuft als es ohne diese (zu Wissensbeständen geronnene) Erfahrung möglich wäre. Da, wie ausgeführt wurde, "unsere Wirklichkeit" immer schon historisch und gesellschaftlich geprägt ist, kann es in diesem Prozeß weniger um irgendeine "Wahrheit" gehen, als vielmehr um intersubjektiv akzeptierte Sinnstrukturen, welche eine bessere Orientierung in der sozialen und materiellen Welt ermöglichen sollen. Methodische Konzepte (also in unserem Zusammenhang insbesondere das Instrumentarium empirischer Sozialforschung mit Datenerhebungs- und statistischen Auswertungsmodellen) haben in diesem Prozeß die Aufgabe, die wissenschaftliche Erfahrung gegenüber der Alltagserfahrung in höherem Maße zu differenzieren

und bestimmte Aspekte zu optimieren (z.B. eine stärkere räum-
lich/zeitliche Invarianz der Kommunikation zu gewährleisten).
Daß diese methodischen Konzepte somit Prinzipien bewährten All-
tagshandelns schärfer fassen und nur in der Interaktion von
Menschen im Zusammenhang mit der Bewältigung ihres Lebens einen Sinn haben, wurde exemplarisch anhand der drei Konzepte
Inferenz, Reliabilität und Validität ausgeführt.

Methodische Konzepte vereinfachen und entlasten den Diskurs
der Forscher, ersetzen ihn aber nicht; er bleibt weiterhin
von immenser Wichtigkeit: Zwar sichern gleichartige Sozialisation der Forscher, ein gemeinsames Paradigma etc. in erheb-
lichem Maße einen gleichen Erfahrungshintergrund und gleiche
Sinnstrukturen, so daß nicht alles immer wieder neu ausgehandelt werden muß, doch ist eben auch nicht alles selbstverständlich. Denn wäre der Sinn von Handlungen (auch: Forscherhand-
lungen) _selbst_-verständlich, bedürfte es keiner intersubjektiven Sprache und keiner methodischen Konzepte um etwas verständlich zu _machen_. Nur was andere verstehen, nacherfahren
und damit ggf. sinnhaft in Handlung umsetzen können, kann sich
auf die intentionale Verbesserung der Lebensbedingungen überhaupt auswirken.

Auch wenn, wie die folgende Analyse zeigen wird, bezweifelt
werden muß, daß der Stellenwert des "Methodenapparates" in der
gegenwärtigen empirischen Sozialforschung, so wie sie sich in
einschlägigen Publikationen darstellt, hinreichend so gesehen
wird, soll damit keineswegs angezweifelt werden, daß der Einsatz methodischer Konzepte in der empirischen Sozialforschung
unter den gegebenen Bedingungen nicht höchst sinnvoll sein
kann - z.B. im Hinblick auf persönliche Karrieren, Bewilligung
von Forschungsgeldern etc. Eine solche _deskriptive_ Methoden-
pragmatik, d.h. die Analyse des Sinnes und der Funktion der
vorfindlichen Methodenverwendung im Rahmen gegebener gesellschaftlicher Bedingungen, wäre aber Gegenstand _wissenschafts-_
soziologischer Analyse und kann hier nicht geleistet werden.

II. METHODISCHE EBENE

ASPEKTE EINER KLASSIFIKATION SOZIALWISSENSCHAFTLICHER FORSCHUNGSARTEFAKTE

6. Einleitung: Zum Begriff des Forschungsartefakts

Als ein wesentlicher Gesichtspunkt zur Beurteilung des sozialwissenschaftlichen empirischen Instrumentariums wurde im ersten Teil ein normatives Sinnkriterium für dessen Verwendung
herausgearbeitet: nämlich seinen Einsatz zur Optimierung des
Interdependenzgefüges aus wissenschaftlicher Erfahrung, Kommunikation und Wissenskumulation im Hinblick auf koordiniertes
(prognostizierbares, erfolgreiches) Handeln (und dies wieder
vor dem Hintergrund einer Verbesserung der Lebensbedingungen).

Unter dieser Perspektive soll in den folgenden Kapiteln analysiert werden, wieweit die vorfindlichen methodischen Konzepte empirischer Sozialforschung - so wie sie angewendet werden - diesem normativen Anspruch zu genügen vermögen. Es wird
darum gehen, Probleme empirischer Sozialforschung schwerpunktmäßig auf der methodischen Ebene aufzuzeigen und zu diskutieren, während deren unmittelbare konkrete Auswirkungen in der
Forschungspraxis dem dritten Teil vorbehalten bleibt.

Wenn das methodische Instrumentarium der Sozialwissenschaften
- wie in Teil I geschehen - als Fortentwicklung von Rezeptoren eines erkennenden Systems in Interaktion mit dem Erkennt-
nisgegenstand aufgefaßt wird, folgt allein schon aus dieser
Sichtweise, daß diese "Instrumente" nicht als problemlose
"Techniken" einfach angewendet werden können. Sondern wenn
man den Gedanken ernst nimmt, daß in einem solchen konkreten
Interaktionsprozeß ein ganz bestimmter Ausschnitt von sozialer Wirklichkeit erst konstituiert wird, läßt sich die Metho-

de wohl kaum vom Gegenstand trennen. Eine abstrakte Diskussion, ob z.B. eine Inhaltsanalyse von Zeitungstexten, eine Analyse der ökonomischen Verflechtungen von Zeitungskonzernen oder aber eine Befragung von Zeitungslesern (um nur drei Aspekte anzuführen) die "richtigere" Erkenntnis über das "Pressewesen" liefert, ist genau so absurd wie die Frage, ob Frau M durch die Abbildung eines Straßenmalers, durch ein Farbfoto aus dem 3.Stock von ihr zur selben Zeit aufgenommen oder aber durch die später aufgezeichnete Personenbeschreibung eines vorbeigehenden Passanten "richtiger" widergegeben wird. Stattdessen handelt es sich jeweils um unterschiedliche Konstituierungen bestimmter Wirklichkeitsaspekte, die irgendwie miteinander (und mit anderen) zusammenhängen, aber per se nicht "richtig" oder "falsch" sein können, sondern nur mehr oder minder _funktional_ im Hinblick auf einen vorgegebenen Zweck.[1]

So wie im Alltag mein Bedürfnis, nach einem Einkauf schnell zum Bahnhof zu kommen, meine visuelle Wahrnehmung auf die Unterschiede von Autos akzentuiert, um ein Taxi auszumachen, und andere "Eindrücke" der Welt im Hintergrund meines Bewußtseins versinken (Häuserfronten, Menschen, Gespräche, Gerüche), akzentuiert der Forscher durch seine Fragestellung in Verbindung mit einer bestimmten Vorgehensweise bei der Erhebung und Weiterverarbeitung der "Daten" einzelne Aspekte der Wirklichkeit, die er konstituiert. Und ähnlich, wie ich die obige Aufgabe nur lösen kann, wenn ich bereits Vorstellungen davon habe, wie ein Taxi in etwa aussehen müßte (Fahrräder und LKW beachte ich nicht), wo es etwa fahren wird (den Bürgersteig nehme ich kaum wahr) etc., kann der Forscher die Wirklichkeit nur konstituieren, indem er sie weitgehend im Hinblick auf die immer schon vorhandenen Regeln, Theorien und Erkenntnisse seiner scientific community strukturiert. Durch die Entscheidungen für bestimmte Untersuchungsaspekte, Erhebungsschritte, Analysemodelle etc., _gestaltet_ er seinen Untersuchungsgegenstand.

Der Ausdruck "gestaltet" wurde eben nicht zufällig verwendet, sondern sollte auf das gestaltpsychologische Problem der Figur-Grund-Abhebung verweisen, nämlich daß Forschung (als Sonderform allgemeiner Erkenntnis) mit der fundamentalen menschlichen Wahrnehmungsleistung zu tun hat, der Fähigkeit zur Ausgliederung von Gestalten. Dabei ist zu beachten, daß das Figur-Grund-Problem als Verhältnis zwischen Bezogenem und seinem Bezugssystem aufgefaßt wird. Der Hintergrund (Kontext), vor dem sich die Figur (der Forschungsprozeß mit einem bestimmten Ergebnis) abhebt, ist dabei im konkreten Fall oft nicht bewußt, insbesondere nicht im Hinblick darauf, wie und wieweit er die Figur beeinflußt.

Zur einführenden Demonstration dieses Problems sollte der Leser versuchen, für die drei folgenden Zahlenreihen die Struktur, nach der die Zahlen angeordnet sind, zu ermitteln:

Reihe 1:	10	9	8	7	6	5	4	3	2	1
Reihe 2:	6	5	7	4	8	3	9	2	10	1
Reihe 3:	8	3	1	5	9	6	7	4	10	2

Es ist wohl einfach zu erkennen, daß in Reihe 1 die Zahlen von 10 absteigend angeordnet sind, in Reihe 2 hingegen mit 6 beginnend alternierend fallend und steigend. Was aber ist das Ornungsprinzip für Reihe 3 ? Die sehr einfache Struktur steht als Fußnote auf dem Kopf geschrieben, in der Hoffnung, der Leser möge zuerst selbst probieren, eine Struktur zu finden.

Erfahrungsgemäß ist es gerade nach Reihe 1 und 2 extrem schwierig, diese einfache Anordnung der Reihe 3 herauszufinden. Das liegt daran, daß man für die Zahlen der Reihe 3 "automatisch" eine numerische Struktur voraussetzt, und diese Unterstellung bildet den Hintergrund, vor dem die Aufgabe zu lösen versucht wird. Gerade weil diese Voraussetzung so "selbstverständlich"

Die (deutschen) Bezeichnungen für die Zahlen sind alphabetisch geordnet, also "acht" vor "drei" usw.

scheint, daß sie nicht mehr bewußt als solche wahrgenommen
wird, ist sie besonders stark wirksam. Bevor Kontexte hinterfragt werden können, müssen sie zunächst einmal wahrgenommen
werden. - Das verweist auf ein zentrales Problem von empirischer Forschung schlechthin (also auch von Sozialforschung),
die immer schon vor dem Hintergrund "selbstverständlicher"
Annahmen der scientific community stattfindet. Dies wird in
Kap. 8 und 9 noch genauer analysiert.

Für die Sozialforschung aber ergibt sich zunächst ein weiterer Aspekt dieses Problems daraus, daß sich der Untersuchungs-
bereich auf Menschen bezieht - Gegenstand der Untersuchungen
also wie der Forscher selbst Erkenntnissubjekte sind (und
nicht nur -Objekte im Sinne der Naturwissenschaften), die
ebenfalls (ihre) Wirklichkeit konstituieren. Der untersuchende und der untersuchte Mensch treffen also in einem sozialen
Prozeß aufeinander, in welchem beide versuchen, das jeweils
Wahrgenommene sinnhaft zu identifizieren - und dies von beiden weder in identischer noch in voneinander unabhängiger
Weise.

Zum Beispiel ist das Material, welches in Erhebungssituatio-
nen verwendet wird (Fragebögen, Tests, experimentelle Anord-
nungen etc.), vom Forscher aufgrund seiner Fragestellung und
seines Forschungsplanes (Designs) mit einer bestimmten Absicht
entwickelt worden, es entstammt also seinem Forschungskontext.
Eine untersuchte Person aber kann nur auf das Material rea-
gieren, indem sie diesem einen Sinn zuweist, d.h. das Wahrgenommene gemäß ihrer bisherigen Erfahrung strukturiert und interpretiert. Der Sinn, den das Material für diese Person hat,
entstammt also notwendigerweise ihrem Erfahrungs- und Hand-
lungskontext.

Zwar kann und muß der Forscher einen gewissen "common sense"
zwischen ihm und dem Untersuchten voraussetzen (jedenfalls
bei Untersuchungen in seinem Kulturkreis), er darf also sicher

sein, daß die Kontexte und Sinnzuweisungen des Untersuchten nicht <u>völlig unterschiedlich</u> zu seinen sind. Doch ist genau so sicher, daß diese Kontexte auch nicht identisch sind.

Die Abhängigkeit des Materials von unterschiedlichen Kontexten und die sich nur teilweise überlappenden Sinndeutungen lassen sich visuell gut durch das "Material" in dem Rechteck unten veranschaulichen, wobei der Forscherkontext durch die Zeile (Zahlen), der Kontext des Untersuchten durch die Spalte (Buchstaben) repräsentiert wird, so daß das Material im Rechteck vom Forscher zwar als Zahl "13" intendiert ist, vom Untersuchten aber als Buchstabe "B" interpretiert wird:

Figur 6.1

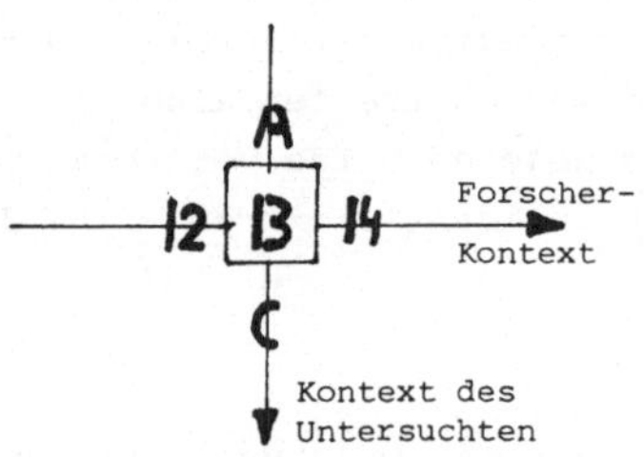

Trotz der unterschiedlichen Interpretation des Materials im Rechteck besteht bei <u>diesen</u> beiden Deutungen stillschweigend Einvernehmen darüber, daß es sich um Information aus dem alphanumerischen Zeichenbereich handelt: Vermutet man in dem Rechteck einen Drudel[2], so wird man dieses Material anders sehen - und noch wieder anders, wenn man westliche Schriftzeichen nie gesehen hat.

Dasselbe Problem der Kontextabhängigkeit stellt sich bei der Verwendung von sprachlichem Material. So wurde z.B. in einer Untersuchung die Frage: "Würden Sie für oder gegen eine Regierung stimmen, die sagt, sie will den Sozialismus einführen?",

als Indikator für einen "Befürworter des Sozialismus" intendiert. [3)] Doch was ist unter "Sozialismus" und was unter "einführen wollen" konkret zu verstehen? Selbst ohne intimere
Kenntnisse der Sozialismus-Debatte ist allgemein bekannt, daß
es viele unterschiedliche Formen in Begründung und Zielsetzung
"des" Sozialismus gibt, die sich extrem voneinander unterscheiden. Auch der Befürworter einer Form von Sozialismus müßte
daher gegen eine Regierung stimmen, welche wirklich derart
dümmliche und undifferenzierte Äußerungen von sich gibt - d.
h. im vorliegenden Fall, wo der Befragte zu Recht vermuten
kann, daß die Unzulänglichkeit nicht bei der imaginären
Regierung sondern beim Demoskopen liegt, wäre die adäquate
Reaktion, die Frage zurückzuweisen. Daß im vorliegenden Fall
nur zwischen 20% und 30% der Befragten jeweils nicht "dafür"
oder "dagegen" ankreuzten, ist noch das interessanteste Ergebnis solch einer Untersuchung: Es zeigt, wie weit sich Befragte
bemühen, auch in unklaren oder gar unsinnigen Fragen noch
einen Sinn auszumachen.

Gerade an diesem Beispiel läßt sich aber auch die wechselsei-
tige Abhängigkeit von Figur und Grund demonstrieren: So hat
die obige Frage sicher unterschiedliche Bedeutung, je nachdem
ob vorher in dem Fragebogen vom "Sozialismus" der DDR geredet
wurde, oder aber ob zuvor Fragen zur Form des religiösen Sozialismus mit seiner Verwirklichung insbesondere christlicher
Forderungen gestellt wurden.

Neben der vom Forscher geplanten und gewünschten "offiziellen"
Interaktion zwischen Untersucher, Untersuchtem und dem Material, ist also die Erhebungssituation durch Metainteraktion
gekennzeichnet und beeinflußt, indem sowohl der Untersucher
als auch der Untersuchte sich Gedanken über diese Situation
macht und ihr einen bestimmten Sinn gibt. Welche Motive der
Befragte auch immer haben mag, an einer Erhebung mitzuwirken
- Geld, Hilfsbereitschaft, Stolz, nicht-nein-sagen-können,
Neugier etc. - er hat ein gutes Recht darauf, die Situation

in seinem Sinne möglichst optimal zu strukturieren und hinter
sich zu bringen. Und das bedeutet zuersteinmal, daß er seine
Unsicherheit in der für ihn neuen Situation minimieren wird,
indem er insbesondere versucht, die Intentionen und Erwartungen des Forschers zu erraten (bzw. aus dem nicht-offiziellen
Teil des Verhaltens des Untersuchers herauszukriegen).

So formulierte JOURARD (1973) in seinem (fiktiven) "Brief einer Versuchsperson an einen Versuchsleiter": "Wissen Sie,
selbst wenn Sie nicht im Raume sind - wenn Sie nur aus ge-
druckten Anweisungen auf dem Fragebogen bestehen oder aus der
Stimme auf dem Tonbandgerät, die mir sagt was ich tun soll -
ich mache mir Gedanken über Sie. Ich frage mich, wer Sie sind,
was Sie wirklich wollen -" (Zitiert nach BUNGARD und LÜCK,
1974).

Diese Reflexion der Beteiligten über die untersuchte Situation
ist im Forschungsplan in der Regel kaum berücksichtigt. Denn
gemäß dem Design strukturiert der Forscher oder ein von ihm
Beauftragter die Erhebungssituation. Registriert wird - meist
ebenfalls genau nach Plan - die "Reaktion" , d.h. die manifeste Verhaltensweise (oder besser: vorher festgelegte Ausschnitte davon) der untersuchten Personen. Die typische und
wissenschaftlich nüchterne Formulierung:"A wurde befragt",
suggeriert also fälschlicherweise so etwas wie Objektivität
im Sinne klassischer Physik - vergleichbar mit der Formulierung: "die Wegstrecke A wurde vermessen".

Wie stark sich in Abweichung vom "Plan" diese Metainteraktion
auf das konkret festzustellende Untersuchungsergebnis auswirkt,
dürfte allerdings schwerlich auszumachen sein, da eine komplexe Wechselwirkung anzunehmen ist zwischen den bisherigen
Erfahrungen des Untersuchten (über die man per definitionem
fast nichts weiß, sonst würde man ihn ja nicht befragen müssen), und den Sinnstrukturen, welche er der Erhebungssituation
zuschreibt - d.h. den Sinn, den die Handlungen des Forschers

und das vorgelegte bzw. verwendete Material für ihn haben.
Gerade deshalb wäre im konkreten Fall einer Untersuchung zu
erörtern, ob der Einfluß dieser Wechselwirkung ggf. so wesentlich werden kann, daß der vom Forschungsdesign vorgesehene
Interpretationsrahmen die soziale Situation "Erhebung" nicht
mehr zureichend erfaßt.

Wenn in der alltäglichen Forschungspraxis solche Fragen auch
zu wenig berücksichtigt und die ungeplanten Einflüsse auf das
konkrete Ergebnis zu wenig reflektiert werden (wie Teil III
zeigt), so ist doch zu betonen, daß eine Problematisierung
des methodischen Vorgehens in der Sozialforschung praktisch
so alt ist, wie diese selbst, wenn auch eine stärker systematische Auseinandersetzung in der sozialwissenschaftlichen
Fachliteratur besonders in den letzten Jahren erheblich zugenommen hat. In diesem Zusammenhang hat sich der Begriff der
"Forschungsartefakte" durchgesetzt; er wird auch zum Zentral-
thema dieses Teiles. Allerdings wird dieser Begriff in der
Fachdiskussion üblicherweise sehr viel enger abgesteckt, als
wir ihn hier - basierend auf den Überlegungen des I. Teils -
angesetzt haben. Das wird schon deutlich, wenn man eine einschlägige Definition betrachtet, die LÜCK und BUNGARD (1978)
- zwei Autoren, die sich um die Aufarbeitung der verstreuten
Literatur zur Artefakteforschung sehr verdient gemacht haben -
geben:

> "Unter Forschungsartefakten werden im allgemeinen alle
> fehlerhaften (d.h. nicht validen) Forschungsergebnisse
> verstanden, die durch unterschiedliche Störfaktoren im
> Forschungsprozeß bedingt sind."

Von diesem Aspekt der "Störfaktoren" und "fehlerhaften" Ergebnisse kann zwar ausgegangen werden, wenn in Kap. 7 zunächst
die Ergebnisse bisheriger Artefakteforschung kurz referiert
werden, doch ist selbst hier schon zu betonen, daß die Probleme der Figur-Grund-Abhebung und der damit verbundenen Sinn-

Deutung nicht nur in der Erhebungssituation wirksam werden
(worauf sich die Artefakte in den beiden angeführten Arbeiten
der Autoren BUNGARD und LÜCK beziehen): Schon oben wurde an
der Frage, eine angemessene Struktur für die "Daten"-Reihe 3
zu finden, demonstriert, wie stark auch bei der Weiterverarbeitung erhobener Information der Kontext eine Rolle spielt.
Wir werden uns daher in dem kurzen Überblick auch mit Artefakten bei der Auswertung beschäftigen müssen.

Die Interpretation der Forschungsartefakte als "fehlerhafte
Ergebnisse" wird dann allerdings in den darauffolgenden Kapiteln (8-10) erheblich differenziert und modifiziert. Es
werden dabei grundsätzlichere Strukturen von Forschungsartefakten herausgearbeitet, die sich von einer Sammlung eher
isolierter "Störfaktoren" wesentlich unterscheiden. Diese
Strukturanalyse wird bei den in Teil I herausgearbeiteten
Aspekten von Kontext, Prognose und Handlung wieder ansetzen
und deren Bedeutung diesmal auf der methodischen Ebene weiter ausführen. Letztlich soll nachgewiesen werden, wie sich
aus einer grundsätzlicheren Mißinterpretation des Forschungsprozesses auf der methodischen Ebene Forschungsartefakte ergeben können. Es wird sich dabei um solche Artefakte handeln,
die dann auch in Teil III auf der ganz konkreten Ebene alltäglicher Forschungspraxis aufgespürt werden.

Damit fällt insgesamt gesehen diesem Teil die Aufgabe zu,
den Spannungsbogen von den methodologisch-normativen Ausführungen des I. Teils zu den konkreten Mängeln in der Forschungspraxis zu schlagen.

7. Ergebnisse bisheriger Artefakteforschung

Ein vielzitierter Beitrag zur Artefakteforschung entstand
schon zu Beginn dieses Jahrhunderts: Ausgelöst durch die
Fähigkeiten eines Pferdes ("kluger Hans"), das ohne explizit durchgeführte Dressur erstaunliche Rechen- und Lese-
künste zeigte, wurden unbemerkte und unbewußte Signale
zwischen Versuchsleiter und -tier (bzw. später: Versuchsperson) wohl erstmals systematisch untersucht und publiziert
(PFUNGST 1907).

Seitdem ist eine kaum zu übersehende Fülle an Untersuchungen
zum Thema der Forschungsartefakte entstanden - insbesondere
in den letzten 15 Jahren. Der Schwerpunkt dieser Arbeiten
liegt dabei weniger in einer Problematisierung des Forschungsprozesses in seiner Gesamtheit, sondern vorwiegend
in der Entdeckung und Analyse einzelner Faktoren, welche
die Gültigkeit empirischer Ergebnisse beeinträchtigen.

Die wichtigsten dieser "Fehlerquellen" werden inzwischen
in Lehrbüchern zur empirischen Sozialforschung bzw. Statistik aufgeführt und lassen sich demgemäß für eine Unter-
gliederung grob der Phase der Datenerhebung bzw. der der
Datenauswertung zuordnen:

7.1. Artefakte bei der Datenerhebung

Zu diesem Aspekt liegt der weitaus überwiegende Anteil der
Ergebnisse zur Artefakteforschung vor. Eine sehr gute und
detaillierte Übersicht mit umfangreichen Quellenangaben
ist in dieser Reihe von BUNGARD und LÜCK (1974) erschienen.
Es genügt hier für die spätere Diskussion einen Überblick
über die wesentlichsten Probleme zu geben.

Der Katalog der Fehlerquellen wäre dabei zu beginnen bei
den Stichprobenproblemen: So kann eine Diskrepanz zwischen
definierter Zielgruppe und inhaltlicher Fragestellung bestehen; die Stichprobe wird einseitig ausgeschöpft; oder
die Interviewer weichen von den vorgegebenen Quoten ab usw.

Problematischer - weil nicht so leicht durchschaubar und
kontrollierbar - aber sind alle jene Effekte, die unmittelbar damit zusammenhängen, dáß der Charakter der <u>sozialen</u>
<u>Situation</u> der Datenerhebung zum Tragen kommt: Neben der vom
Forscher beabsichtigten Interaktion zwischen untersuchter
Person (allgemein: Versuchsperson, VP), dem Untersucher
(allgemein: Versuchsleiter, VL) und dem Material (z.B.
Fragebogen oder auch nur eine Interviewanweisung), ist
diese soziale Situation "Erhebung" eben entscheidend durch
die gegenseitigen Erwartungen und Erwartungserwartungen gekennzeichnet. Diese beeinflussen - wie bereits hervorgehoben wurde - nicht nur das konkrete verbale und nicht-ver-
bale Verhalten der Beteiligten, sondern bestimmen auch die
Bedeutung der Situation und des Materials.[1]

Wenn somit bei der Datenerhebung gerade die wechselseitigen
Beziehungen VP, VL und Material für ein bestimmtes Ergebnis
- und somit auch für Artefakte - von Bedeutung sind (im
doppelten Sinne), wird bei der Darstellung der Artefakte-
quellen doch schwerpunktmäßig jeweils ein Aspekt in den
Vordergrund gerückt:

7.1.1. <u>Aspekte des Materials</u>

Die Erwartungen einer VP über die Art und den Sinn des vorgelegten Materials (Tests, Fragebögen, experimentelle Anordnung etc.) sowie ihre Erwartungserwartungen (d.h. ihre
Vermutung darüber, welche Reaktionen wohl von ihr als angemessen erwartet werden), entnimmt sie nicht nur der "of-

fiziellen" Instruktion, sondern diese stammen auch aus der
bisherigen Erfahrung und den von ihr wahrgenommenen Be-
sonderheiten des Materials selbst. Von den daraus resultierenden Problemen werden insbesondere drei in der
Literatur diskutiert:

a) <u>Halo-Effekt</u>

Darunter versteht man, daß einzelne Teile des vorgelegten
Materials (z.B. einzelne Fragen eines Fragebogens) nicht
isoliert gesehen und beantwortet werden, sondern sich gegen-
seitig beeinflussen. Wie der Begriff "Halo" - nach dem
Lichthof um Sonne bzw. Mond, aufgrund von Reflexion und
Beugung - sagt, "strahlt" dabei z.B. eine Frage auf andere
Fragen aus, d.h. bei der zeitlichen Abarbeitung vorgelegten
Materials bilden zwangsläufig zuerst bearbeitete Teile den
Kontext für das Verständnis nachfolgender Teile und wirken
sich so entscheidend auf deren Interpretation aus.

Ein solcher Kontexteinfluß kann einmal durch Akzentuierung
bestimmter Perspektiven - zum Beispiel durch Aktualisierung
und Verweis auf damit zusammenhängende Rollen - geschehen:
Fühlt sich eine Person durch die Instruktion oder durch vorhergehende Fragen als Wissenschaftler angesprochen, so wird
sie folgende Fragen nüchterner und kritischer betrachten,
als wenn dieselbe Person in ihrer Rolle als enthusiastisches
Mitglied des A-Vereins die Fragen beantwortet. Gerade dieser vielfache alltägliche Perspektivwechsel (und damit die
Vereinbarung unterschiedlicher, ja entgegengesetzter Stand-
punkte in einer Person, je nach gerade eingenommener Rolle)
ist typisch für heutige komplexe Gesellschaften.

Neben dieser Aktualisierung einzelner schon vorhandener Aspekte kann der Kontexteinfluß aber genauso gut auch über
eine durch vorhergehende Fragen überhaupt erst heraus-
kristallisierte Perspektive bzw. Einstellung laufen; z.B.

indem diese Fragen implizit bestimmte Informationen vermitteln oder den Befragten veranlassen, über etwas bewußt
nachzudenken, zu dem er sich vorher noch keine Meinung gebildet hat. Es handelt sich dann praktisch um Lerneffekte.
Ein solches Lernen kann im Rahmen eines Aktions-Forschungs-
programms durchaus beabsichtigt sein, bringt aber erhebliche
methodische Schwierigkeiten mit sich, auf die hier nicht
eingegangen werden kann. Kontrollieren läßt sich dieser
Effekt zumindest teilweise, indem gleiche Teilpopulationen
der Befragten das Material in unterschiedlicher Reihenfolge
abarbeiten. [2]

b) Response sets

Speziell aus der Fragebogenforschung ist bekannt, daß oft
ganz bestimmte Antwortmuster - sogenannte response sets -
bevorzugt werden, und zwar unabhängig vom eigentlichen Inhalt der Frage. Bei einer Vorgabe der Antwortmöglichkeiten
in entweder "ja" oder "nein", kann die "Ja-Sager-Tendenz"
("Acquiescence") zum Tragen kommen: Dabei kreuzen Personen
bevorzugt die "Ja-Kategorie an, auch dann, wenn bei Kon-
trollfragen eine Umformulierung im Sinne einer "Umpolung"
der Frage bei einer der beiden Versionen ein "nein" er-
fordern würde. Zu den response-sets gehört auch die Be-
vorzugung von Mittelkategorien oder aber die von Extremen
bei abgestuften (ordinalen) Antwortmöglichkeiten.

Man könnte nun fragen, warum das Problem der response-sets
hier bei der Kategorie "Material" aufgeführt wird, wenn
doch gerade die Antworttendenzen unabhängig vom konkreten
Inhalt der einzelnen Fragen sind. Durch diese Spezifizierung
wurde aber die Antwort schon vorweggenommen: Zwar spielt der
jeweils konkrete Inhalt der Frage keine Rolle, wohl aber
zum Beispiel die Eindeutigkeit der Frageformulierung, wie
Untersuchungen von BANTA (1961) und MOSCOWICI (1963) zeigen.

Je weniger klar und prägnant die Bedeutung des Materials definiert wird, umso eher werden materialfremde - und damit inadäquate - Kontexte und entsprechendes Reaktionsverhalten des Befragten aus seiner typischen Alltagswelt in die Befragungssituation einfach übertragen.

c) <u>Social desirability</u>

Darunter versteht man die bevorzugte Wahl sozial wünschenswerter Eigenschaften, Einstellungen und Verhaltensweisen. So zeigte zum Beispiel MANZ (1968), daß VPn, die aus einer Eigenschaftsliste ohne Vorgabe eines konkreten Meinungsgegenstandes wahllos Eigenschaften ankreuzen sollen, überzufällig Eigenschaften mit großer "social desirability" wählen. BUNGARD und LÜCK (1974) berichten, daß Studenten beim Ausfüllen eines Polaritäts-Profils - das ist eine Liste mit gegensätzlichen Eigenschaftspaaren an den Enden einer jeweils 7-stufigen Skala (vgl. HOFSTÄTTER 1964, 73 f.) - auch bei der Anweisung, rein zufällig anzukreuzen und sich keinen konkreten Begriff vorzustellen, ein deutliches Profil gemäß der social desirability der Eigenschaften produzierten.

Da Übereinstimmungen mit dem sozialen Normen- und Wertesystem in der Gesellschaft (aber auch in Subsystemen) überwiegend positiv, Abweichungen hingegen negativ sanktioniert werden, ist dieses Verhalten verständlich und angemessen. Je deutlicher im vorgelegten Material also Bezug auf soziale Normen- und Wertesysteme genommen wird, desto eher werden die Reaktionen der Untersuchten von diesem Effekt überlagert.

7.1.2. <u>Aspekte der Versuchsperson</u>

Bei der Erläuterung der Artefakte-Aspekte des vorgelegten Materials - besonders beim response-set und bei der social

desirability - wurde bereits auf eine Wechselwirkung dieser
Aspekte mit Eigenschaften der VP verwiesen: So steigt zwar
die Ja-Sager-Tendenz mit abnehmender Klarheit der Frageformulierung, doch kommt diese Tendenz zusätzlich bei unterschiedlichen sozialen Schichten oder ethnischen Gruppen zum
Tragen, wie HARE (1960) nachwies. Dabei sind Artefakte be-
sondern dann schwer zu entdecken, wenn unterschiedliche
VP-Gruppen zu unterschiedlichen response-sets oder der-
gleichen neigen, d.h. eine Wechselwirkung von Material- und
VP-Artefakten vorhanden ist:

So kann eine VP geneigt sein, möglichst sozial wünschenswerte
Antworten zu geben, wenn sie den Interviewer als Vertreter
dieser sozialen Normen erlebt, und sich von diesem Aner-
kennung - oder zumindest keine Mißachtung - wünscht. Eine
VP, die aber als besonders progressiv oder gar non-konfor-
mistisch erscheinen möchte, kann sich hingegen gerade entgegengesetzt verhalten. In beiden Fällen spielt der Aspekt
der "social desirability" eine wichtige Rolle, trotzdem sind
die Reaktionen unterschiedlich. Dies zu bedenken ist besonders wichtig, denn in diesem Falle würde man anhand der oberflächlichen Betrachtung der Antwortverteilung aller Personen
wegen der entgegengesetzten Effekte keine typische Anwort-
struktur erkennen, und somit die Wirkung der social-desir-
ability im Material gar nicht entdecken.

Ein weiteres Problem ist die unterschiedliche "Erreichbarkeit"
in Abhängigkeit von typischen VP-Merkmalen: So wurde z.B.
in einer demoskopischen Untersuchung (NOELLE-NEUMANN 1974)
zunächst festgestellt, daß Jüngere wesentlich diskussions-
bereiter bei kontroversen Themen sind als Ältere, ebenso
Leute mit hohem Einkommen gegenüber solchen mit geringem
Einkommen. Später wurde dann eine prozentuale Abnahme der
Diskussionsbereitschaft zwischen zwei Erhebungszeitpunkten als
"Einschüchterung" und "wesentliche Veränderung des Meinungs-
klimas" interpretiert (S. 310). Berücksichtigt man aber, daß

die erste Erhebung im Dezember 1972, die zweite im Juli
1973 stattfand, so wäre es genauso plausibel, daß junge, gut
verdienende Leute im Juli überproportional verreist und daher
für die Interviewer nicht erreichbar sind. Ferner ist bekannt, daß Personen in ländlichen Gegenden, nicht-berufs-
tätige Frauen, Verheiratete und ältere Menschen besser erreichbar sind als andere.

Ähnlich wie die Erreichbarkeit ist auch die Weigerung an
einer Erhebung teilzunehmen, nicht zufällig über die Bevölkerung verteilt. Das gilt auch für die Verweigerung bei
einzelnen Fragen - die oft nicht unmittelbar geäußert wird,
sondern indirekt durch die Wahl der Antwortkategorie "unent-
schieden", "weiß nicht" usw. erfolgt.

Beiden Bedenken könnte man entgegenhalten, daß bei der
häufigsten Art, in der Praxis die Stichproben zu erheben,
nämlich dem Quota-Verfahren, gerade die wichtigsten demoskopischen Grundverteilungen in der Bevölkerung vorgegeben
werden und man somit einer Verzerrung, wie sie bei einer
reinen Random-Stichprobe durch diese Effekte entstehen
würde, vorbeugt. Dieser Einwand gilt aber nur dann, wenn man
die Grundverteilungen einzeln betrachtet - je komplexere
Beziehungen zwischen den einzelnen Merkmalen aber betrachtet
werden, desto weniger wirkt sich die Korrektur des Quota-
Verfahrens aus, da die Verteilung der Merkmalskombination
kaum kontrolliert werden - schon weil dafür teilweise gar
keine statistischen Daten vorliegen.

So sind in dem (fiktiven) Beispiel Tab. 7.1 sowohl in Fall
a) als auch in Fall b) die Quoten für drei Variable A, B und
C (z.B. Stadt/Land, männl./weibl. und kathol./evangel. der
Kirchenmitglieder einer bestimmten Region) zwar identisch,
doch tritt die Kombination A_1, B_1, C_1, in Fall b) mit 25 %
fünfmal so häufig auf, wie in Fall a):

Tabelle 7.1.: Unterschiede in den Kombinationen (Zellen-
besetzungen) bei gleichen Randsummen

Version a)

C_1

	A_1	A_2	
B_1	5	15	20
B_2	20	12	32
	25	27	52

C_2

	A_1	A_2	
B_1	26	2	28
B_2	13	7	20
	39	9	48

Version b)

C_1

	A_1	A_2	
B_1	25	5	30
B_2	13	9	22
	38	14	52

C_2

	A_1	A_2	
B_1	21	7	28
B_2	5	15	20
	26	22	48

Bei beiden Versionen sind die Grundverteilungen konstant,
nämlich:

$$C_1 = 52 \qquad C_2 = 48$$
$$B_1 = 48 \qquad B_1 = 52$$
$$A_1 = 64 \qquad A_2 = 36$$

Sofern dann Merkmalskombinationen mit den interessierenden
Fragen korrelieren, treten bei verzerrten Kombinationsver-
teilungen Artefakte auf.

7.1.3. Aspekte des Versuchsleiters

Wohl am häufigsten wurden Erhebungsfehler durch bewußte oder
unbewußte Einflußnahme des Versuchsleiters (Interviewers)
untersucht. Schon ein "Hm", Kopfnicken, Lächeln usw. reicht
als Reaktion auf Antworten aus, um bei der VP die Bereitschaft zu erhöhen, folgende Fragen in der gleichen Richtung
zu beantworten. Solche Mechanismen wirken höchst subtil und
sind keineswegs auf die Interaktion zwischen Menschen beschränkt: In einer Untersuchung von ROSENTHAL und FODE (1963)
hatten 12 VL Lernexperimente mit je 5 Ratten durchzuführen.
Alle 60 Ratten waren zwar aus derselben Zucht und vorher auf
gleiche Leistung getestet, den VL allerdings wurde (rein
zufällig) jeweils gesagt, daß sie "dumme" bzw. "kluge"
Ratten vor sich hätten. Alle durchzuführenden Lernaufgaben
waren dieselben. Dennoch erwiesen sich die angeblich klugen
Ratten "tatsächlich" und statistisch signifikant als die
besseren im Lernexperiment. Hier dürfte eine unterschiedliche
Behandlung der Versuchstiere entscheidend gewesen sein.

Als weitere Mechanismen der Einflußnahme sind bekannt geworden: Veränderung der Aufgabeninstruktion (auch dann wenn
sie schriftlich vorlag!), unterschiedliche Betonung einzelner
Teile der Instruktion, Wiederholen bestimmter Antworten der
VP, sowie eine oben schon erwähnte Rückmeldung mittels Mimik
und Gestik des VL.

Solche Effekte, die weitgehend unbewußt durch die Erwartungen
der VL hervorgerufen werden, lassen sich nur schwer kontrollieren und verringern. Denn selbst beim - in der Praxis
kaum durchzuführenden - Doppelblindversuch [*] läßt sich nicht

-----

[*] Von einem "Blindversuch spricht man, wenn die VP nicht weiß,
worum es bei der Untersuchung geht und ob sie zur Experimen-
talgruppe oder zur Kontrollgruppe gehört. Hat auch der VL
darüber keine Information, so spricht man von einem "Doppelblindversuch".

verhindern, daß der VL spätestens nach den ersten Erfahrungen
mit Untersuchten seine Erwartungen ausbildet. Am besten hilft
hier noch eine gründliche Unterviewerschulung auch hinsichtlich dieser Apsekte.

Wenn so feine Verhaltensnuancen des VL die Untersuchungs-
situation und das Ergebnis so entscheidend beeinflussen können, ist das Ergebnis aus zahlreichen Untersuchungen verständlich, daß nicht nur die VL-Erwartungen sondern auch
demographische Merkmale des VL, wie Alter, Geschlecht, Beruf,
Hautfarbe, Schicht usw. eine erhebliche Wirkung auf die VP
ausüben: Aus beidem leitet die VP Information darüber ab,
was wohl von ihr als angemessenste und wünschenswerteste
Reaktion erwartet wird.

Sehr oft gibt der VL in der Erhebungssituation nicht nur das
Material vor, sondern er muß auch die Reaktion der VP pro-
tokollieren - oder er ist zumindest daran beteiligt. Dabei
treten Beobachtungs- und Protokollfehler auf. Das wäre, wie
BUNGARD und LÜCK (1974) feststellen, "an sich noch kein Grund
zur Aufregung, wenn nicht nachgewiesen worden wäre, daß diese
Verzerrungen signifikant häufiger in Richtung der jeweiligen
Hypothese erfolgt. D.h. was der Forscher erwartet, das registriert er eher, als das Nichterwartete".

Solche Effekte sind vermutlich umso größer, je weniger das
Aufzeichnungsverfahren standardisiert ist - etwa beim freien
Interview, wo der Interviewer erst hinterher Aufzeichnungen
macht. Ebenso dürfte sich der Druck, ein bestimmtes Ergebnis
zu erzeugen - etwa bei Diplom-Arbeiten, Dissertationen oder
bei Auftragsforschung - auf die Häufigkeit und das Ausmaß
dieser Fehler auswirken.

Diese Liste der Fehlerquellen bei der Datenerhebung ließe sich
leicht verlängern, weiter differenzieren und durch zahlreiche Untersuchungen belegen, doch sollte hier nur ein Über-

blick über wesentliche Aspekte gegeben werden. Für detaillierte Information soll nochmals auf die ausgezeichnete Li-
teraturaufarbeitung in BUNGARD und LÜCK (1974) verwiesen
werden, sowie auf eine Problematisierung des Interviews von
ATTESLANDER und KNEUBÜHLER (1975).

7.2. <u>Artefakte bei der Datenauswertung</u>

Im Vergleich zur Fülle der Literatur über Probleme der Datenerhebung, hat man sich mit den Artefakten bei der Datenauswertung nur sehr sporadisch auseinandergesetzt. Dafür mag es
mehrere Gründe geben: einmal wird die Auswertung als weitgehend standardisierter und formalisierter und damit als
"objektiver" Prozeß angesehen. Damit verbunden ist auch, daß
die Probleme im engeren Bereich der Statistik vermutet werden
- ein Bereich, mit dem sich ohnedies nur eine verschwindende
Minderheit der Sozialwissenschaftler näher auseinandersetzt.
Ein weiterer Grund ist, daß die Sozialwissenschaften auch
außerhalb der Artefakte-Forschung menschlicher Interaktion
große Aufmerksamkeit widmen, also einem Bereich, der für die
<u>Datenerhebung</u> relevant ist, so daß viele Ergebnisse dieser
Forschung unmittelbar auf die spezielle Interaktionssituation
"Datenerhebung" übertragen oder zumindest als Hypothesen
formuliert werden können. Letztlich muß festgestellt werden,
daß Beiträge in sozialwissenschaftlichen Zeitschriften meist
in die drei Kategorien "theoretisch", "empirisch" und "formal-
methodisch" zerfallen; eine Verbindung insbesondere inhaltlicher und formaler Aspekte mit dem Schwerpunkt einer
Forschungskritik findet man hingegen sehr selten.

So steht dann auch bei der Diskussion der Auswertungsarte-
fakte der rein technisch-statistische Aspekt stark im Vordergrund; meist in Textbüchern oder Artikeln zur Statistik - in
Form von Hinweisen auf mögliche (d.h. in der Forschungspraxis

nicht selten beobachtete) Mißinterpretationen der mathematischen Konzepte. Z.B. publizierte der Sozialwissenschaftler **GUTTMAN** (1977) eine Arbeit mit dem bezeichnenden
Titel "What is not what in Statistics"; diese "weist auf
einige grundlegende Probleme statistischer Ergebnisse und
Datenanalyse hin, um besonders bei Praktikern immer wieder
auftretende Mißverständnisse aufzuklären" (aus dem Abstract).
Kern der Arbeit ist eine Liste von 53 kurz diskutierten
"gebräuchlichen oder falschen Annahmen", die Sozialwissenschaftler "wachsam für Fallen" machen soll, "in die viele
ihrer Kollegen hineingetappt sind" (S. 4). Diese Liste enthält viele spezielle Probleme, die über den Rahmen dieses
Artikels hinausgehen, dennoch lassen sich die Argumente
im wesentlichen auf einige, auch bei anderen Autoren angeführte, Grundprobleme reduzieren. Zu diesen Grundproblemen
gehören insbesondere:

7.2.1. <u>Unvollständige Information</u>

Das erhobene Datenmaterial und die vom Forscher betrachteten
Beziehungen sind üblicherweise sehr viel umfangreicher als
das, was im Rahmen einer Publikation an Ergebnissen mitgeteilt wird. Der Forscher unternimmt somit eine Selektion des
ihm vorliegenden Materials (einschließlich der durchgeführten Analysen). Läßt man einmal das bewußte Fälschen von
Daten und das bewußte Unterschlagen unliebsamer Ergebnisse
außer acht, so ist aufgrund der im vorigen Abschnitt berichteten Forschungsergebnisse zu erwarten, daß sich die
Forschererwartung auch bei der Datenanalyse auswirkt: Ergebnisse, die mit den Erwartungen übereinstimmen, werden eher
wahrgenommen, als solche, die nicht in das Konzept passen.

Dies wäre nicht so problematisch, wenn die Selektionsent-
scheidungen und -kriterien offen diskutiert und der Leser

einer Publikation so in die Lage versetzt werden würde,
diese Entscheidungen nachzuvollziehen, bzw. zu kritisieren
und Alternativmöglichkeiten zu untersuchen. Dazu müßte er das
Datenmaterial - zumindest in den wesentlichen Aspekten -
rekonstruieren können. In der Praxis aber wirkt sich die
- im Prinzip durchaus notwendige - Selektion dahingehend aus,
daß gerade diese Rekonstruierbarkeit weitgehend verloren
geht. Auf diese allgemeine Problematik wird noch in Kap. 8
eingegangen.

Die Tabellen 7.2.a und 7.2.b demonstrieren, wie stark sich
z.B. eine einfache Prozenttabelle in ihrer Aussage durch
Aufnahme oder Fortfall einer einzelnen Kategorie ändern
kann: In der 1. Version berichtet die ZEIT im gleichen Ausmaß über "Wiedervereinigung" wie FAZ und WELT, widmet sich
hingegen nur halb so viel den "Ereignissen in der DDR".
Kodiert man die Kategorie "Innenpolitik" hingegen nicht
- 2. Version -, so berichtet die ZEIT plötzlich doppelt so
viel über die "Wiedervereinigung" wie WELT oder FAZ, hingegen widmen sich alle drei Zeitungen im gleichen Ausmaß
"Ereignissen in der DDR".

Tabelle 7.2.: Mitteilungen in Zeitungen zu Wahlkampfthemen der
Parteien im Bundestagswahlkampf 1961 (in %)

Version a)

Ebene der deutschen Politik	WELT	FAZ	ZEIT
Ereignisse in der DDR	17	16	8
Wiedervereinigung	8	7	8
Außenpolitik	19	17	12
Innenpolitik	23	29	63
sonst. deutsche und internat.	33	31	9
	100	100	100

Tabelle 7.2. (Fortsetzung)

Version b)

Ebene der deutschen Politik	WELT	FAZ	ZEIT
Ereignisse in der DDR	22	23	22
Wiedervereinigung	10	10	22
Außenpolitik	25	24	32
sonst. deutsche und internat.	43	43	24
	100	100	100

Ebenso werden durch unterschiedliche Prozentuierungen (Verschiebung der Bezugsbasis), unterschiedliche Ausschnitte aus Grundtabellen, etc. jeweils andere Perspektiven eingenommen und unterschiedliche Sachverhalte akzentuiert, wobei sich die einzelnen Aussagen scheinbar total widersprechen können. So sind z.B. alle vier Aussagen über den Zuwachs eines Wirtschaftsgutes W in zwei aufeinanderfolgenden Vierjahresphasen A und B "richtig":

1. Die Zunahme von W in A war gegenüber der in B um 20 % geringer.

2. Die Zunahme von W in A war gegenüber der in B um 16,7 % höher.

3. Die Zunahme von W in B hat sich gegenüber der in A um 25 % gesteigert.

4. Die Zunahme von W in B hat sich gegenüber der in A um 1/4 (= 25 %) verringert.

Die Tatsache, die diesen Aussagen (als jeweils unterschiedliche Perspektive) zugrundeliegt, ist schlicht folgende:[3]

Wirtschaftsgut W in Einheiten:

	Periode A	Periode B	
60 E	100 E	150 E	

7.2.2. <u>Signifikanztests</u>

Erhobene Daten können in der Regel nur als Stichprobe aus
einer Grundgesamtheit aufgefaßt werden; damit wird der Schluß
von ersterer auf letztere - Gegenstand der Inferenzstatistik-
zum Kernstück der Datenanalyse. Im elementaren - aber in der
Praxis weitaus häufigsten - Fall, wird dabei aufgrund der
Datenlage zwischen zwei alternativen Hypothesen entschieden.
Das dazu jeweils verwendete statistische Modell heißt
Signifikanztest. Die Grundfrage dabei ist, ob die Daten
(genauer: bestimmte Datenparameter) mit hinreichend großer
Wahrscheinlichkeit (zufällig) unter den Bedingungen des
durch eine der Hypothesen generierten Modells entstanden
sein können, oder nicht. [4]

Selbst bei dieser Kurzdarstellung wird deutlich, daß die
Verwendung von Signifikanztests die Formulierung von Hypothesen vor einer Inspektion der Daten, sowie die Zufälligkeit der Daten im Hinblick auf das statistische Modell voraussetzt - also ein experimentelles Design im weiteren Sinne.
Tatsächlich ist aber unter Fachkollegen unbestritten, daß nur
allzu häufig erst "Effekte" in den Daten gefunden und mittels
Signifikanztests überprüft und dann als Hypothesen formuliert
werden. Sofern man den heuristischen Wert dieser Vorgehensweise betont und deutlich macht, daß es sich um "ex-post"
gewonnene Hypothesen handelt - sozusagen ein empirisch auf-
gestellter Fragenkatalog - kann dies akzeptiert werden; oft
aber werden die Hypothesen implizit als "ex-ante" formuliert
ausgegeben, d.h. an den Anfang der betreffenden Publikation
gestellt.

Jedes umfangreiche Material zeigt aber bestimmte Zufallseffekte, die - in genau der jeweils vorliegenden Form - zwar
unwahrscheinlich, aber eben doch einmal (!) aufgetreten sind.
So gibt es fast jede Woche einige Gewinner mit 6 "Richtigen"

im Zahlenlotto "6 aus 49", obwohl die Zufallswahrscheinlich-
keit für den einzelnen Tip nur ca. 1:14 Mill. beträgt. Wegen
der großen Menge abgegebener Tips treten aber auch solche
extrem unwahrscheinlichen Ereignisse "regelmäßig" auf.

Erhebt man solche Zufallseffekte zu Hypothesen, so werden
sie zwangsläufig am selben Material "bewiesen" (in neu erhobenem Material hingegen mit hoher Wahrscheinlichkeit nicht).
Eine typische Form dieses Vorgehens besteht darin, "alle
Variablen gegen alle" zu testen: Bei 50 Variablen und den
daraus resultierenden 1225 Tests treten eben auch rein
zufällig einige extreme und unwahrscheinliche Effekte auf.

Vor gut zwei Jahrzehnten wurde in Amerika die sogenannte
"Signifikanztest-Kontroverse" ausgetragen: ausgelöst durch
einen Artikel von SELVIN (1957) fand eine Diskussion über
das Für und Wider der Verwendung von Signifikanztests in
sozialwissenschaftlichen Untersuchungen statt (Übersicht bei
MORRIS und HENKEL, 1964). Die totale Ablehnung von Signifikanztests in nicht-experimenteller Sozialforschung wird
heute nicht mehr geteilt, wohl aber die Forderung nach einer
reflektierteren Verwendung und insbesondere vorsichtigeren
Interpretation. Analysen empirischer Publikationen ergeben
allerdings, daß die Forschungspraxis sich diese Erkenntnis
kaum zu eigen macht (vgl. SAHNER, 1978).

Ein weiteres Problem in diesem Zusammenhang ist die empirisch
feststellbare unterschiedliche Publikationschance signifi-
kanter und nicht-signifikanter Ergebnisse. Im deutschen
Sprachraum hat SAHNER (1978) empirische Publikationen zwischen 1965 - 1976 analysiert und kommt zu dem Ergebnis, daß
unter den Publikationen, die Signifikanztests aufführen, 74%
Artikel mit überwiegend signifikanten Ergebnissen sind; 75 %
der ex-ante Hypothesen werden bestätigt.[5]

Da auch beim Vorliegen überhaupt keiner Effekte und Be-

ziehungen in den Grundgesamtheiten auf dem üblichen 5 %-
Niveau rein zufällig 5 % der untersuchten Arbeitshypothesen
signifikant werden,[*] besteht zumindest tendenziell die Gefahr, daß sich in den Periodika Artefakte sammeln, wenn signifikante Ergebnisse eher publiziert werden, als nicht-
signifikante, und wenn zudem noch - wegen des Zwanges etwas
Neues zu entdecken - Untersuchungen mit signifikanten Ergebnissen weniger einer Replikation unterzogen werden als
andere, die bisher keine solchen Ergebnisse brachten.

Zumindest werfen SAHNERS Ergebnisse ein merkwürdiges Licht
auf die Ernsthaftigkeit der Hypothesenbildung: Wenn man
sozialwissenschaftliche Voraussetzungen, Erkenntnisse,
Hypothesen und Theorieteile tatsächlich einer harten Kritik
aussetzen würde, so müßten die untersuchten Arbeitshypothesen
nicht nur abstrakt-statistisch die Chance haben, zu scheitern,
sondern sie müßten auch öfter real scheitern. Die Analyse
der Periodika führt aber eher zu dem Schluß: "empirische
Sozialforschung bestätigt mit hoher Wahrscheinlichkeit noch
einmal das, was man ohnehin vermutet" und "gegenüber gegen-
teiliger empirischer Evidenz ist man immun" (SAHNER 1978,11).

7.2.3. Variablen-Anzahl

Es ist eine Trivialität, daß praktisch jede sozialwissenschaftliche Variable in einem komplexen Wechselwirkungs-
verhältnis zu vielen anderen steht. Das daraus resultierende
Problem ist allerdings alles andere als trivial: Wieviele
Variablen sollen jeweils in eine Analyse einbezogen werden ?

---

[*] Von dem (in der Praxis ohnehin extrem seltenen) Fall, daß
H_0 den in der Fragestellung vorgesehenen und zu beweisen-
den Sachverhalt vertritt, soll hier abgesehen werden.

Dort, wo experimentell verfahren werden kann - etwa in der
Psychologie - kann man zumindest versuchen, durch sehr spezifische Fragestellungen und geschickte Designs eine große
Anzahl von Bedingungen hinreichend konstant zu halten und so
die Anzahl der untersuchten Variablen auf eine vertretbare
Zahl zu begrenzen (denn auch multivariate Auswertungsmodelle sind üblicherweise recht begrenzt).

In der nicht-experimentellen Sozialforschung hingegen haben
wir es mit einem umfassenden Bündel interagierender Variablen
zu tun. Trotzdem sind auch heute noch die am häufigsten verwendeten Analyse-Modelle solche für zwei Variable. Schon
die Berücksichtigung einer weiteren Variable aber kann bekanntlich Zusammenhänge auf der Zwei-Variablen-Ebene total
zum Verschwinden bringen, d.h. den Zusammenhang zwischen
zwei Variablen A und B auf eine dritte, C, zurückführen, oder
aber im Gegenteil, eine schwache (oder sogar keine) Beziehung
zwischen A und B als eine starke, aber durch C verdeckte, ent-
larven.

Unter dem Aspekt der Forschungsartefakte hat diese Tatsache
nun eine zweifache Bedeutung: einmal können behauptete und
festgestellte Zusammenhänge eben durch die Vernachlässigung
weiterer Variablen nur vorgetäuscht sein. Andererseits ver-
leitet diese Möglichkeit der Generierung von Zusammenhängen
durch die Einführung weiterer Variablen dazu, mit den Daten
solange herumzumanipulieren, bis sich ein gewünschter Zusammenhang zwischen zwei interessierenden Variablen zeigt.
Dies aber mündet genau in die unter 7.2.2 aufgezeigte
Problematik, daß nämlich solche Effekte als ex-post Hypothesen einer weiteren Untersuchung bedürften, um sie zu überprüfen.

7.2.4. <u>Korrelations-Interpretation</u>

Gefundene Zusammenhänge in Form von Korrelationskoeffizienten
sind gewöhnlich Teil des Argumentationsgefüges eines Forschers. Dabei findet man in der Forschungspraxis nicht selten,
daß Korrelationen kausal interpretiert werden, d.h. aus der
Korrelation zwischen X und Y wird z.B. geschlossen, X wirke
auf Y (etwa Alter auf das Lösen von Testaufgaben). Wie aber
in nahezu jedem Statistikkurs vermittelt wird, können zwei
Variablen X und Y auch dann hoch korrelieren, wenn

    i) X und Y sich gegenseitig beeinflussen (z.B. Übungs-
       motivation und Leistung bei bestimmten Aufgaben),

    ii) X und Y durch eine (oder mehrere) weitere Variable
       beeinflußt werden (Körpergewicht und Geschicklich-
       keit hängen bei Kindern beide vom Alter ab),

    iii) zufällig gleichsinnige Variationen (meist in einem
        kleinen Abschnitt) von X und Y beobachtet werden
        (z.B. Sonneneinstrahlung und Katholikenrate in
        Nord-/Süddeutschland).

Neben diesen drei Kausal-Artefakten, unterliegt die Interpretation von Korrelationskoeffizienten oft auch dem Konsti-
tutions-Artefakt: wenn zwei Variable sehr hoch miteinander
korrelieren, dann - so wird geschlossen - messen sie beide
weitgehend das gleiche, d.h. die eine könnte durch die andere
ohne viel Informationsverlust ersetzt werden.

Wenn dieser Schluß aber richtig wäre, müßten sich die beiden
miteinander hoch korrelierenden Variablen zumindest auch
weiteren Variablen gegenüber ähnlich verhalten. Daß dies
ein Trugschluß sein kann, beweist die Tatsache, daß zwischen
drei Variablen folgende drei (z.B. Produkt-Moment-Korrela-
tionskoeffizienten) möglich sind:

$$r_{xy} = .90, \qquad r_{yz} = .43, \qquad \text{aber:} \quad r_{xz} = 0$$

oder

$$r_{xy} = .80, \qquad r_{yz} = .35, \qquad \text{aber:} \quad r_{xz} = -.28$$

d.h. trotz der hohen Korrelation von X und Y verhalten sich
diese Variablen gegenüber einer dritten, Z, sehr unterschiedlich. Dies ist, wie Guttmann bemerkt, auch die Achilles-
ferse der Faktorenanalyse, wo ja Bündel hoch korrelierender
Variabler gesucht werden, die dann "auf denselben Faktor zu-
rückgehen", d.h. konzeptionell dasselbe messen sollen.

7.2.5. Unabhängigkeit

Neben der Jagd nach hohen Zusammenhängen findet andererseits
die Suche nach unabhängigen Komponenten statt, um ein bestimmtes Phänomen zu erklären. Der Grundgedanke ist, eine
Vielfalt von gegenseitig abhängigen Variablen auf eine
kleine Anzahl gegenseitig unabhängiger Faktoren zurückzuführen.

Das am häufigsten dafür verwendete Modell ist die **Faktorenanalyse:** jede der empirisch beobachteten Variablen wird als
ein gewogenes Mittel aus den Faktoren interpretiert (Vgl. z.B.
ÜBERLA 1971). Um zu mathematisch lösbaren Gleichungssystemen
zu kommen, müssen weitere Bedingungen eingeführt werden- eine
der üblichsten und häufigsten ist die gegenseitige Unabhängigkeit der Faktoren - anders interpretiert: die Korrelationen zwischen den Faktoren sind null, geometrisch gesehen
stehen die Faktoren senkrecht (in der Fachsprache: "orthogonal") aufeinander und bilden so ein Koordinatensystem

zur Beschreibung der empirischen Variablen (bzw. der Personen).

Sowohl die Faktoren als auch ihre Unabhängigkeit sind nicht mehr und nicht weniger als theoretische Konstrukte. Dies ist prinzipiell kein Nachteil: Die Physik fußt z.B. auf einer geringen Anzahl von vergleichbaren Konstrukten (wenn auch mit dem entscheidenden Unterschied, daß klar definiert ist, wie sie zu erfassen sind und in welcher Beziehung sie zu den wesentlichen physikalischen Erscheinungen stehen). Seit es aber Computerprogramme für die Faktorenanalyse gibt, und jeder ohne die geringsten statistischen Kenntnisse dieses Modell über seine Daten stülpen kann, herrscht in vielen empirischen Publikationen mit Faktorenanalysen zumindest implizit die Meinung vor, man habe mittels der Faktorenanalyse so etwas wie Grunddimensionen des Sozialen gefunden, oder, in abgeschwächter Form, als sei die Beschreibung der Zusammenhänge zwischen den Variablen und den Faktoren bereits irgendein "Ergebnis".

Bei nähere Analyse erweisen sich diese unabhängigen Faktoren in vielen Publikationen als Forschungsartefakte par exellence: es sind künstliche Produkte, die meist weder eine Antwort auf eine konkrete Forschungsfrage geben, noch sich in irgendeinem Sinne in Handlung umsetzen lassen oder die Prognose von Effekten (über den engen Rahmen der Faktorenanalyse hinaus) ermöglichen. So verweist GUTTMANN (1977) darauf, es sei ein kleines Wunder, daß nach 70 Jahren von "Erforschung" und "Bestätigung", Bücher über Faktorenanalyse immer noch nicht ein einziges hinreichend anerkanntes empirisches Gesetz- in irgendeinem Wissenschaftszweig - präsentieren können.

Daraus resultiert die Frage, was "Unabhängigkeit" sein könnte, die nicht ein reines Konstrukt der Datenanalytiker ist. Man

könnte argumentieren: eine empirisch beobachtete Null-
Korrelation. Wenn dies auch nur bedingt richtig ist - im
vorigen Abschnitt wurde gezeigt, daß auch Null-Korrelationen
nur "vorgetäuscht" sein können, und daß ferner auch mit einer
Null-Korrelation nur ein bestimmter Aspekt von Unabhängigkeit
erfaßt wird - so wäre mit solch einer empirischen Null-
Korrelation (wenn sie nicht trivial ist- wie etwa zwischen
Augenfarbe und Plattfüßigkeit) zumindest ein Hinweis auf
ein weiter zu analysierendes Phänomen gegeben.

Auch für den Bereich der Datenauswertung ließe sich die Liste
der artefakteträchtigen Probleme erweitern und wesentlich
differenzieren. Doch sollte auch hier nur ein Überblick über
die wesentlichen in der Literatur diskutierten Probleme gegeben werden.

8. Strukturaspekte von Forschungsartefakten

Es wurde bereits darauf hingewiesen, daß die Untersuchung
und Diskussion der in Kap. 7 referierten Forschungsartefakte
in der Literatur unter sehr "technischen" Gesichtspunkten
verläuft. Es geht um die Entdeckung und Sammlung von vielen
- aber eher isoliert gesehenen - "Fehlerquellen". Zwar
konzidiert man, daß manche dieser Faktoren komplex sind, in
Wechselwirkung zueinander stehen und sich von daher nicht
einfach eliminieren lassen, dennoch entsteht der Eindruck,
daß man die vielfältigen Fehlerquellen nur zu kontrollieren
und im Design zu berücksichtigen habe, damit aus den "fehlerhaften Forschungsergebnissen" "richtige" Ergebnisse werden.

Nun soll keineswegs bestritten werden, daß eine stärkere
Berücksichtigung der Artefakteforschung in empirischen
Designs eine erhebliche Verbesserung gegenwärtiger Sozialforschung bedeuten würde. Doch wäre damit nur die Oberfläche
eines viel tiefergehenden Problemfeldes geglättet. Dieses
Problemfeld abzustecken, soll in diesem Kapitel durch die
Herausarbeitung wesentlicher Strukturaspekte von Forschungsartefakten versucht werden: Analysiert wird, wie über den
jeweils technischen Aspekt isolierter Artefaktquellen hinaus,
Artefakte im Forschungsprozeß entstehen und welchen Stellenwert sie besitzen.

Eine solche - eher ganzheitliche - kritische Betrachtungsweise des Forschungsprozesses ist nun keineswegs neu: Schon
1927 hat der Philosoph Bertrand RUSSELL hervorgehoben:
"Die Art und Weise, in der Tiere lernen, wurde in den
letzten Jahren oft mit großer Gewissenhaftigkeit untersucht.
Im großen und ganzen kann man sagen, daß alle Tiere, die
sorgfältig beobachtet wurden, sich so verhielten, daß sie
die Philosophie bestätigen, an die der Untersucher schon
vor Beginn des Experiments glaubte. Noch mehr als das,

die Tiere zeigen sogar die Nationalcharaktäre ihrer Untersucher: Tiere in amerikanischen Laboratorien sausen erregt
umher, mit unglaublichem Wirbel und Schwung, um schließlich
die Lösung durch Zufall zu finden. Von deutschen Forschern
beobachtete Tiere sitzen still da und denken, bis ihnen
schließlich die Lösung aus ihrem inneren Bewußtsein zufällt"
(zitiert nach LEGEWIE und EHLERS, 1978).

Man könnte diese Aussage - eingeengt gesehen - als Beschreibung des Versuchsleiter-Erwartungseffektes verstehen - etwa
als Vorwegnahme der oben referierten Untersuchung von
ROSENTHAL und FODE, in der die angeblich "klügeren" Ratten
bessere Ergebnisse erzielten als die angeblich "dümmeren".
Doch während diese Untersuchung eine ziemlich isolierte
Fehlerquelle nachweist - nämlich die Übertragung von
VL-Erwartungen auf die Untersuchten mittels taktiler Reize
- geht es RUSSELL wohl kaum um die Frage der <u>Übertragung</u>
einer speziellen VL-Erwartung als vielmehr um die Frage, wie
die Erwartung selbst überhaupt entsteht und welche Bedeutung
sie hat: Nämlich das Wissenschaftsparadigma einzelner Gruppen
innerhalb der scientific community zu stabilisieren; d.h.
dieses bildet ungefragt und unreflektiert den Hintergrund
(im gestaltpsychologischen Sinne), vor dem sich die Figur
- ein konkretes Experiment mit seinen Ergebnissen - ab-
zeichnet.

Daß gerade dieses Figur-Grund-Problem - also die unterschiedliche Akzentuierung bestimmter Teile eines komplexen Feldes
auf Kosten anderer,damit aber auch gleichzeitig die Ein-
bettung einer Figur in einen bestimmten Hintergrung - ein
wesentlicher Strukturaspekt von Forschungsartefakten ist,
soll eine genauere Betrachtung des Umfeldes der "Fehler",
welche durch Artefakte entstehen, leisten.

8.1. Das Problem des Interpretationsrahmens

Angenommen, es werde die formal-abstrakte Intelligenz von
Jungen und Mädchen mit Hilfe bestimmter Aufgaben untersucht,
und es komme bei dieser Untersuchung heraus, daß die Jungen
wesentlich leistungsfähiger sind als die Mädchen, weil sie
durchschnittlich mehr Aufgaben gelöst haben. Wenn man nun
als das Ergebnis dieser Untersuchung geschlechtsspezifische
Unterschiede beim Umgang mit solchen Aufgaben hervorhebt, so
ist dieses Ergebnis dann mit ziemlicher Sicherheit ein For-
schungsartefakt, wenn sich bei näherer Inspektion der Daten
herausstellt, daß die getesteten Jungen im Mittel 16 Jahre
alt waren, die Mädchen hingegen nur 15 Jahre, und man nach-
weisen kann, daß die Lösung der betreffenden Aufgaben im wesentlichen vom Alter abhängt.

Man wird dann argumentieren, daß der angebliche Intelligenz-
unterschied bei den Geschlechtern weitgehend ein Artefakt
der Tatsache ist, daß hier unterschiedliche Altersstufen untersucht wurden. Die Vernachlässigung einer bestimmten Ein-
flußgröße (in diesem Fall: Alter) hat die Ergebnisse hinsichtlich der in der Aussage angeblich beantworteten Forschungsfrage (hier: Zusammenhang von formal-abstrakter Intelligenz und Geschlecht) stark verzerrt.

Man könnte nun voreilig meinen, daß solche Forschungsartefakte, die durch Vernachlässigung eines wesentlichen Faktors
entstehen, relativ leicht zu durchschauen seien und daher in
der seriösen empirischen Sozialforschung kaum vorkommen dürften. Doch hängt ein Urteil darüber zweifellos mit der Frage
zusammen, unter welchen Gesichtspunkten denn ein Faktor
"wesentlich" ist. Daher soll gerade dieses einfache Beispiel
Ausgangspunkt sein, um einige grundlegende Überlegungen anzustellen:

Zuerst sollte man sich bewußt machen, was eigentlich zur
Entdeckung des obigen Forschungsartefaktes geführt hat: Wenn
gesagt wurde, daß eine "nähere Inspektion der Daten" erbracht hat, daß sich die untersuchten Jungen und Mädchen
hinsichtlich des Alters stark unterscheiden, so führt dies
unmittelbar zu der Frage, was denn wohl diese nähere Inspektion verursacht haben könnte. Als Antwort läßt sich sofort
die Tatsache anführen, daß das oben behauptete Ergebnis einen großen Überraschungswert besitzt: Angesichts bisheriger
sozialwissenschaftlicher Forschungsergebnisse würde es uns
sehr wundern, wenn die Variable "Geschlecht" einen erheblichen Einfluß auf die formal-abstrakte Intelligenzleistung
hätte (ganz zu schweigen von noch weniger wesentlichen Faktoren wie Haarfarbe etc.); während es uns überhaupt nicht
wundert, daß die Anzahl gelöster Aufgaben vom Alter abhängt,
denn dies entspricht unserer Alltagserfahrung.

Etwas diffiziler wird es schon, wenn wir uns statt der untersuchten Jungen und Mädchen z.B. eine Intelligenzstudie
mit weißen und farbigen Jugendlichen in den USA vorstellen:
Immer wieder taucht in bestimmten Massenmedien mit dem Hinweis auf "neueste Forschungsergebnisse" die Behauptung auf,
Farbige seien weniger intelligent als Weiße. Diejenigen, zu
deren Weltbild diese Behauptung als "Tatsache" gehört, werden ein solches "Ergebnis" nur als weitere Bestätigung registrieren. Die Neigung, eine solche Untersuchung genauer
zu reanalysieren, wird somit von seiten solcher Forscher gering sein - zumindest wird man zufrieden sein, wenn man sich
überzeugt hat, daß nicht gegen die elementarsten Forschungs-
regeln verstoßen wurde.

Als "reales" Beispiel sei auf eine Reihe Untersuchungen von
CYRIL BURT verwiesen, mit denen er in den 50er und 60er Jahren seine Theorie von der Vererblichkeit der Intelligenz
"nachwies", und an denen seine Schüler lange nur die "vor-

zügliche Qualität, das hervorragende Design und die exzel-
lente statistische Datenverarbeitung" (EYSENCK, zitiert nach
ERNST 1977) bemerkten, bis KAMIN (1974) nachwies, daß Daten
und Ergebnisse (aus Absicht oder Nachlässigkeit muß offen-
bleiben) gefälscht sind.

Stellen wir uns - in dem obigen Beispiel fortfahrend - nun
vor, daß Forscher, zu deren Weltbild keine rassenbedingten
Intelligenzunterschiede gehören, die Untersuchung kritisch
unter die Lupe nehmen. Es zeige sich dabei, daß die untersuchten Farbigen und Weißen hinreichend repräsentativ ausgewählt worden sind, eine hinreichend gleiche Altersstruk-
tur haben, unter vergleichbaren Bedingungen untersucht wurden etc., daß also die "üblichen Regeln" empirischer Sozialforschung eingehalten wurden. Werden die Forscher dann das
obige Ergebnis akzeptieren?

Die Frage kann wohl verneint werden: Vermutlich werden sie
weitersuchen und sich z.B. den Intelligenztest näher anschau-
en. Falls sie nun dabei finden, daß die Aufgaben dieses
Tests eine ganze spezielle Sozialisation voraussetzen (was
tatsächlich für viele der üblichen Intelligenztests gilt) -
und zwar vorzugsweise eine Sozialisation wie sie für den
weißen Bevölkerungsteil im Gegensatz zum farbigen typisch
ist - werden sie die obige Behauptung als Artefakt des Testmaterials bezeichnen. Sie werden argumentieren, daß nicht
nur das in der Bevölkerung üblicherweise vorfindbare All-
tagskonzept von Intelligenz, sondern auch das (eingeengte)
Intelligenzkonzept innerhalb der psychologischen scientific
community keinesfalls mit einem solchen Test identisch sei.
Unterschiede hinsichtlich einer Intelligenz, welche man
nicht so stark von Bildungs- und Sozialisationsfaktoren abhängig konzipiert, sondern z.B. als allgemeines Problemlö-
sungsverhalten in neuen Situationen definiert, seien somit
durch die Untersuchung <u>nicht</u> nachgewiesen. Möglicherweise
werden diese Forscher sogar eine "Gegenuntersuchung" star-

ten, in welcher sie mit einem anderen Intelligenztest aber
unter sonst vergleichbaren Bedingungen die behaupteten Unterschiede zum Verschwinden bringen.

Dieses Beispiel sollte deutlich machen, wie entscheidend die
Erwartungen der Forscher aufgrund ihrer bisherigen wissenschaftlichen oder alltäglichen Erfahrungen ihr Verhalten beeinflussen; ob sie nämlich mit einem bestimmten Ergebnis zufrieden sind, oder aber den Einfluß weiterer Variabler in Betracht ziehen. Anders herum gesagt: Forschungsartefakte entstehen besonders leicht und halten sich (zumindest eine Zeit-
lang) besonders hartnäckig, wenn die Ergebnisse, die durch
sie hervorgerufen werden, mit den expliziten Annahmen oder
den implizit getroffenen Voraussetzungen der Forscher und
der scientific community übereinstimmen. Die Erwartungshaltung der Forscher wird somit in Form von Selektion bei der
Verarbeitung der hergestellten Realität wirksam, indem nämlich die Auswahl von relevanten Einflußfaktoren, die ja erst
den Interpretationsrahmen für ein Ergebnis darstellen, nicht
genügend reflektiert wird.

Beziehen wir in die Analyse noch eine klassische Studie über
VL-Erwartungsartefakte mit ein: In einer solchen Untersuchung, wie sie insbesondere von ROSENTHAL durchgeführt worden ist, sollten zehn Versuchsleiter insgesamt ca. 200 Studenten hinsichtlich der Einstufung von bestimmten Fotos testen. Dabei mußten die Studenten auf einer 20-Punkte-Skala
(von minus 10 bis plus 10) angeben, ob die dargestellte Person eher erfolgreich oder weniger erfolgreich sei. Die Bedingungen für alle Versuchsleiter und alle Versuchspersonen
waren die gleichen; nur hatte man fünf Versuchsleitern gesagt, daß die Schätzungen aufgrund der Ergebnisse in früheren Experimenten im Durchschnitt bei +5 liegen würden, den
anderen 5 Versuchsleitern hatte man gesagt, daß die durchschnittliche Schätzung bei -5 zu erwarten sei.

Tatsächlich zeigten sich bei diesem Experiment deutliche Versuchsleitereffekte: die Mittelwerte der Versuchspersonenschätzungen lagen bei allen fünf Versuchsleitern, welche ein positives Ergebnis erwarteten, höher als bei den fünf Versuchsleitern, die ein negatives Ergebnis erwartet hatten. Im Gegensatz zu den zuerst genannten Beispielen, wo man noch "einfach" Mängel in der Stichprobenziehung bzw. in der Konstruktion des Testmaterials unterstellen könnte, wurden in dem Experiment von ROSENTHAL alle gängigen Standards experimenteller Forschung gewahrt.

Die wesentliche Gemeinsamkeit in den drei angeführten Beispielen liegt nun darin, daß sich die Unangemessenheit einer Kategorie wie "richtig-falsch" bei der Beurteilung von Forschungsergebnissen zeigt. D.h. es ginge am Kern der Sache vorbei, würde man feststellen, daß Forschungsartefakte "falsche" Ergebnisse seien. Daß ein solcher Schluß viel zu kurz greift, wird deutlich, wenn man überlegt, welche Ergebnisaussagen adäquat und welche inadäquat wären. Immerhin ist im ersten Beispiel die Ergebnisaussage "richtig" (wenn auch von geringem Informationswert), daß 16-jährige Jungen durchschnittlich mehr altersabhängige Intelligenzaufgaben lösen können, als 15-jährige Mädchen; "falsch" hingegen ist, daß (allgemein) Jungen durchschnittlich mehr solche Aufgaben lösen als Mädchen. "Richtig" ist im zweiten Beispiel, daß Farbige in Tests, die eine typische Sozialisation von Weißen voraussetzen, in der Regel schlechter abschneiden werden, "falsch" hingegen ist, daß Farbige (allgemein) unintelligenter sind als Weiße. "Richtig" ist letztlich, daß Versuchsleitererwartungen (z.B. durch ihnen selbst unbewußte Signale) auf die experimentelle Interaktion und damit auf das Endergebnis auswirken können; "falsch" ist, daß eine physikalisch gleiche Reizvorlage (hier: Bilder) und eine stichprobentheoretisch ausgewogene Zusammenstellung der Vpn-Gruppen (allgemein) ausreicht, um auch gleiche Ergebnisse erwarten zu lassen.

Tragfähiger, als Forschungsartefakte als "falsche" Ergebnisse zu charakterisieren, ist es daher, den Zusammenhang zwischen Forschungsartefakten und unangemessenen Interpretationsrahmen bei der Analyse dieses Phänomens in den Vordergrund zu stellen:

8.2 Prognose, Sinn und Kontext

Aufgabe von empirischer Forschung (wie von Alltagshandeln)
ist es, Situationen und Verknüpfungen (Relationen) zwischen
Situationen zunächst als "Fakten" zu erfassen und dann die
Fülle solcher Fakten zu einfacheren Fakten ("Gesetzen") zu
reduzieren, welche geeignet sind, Handeln in zukünftigen Situationen möglichst erfolgreich zu bewältigen.

Ohne auf die logische - bzw. statistisch-formale - Struktur
eines solchen Reduktionsvorgangs hier eingehen zu wollen,
ist doch ziemlich einsichtig, daß dazu unterschiedliche Si-
tuationen zu Klassen zusammengefaßt werden müssen.Denn Prognosen für die Zukunft - im allgemeinsten Sinne von wenn-dann-
Aussagen - haben sowohl auf der wenn- wie auf der dann-Seite
Situationstypen und keine singulären Ereignisse. (Nicht:
"Der VW . . . (genaue Beschreibung)... mit Blaulicht darf am
7.5.1985 um 11.35 Uhr in Osnabrück an der Kreuzung A- und B-
Straße bevorzugt durchfahren" ist ein handlungsrelevantes
Faktum, sondern "Fahrzeuge mit Blaulicht haben Vorfahrt").
Zudem lassen sich Situationen nicht durch eine endliche An-
zahl von Parametern erschöpfend charakterisieren (zu jedem
beliebigen Set von Eigenschaften kann man noch weitere, für
die gegebene Situation typische, Charakteristika hinzufügen).

Situationsbeschreibungen, die in Gesetzes- oder Prognose-Aus-
sagen einfließen, müssen daher zwangsläufig mit einer extrem
reduzierten Anzahl von Faktoren auskommen - es handelt sich

hier um das Problem, die unendlich fließende Realität historisch einmaliger Situationen zu zerschneiden und einer endlichen (und meist sehr begrenzten) Anzahl phänomenologischer
Äquivalenzklassen zuzuordnen.

Alle möglichen Teilmengen von Faktoren (oder alle möglichen
Klassifikationssysteme) wären dabei aber völlig gleichwer-
tig, wenn man nicht ein zusätzliches Kriterium für die Beurteilung einführt. In Teil I wurde unter dem Hinweis auf
den Pragmatik-Aspekt von empirischer Forschung dafür plä-
diert, als solch ein normatives Beurteilungskriterium die
Verwendbarkeit von Forschungsergebnissen zur besseren Bewältigung des alltäglichen (kooperativen) Handelns und zur erfolgreichen Prognose von Handlungserfolgen zu verwenden.

Genau hierin nun - behaupte ich - liegt der Mangel von Forschungsergebnissen, welche Artefakte sind: So wurde im ersten Beispiel durch die Angabe von Geschlecht und Intelligenzleistung die soziale Situation eben nicht hinreichend
beschrieben; eine Verwendung dieser "Ergebnisse" in zukünftigen Handlungskontexten, wo man sich also darauf verlassen
würde, daß Jungen intelligenter sind als Mädchen, würde
zwangsläufig Mißerfolge nach sich ziehen. Zur vollständigen
Situationsbeschreibung würde nun zwar die Angabe von Zeitpunkt, Ort, Motivation, Körpertemperatur der Vpn usw. gehören, nur kann man als Forscher aufgrund bisheriger Kenntnis die Entscheidung treffen, daß solche Faktoren nicht wesentlich für diese Situation sind (und dies ist wohlgemerkt
eine Entscheidung, die nicht völlig selbstverständlich ist,
sondern nur im Rahmen unserer wissenschaftlichen und alltäglichen Erfahrung liegt). Hingegen ist die Angabe des unterschiedlichen Alters im vorliegenden Beispiel ein wesentlicher Situationsfaktor.

Der durch eine eingeschränkte Faktorenauswahl gekennzeichne-
te Situationskontext, welcher mit den Ergebnissen vermittelt

wird - und erst durch einen solchen Interpretationsrahmen
wird ein Ergebnis überhaupt irgendwie verwertbar - erfährt
durch Einbeziehung der Komponente "Alter" also eine entscheidende Änderung: nicht "Jungen haben eine höhere formal-abstrakte Intelligenz als Mädchen", sondern "16-Jährige lösen
mehr formal-abstrakte Intelligenzaufgaben als 15-Jährige"
heißt nun die reduzierte Regel als mögliche Prognosebasis
- allerdings ist ein solches Ergebnis ohnedies Bestandteil
sozialwissenschaftlicher Forschererfahrung, enthält also
kaum neue Informationen.

Daß das eben ausgeführte Problem, nämlich für eine untersuchte Situation durch Auswahl der wesentlichen Situationsfaktoren einen zum erfolgreichen Handeln sinnvollen Kontextrahmen für ein Ergebnis zu entwickeln, nicht immer so relativ
eindeutig lösbar ist, zeigt sich bereits am zweiten oben genannten Beispiel (Intelligenzunterschiede bei Schwarzen und
Weißen):

Intelligenztests eignen sich - trotz aller berechtigter Kritik - unter bestimmten Bedingungen als brauchbares Prognose-
instrument für den Erfolg in einem großen Bereich von Berufskarrieren in Industriegesellschaften. Wichtig für solche Berufskarrieren sind u.a. die im Laufe der Sozialisation
erworbenen kognitiven, operationalen und verbalen Fähigkeiten, sowie (schicht)spezifisches Alltagswissen, welche mit
für die Güte und Schnelligkeit ausschlaggebend sind, mit dem
eine Person reale und abstrakte Objekte in ihren wesentlichen Relationen erfassen, das Erfaßte anderen mitteilen und
in entsprechenden Situationen operational erfolgreich ein-
setzen kann. [1]

Wenn nun Farbige aufgrund ihrer geringen sozialen Integration in einer von Weißen bestimmten Gesellschaft in manchen
Intelligenztests, welche gerade die eben genannten Faktoren
betonen, schlechter abschneiden als Weiße, so ist ein sol-

ches Ergebnis in <u>diesem</u> Kontextrahmen - nämlich z.B. im Hinblick auf Erfolgsprognosen in bestimmten Berufskarrieren -
durchaus angemessen. Aus eben diesem Grunde hätte die Untersuchung auch eine recht hohe externe Validität ergeben -
d.h. man würde finden, daß Farbige in den entsprechenden Berufskarrieren weniger erfolgreich sind als Weiße.

Wenn nun aber in der Boulevard- und Regenbogenpresse z.B.
als Kurzmitteilung publiziert werden würde: "Eine von Wissenschaftlern des ... Instituts kürzlich durchgeführte Untersuchung von farbigen und weißen Amerikanern hat den Nachweis
erbracht, daß die Farbigen den Weißen erheblich in der Intelligenz unterlegen sind", so ist ziemlich unwahrscheinlich,
daß die Mehrheit der Leser zur Einordnung dieser Aussage den
eben angegebenen <u>aussagenadäquaten</u> Kontextrahmen heranzieht,
da er das übliche Informationsniveau übersteigt.

Nun "wird" aber die obige Druckerschwärze zu Buchstaben, die
Buchstabenfolge zu Wörtern, die Wörterfolge zu einem Satz
und der Satz zu einer sinnvollen Mitteilung nicht so sehr
durch irgendeine "interne" Struktur, als vielmehr durch Relationen zum Alltagswissen. "Den obigen Satz verstehen wollen", heißt somit zwangsläufig: <u>einen</u> Kontextrahmen heranziehen müssen. Jene Leser, die gewohnt sind, mit unzulässig
verkürzten - nämlich weitgehend ahistorischen, akausalen,
wissenschaftsgläubigen - Kontextrahmen für Wissen (zumindest
außerhalb ihrer unmittelbaren Erfahrungswelt) umzugehen,
werden als Sinn der obigen Aussage die <u>wissenschaftlich er-
wiesene Tatsache</u> registrieren, daß <u>Farbige allgemein</u> (höchstens von einzelnen Ausnahmen abgesehen) <u>dümmer sind als
Weiße</u> - d.h. noch deutlicher: "das ist eben so", Fragen nach
dem "wann", "warum" etc. kommen erst gar nicht (mehr) auf.[2]

Ein Ergebnis wird also erst zu einem solchen - erhält einen
irgendwie verwendbaren Sinn - wenn man ihm einen Platz in
der komplexen Struktur vorhandenen Wissens zuordnet. Da sich

dieses Wissen selbst aus bisher erfahrenen oder übernommenen
Ergebnissen zusammensetzt, besteht das "Platzzuordnen" im
Herstellen (bzw. Bewußtmachen) von Relationen des neu einge-
ordneten Wissenselementes zu seinen mitbewußten Nachbarn.
Bei der seriösen Darstellung von Untersuchungsergebnissen erfüllt die Angabe des Kontextrahmens somit die Funktion, ein
Teilsystem aus den wesentlichen Relationen und (anderen) Ergebnissen zu umreißen und damit eine adäquate (und intersubjektiv möglichst weitgehend gleiche) Einordnung in die bisherige Wissensstruktur zu gewährleisten. "Adäquat" kann dabei als maximaler Erfolg bei der Umkehrung des Prozesses verstanden werden: Wenn nämlich die Substruktur abgerufen und
wieder in Erfahrung - d.h. in Handeln - umgesetzt wird.[3]

Diese Überlegungen sollten noch stärker herausarbeiten, daß
es zumindest unzulässig verkürzt wäre, bei empirischen Ergebnissen die Kategorie "richtig - falsch" anzuwenden, da
diese Kategorie bereits einen allgemein verbindlichen interpretierbaren Sinn und damit die Wahl eines Kontextrahmens
(und weiter: eine bestimmte Einordnung in das Wissenssystem)
voraussetzen würde. Stattdessen kann ein Ergebnis in der Regel mehreren Kontextrahmen zugeordnet werden. Daher sollten
vom Forscher weitgehende Angaben über den von ihm intendierten Kontextrahmen mitgeliefert werden. Ist nun ein solcher
Kontextrahmen im Hinblick auf daraus ableitbare Argumenta-
tions- und Handlungsmuster inadäquat, so liegt ein For-
schungsartefakt vor.[4]

8.3. Forschung als Handlungs- und Entscheidungsfolge

Unsere Analyse hat gezeigt, daß erst ein Kontextrahmen Forschung und ihren Ergebnissen Sinn verleihen kann. Die Frage,
inwiefern ein bestimmtes Ergebnis überhaupt intersubjektiv
gültig interpretiert werden kann, wird nur beantwortbar,
wenn man menschliche Subjekte, die sich über ein solches

Ergebnis miteinander verständigen müssen, in die Betrachtun-
gen mit einbezieht. Es muß gewährleistet sein, daß unterschiedliche Individuen im Rahmen der Bedingungen, die durch
das Forschungsergebnis angegeben werden, hinreichend gleich-
geartete Erfahrungen machen können - dies entspricht dem Gesichtspunkt der Reliabilität (Zuverlässigkeit) - und daß
solche Erfahrungen in diesem Rahmen erfolgreich sind, d.h.
daß die im Forschungsergebnis prognostizierte Erfahrung tatsächlich gemacht werden kann - dies entspricht dem Gesichtspunkt der Validität (Gültigkeit).

Wie weit hohe Reliabilität und Validität eines Forschungser-
gebnisses erreicht werden kann, hängt also davon ab, welche
wesentlichen Aspekte zur Beschreibung des Kontextrahmens aus
dem Universum der Möglichkeiten ausgewählt wurden, und ob
diese dann empirisch "richtig" - d.h. erfolgreiche Prognosen
ermöglichend - waren. Die Auswahl dieser Aspekte erfolgt über
eine Serie von Entscheidungen im Forschungsprozeß; so muß
z.B. im Zuge der Informationsreduktion immer wieder entschieden werden, über welche Variablen hinweg aggregiert wird
(diese fallen dann als "unwesentlich" aus der Beschreibung
des Kontextrahmens fort).[5)]

Diese Entscheidungen können empirisch "falsch" sein: es tritt
dann ein Bruch zwischen Ergebnis und Kontextrahmen auf, d.h.
der letztere wird zur Beschreibung des ersteren inadäquat.
Das bedeutet konkret, daß in diesem Rahmen vorgenommene Prognosen scheitern, die im Ergebnis postulierte Vermutung über
die Beschaffenheit von Welt also (partiell) falsifiziert
wird. Statt aber von einem "falschen Ergebnis" zu sprechen,
kann genausogut nach einem adäquateren Kontextrahmen gesucht
werden.

Aus diesem Grunde sind Forschungsartefakte auch selten wert-
los, wenn sie als solche entlarvt werden, sondern verwandeln
sich oft in für die Forschung hoch interessante Ergebnisse:

Einerseits geben sie nämlich nun durch Rekonstruktion eines adäquaten Interpretationsrahmens über die untersuchte Situation Auskunft (und es muß nicht immer wie im Beispiel mit den Altersunterschieden eine Trivialität dabei herauskommen), andererseits geben sie aber zusätzlich darüber Auskunft - oder regen zumindest Reflexionen darüber an -, welche (Forschungs-)Situation wohl zur Wahl dieses inadäquaten Interpretationsrahmens geführt hat.

Letzteres kann sich äußerst positiv auf die Forschungspraxis auswirken, denn durch das Aufdecken von Forschungsartefakten wird der Stellenwert von bestimmten Faktoren (und zwar sowohl wissenschaftstheoretische wie methodische oder wissenschaftspolitische) zur Kennzeichnung sozialer Situationen deutlich gemacht und damit nicht nur die Wiederholung gleicher Artefakte eingeschränkt, sondern zugleich die Kontextabhängigkeit von Ergebnissen immer wieder (wenn auch in der Regel nur implizit) betont.

So sollte das oben besprochene Experiment von ROSENTHAL das Augenmerk auf die Wirksamkeit von Versuchsleitererwartungen richten - und allgemeiner: auf unbewußt ablaufende Interaktion zwischen Forscher und Forschungsgegenstand mit dem Effekt der Beeinflussung. Die Diskussion um das "Farbigen-Artefakt" könnte Anlaß geben, darüber nachzudenken, welchen Verwendungsstellenwert ein Ergebnis "Farbige sind dümmer als Weiße" hat, wem ein solches Ergebnis und dessen Verbreitung nützt, d.h. für welche intendierten Handlungen erfolgreiche Prognosen zu erwarten sind, und ob dann die Konstitution und die Verbreitung anderer Forschungsergebnisse nicht durch ebensolche "Einflußgrößen" mitbestimmt wird.

Selbst die oben als Extrembeispiel angeführte Datenfälschung von BURT ist in einem anderen Kontext betrachtet ein wichtiges Ergebnis: Sie weist darauf hin, welch großen Einfluß ideologische Positionen selbst auf einen Wissenschaftler von Rang haben.[6] Durch diese Fälschungen bleiben für Sozial- und Geschichtsforscher noch in späteren Jahrhunderten bestimmte Aspekte von (Lebens- und Forschungs-) Situationen in unserem Jahrhundert dokumentiert - so z.B. die Wichtigkeit der Vererbungslehre der Intelligenz, um damit zu argumentieren wie BURT, "daß die Einkommensverteilung in England ein getreues Abbild der Verteilung angeborener Fähigkeiten sei", oder "vor allem die intelligenten Kinder zu fördern und kein Geld an Minderbegabte zu verschwenden" (zit. nach ERNST 1977) - auch das ist ein (noch) wichtiger Aspekt von Wissenschaft.

Die Überlegungen zusammenfassend bleibt festzuhalten, daß Forschung eine Handlungsfolge ist, welche in einem bestimmten Kontextrahmen (insbesondere geprägt durch Fragestellungen, Bedingungen, Ziele) abläuft und nur so Sinn erhält.

Forschungsartefakte können entstehen, wenn bei einem oder mehreren Handlungsschritten - von der Konstituierung der Realität bis zur Ergebnisaussage - ein inadäquater Bezug zwischen Kontextrahmen und Handlung hergestellt wird, d.h. die Situation in einen inadäquat reduzierten Interpretationsrahmen eingeordnet und so der Sinn der Forschungsaussage im Hinblick auf die Forschungsfrage verschoben wird. "Inadäquat" bedeutet dabei eine solche Auswahl von Situationsparametern bei der Beschreibung, daß die Bildung einer Äquivalenzklasse vergleichbarer Situationen - in denen dann prognostizierte Handlungsfolgen auch tatsächlich eintreten - nicht erfolgreich verläuft, d.h. daß Prognosen, die aufgrund der als relevant angegebenen Situationsfaktoren aufgestellt werden, scheitern. Dieser inadäquate Zuordnungsprozeß kann nun - sozusagen auf der Metaebene - selbst zum Gegenstand der Forschung gemacht und damit dessen Situationsbedingungen analysiert werden, z.B. im Rahmen der Wissenssoziologie oder der Artefaktforschung.

9. Exkurs: Forschungsartefakte und Theorierevision

Wie abhängig Forschungsergebnisse von ihrem Kontextrahmen jeweils sind, wird natürlich besonders dort augenfällig, wo sich diese Kontextrahmen auf eine für die scientific community deutlich registrierbare Weise - wenn auch gleichzeitig "erwünscht" - verändern: Im Fortschritt der Forschung und der damit verbundenen Revision von Theorien bzw. Theorie-Teilen, Hypothesen, theoretischen Erkenntnissen und Annahmen.

Gerade in den Sozialwissenschaften, wo wir weit davon entfernt sind, das Sammelsurium von Erkenntnis- und Erfahrungsbruchstücken zu einem umfassenden Bild zusammensetzen zu können, mit welchem dann hinreichend überzeugend prognostiziert werden könnte, ob ein neues (Teil-) Ergebnis widerspruchsfrei zu anderen ist oder nicht, ist für konkrete empirische Forschung die Auswahl der Aspekte, die den Kontextrahmen für eine bestimmte Untersuchung abgeben, recht klein. Erstaunlicherweise findet man nun in empirischen Publikationen den erwünschten oder möglichen Gültigkeitsbereich für die getroffenen Ergebnisaussagen sehr selten angegeben. Unter welchen Bedingungen der konstituierte Ausschnitt von Wirklichkeit sinnvoll und erfolgreich in Handlung umgesetzt werden kann, und welche - nicht berücksichtigten - Aspekte diese Gültigkeit der Ergebnisse beeinträchtigen könnten und somit Aussagen zu Artefakten werden lassen, wird meist explizit gar nicht erst diskutiert.

Im folgenden soll anhand zweier konkreter Beispiele gezeigt werden, wie ein für das jeweilige Erklärungsmodell zunächst sinnvolles Set von Variablen unter Einbeziehung weiterer Erkenntnisse inadäquat wird, sodaß die Grenzen der Aussagen unter den zunächst gewählten Bedingungen plötzlich deutlich werden. Das bedeutet, daß dann bestimmte (Teil-) Aussagen zu Artefakten werden, die nur durch Berücksichtigung neuer Aspekte - und damit einer Revision des Erklärungsmodells - wieder

in gültige Ergebnisse transformiert werden können (wobei auch
diese Gültigkeit nur so lange währt, bis neue Erkenntnisse
eine weitere Revision der Annahmen erforderlich machen).

Gerade diese konkreten Beispiele und die anschließende Diskussion soll das Verständnis für die Bedeutung von Forschungsartefakten vertiefen: Obwohl nämlich in den beiden vorangegangenen Kapiteln gezeigt wurde, daß Artefakte in unmittel-
barer Wechselwirkung mit den inhaltlichen Fragen der jeweiligen Untersuchung stehen, schien es bei den Problemen im Zuge
der Datenerhebung und der Datenauswertung eben doch eher eine
Frage der "Vorgehensweise" als der inhaltlichen Theorie zu
sein, ob und wie weit sich diese letztlich auf die Ergebnisaussagen auswirken. So werden die in Kap. 7 referierten -
eher "technischen" - Artefakte, wenn überhaupt, in Büchern
über Forschungs<u>methoden</u> und nicht in solchen über <u>Inhalte</u>
aufgeführt.

Die in Kap. 8 ausgeführten Aspekte, wie sich diese "methodischen" Artefakte in inhaltlichen Annahmen niederschlagen, die
in der Umsetzung für die Realität letztlich scheitern müssen,
sollen nun von der entgegengesetzten Seite beleuchtet werden:
Die Beispiele von Artefakten, die mit der Entwicklung und
Revision von Theorien verbunden sind, sollen zeigen, wie diese "inhaltlichen" Artefakte sich in einer inadäquaten Vorgehensweise bei der Untersuchung niederschlagen. Auch hier
wird sich somit wieder die Wechselwirkung von Inhalt und Methode zeigen.

Für beide Perspektiven gibt es bekannte Beispiele von Artefak-
ten in der astronomischen Forschung: einmal die sogenannten
"Marskanäle" zum anderen die Epizykel-Theorie von PTOLEMAEUS.
Erstere sind ein Artefakt der mangelhaften Perfektion optischer
Fernrohre. Es handelt sich also hier um ein eher "technisches"
Artefakt, das allerdings in Wechselwirkung mit der für möglich
gehaltenen Annahme stand, auf dem Mars könnten dem Menschen

vergleichbare Lebewesen wohnen. Die Epizykel-Theorie und die
damit verbundene "Rückläufigkeit" von Planeten ist hingegen
ein Artefakt der "inhaltlichen" Annahme, die Erde stehe im
Mittelpunkt des Universums. Die resultierende Vorgehensweise,
Mond und Planeten nur relativ zum Fixstern-Hintergrund zu sehen und von daher ihre Bahnen zu berechnen, konnte zu keinem
(elementaren) befriedigenden Modell führen, welches für die
im Mittelalter sich entwickelnde Schiffahrt genügend genaue
Positionsberechnungen und Handlungsprognosen zuließ. Dieser
letztere Aspekt, wie sich zu revidierende Annahmen in einer
inadäquaten Vorgehensweise ausdrücken, soll nun anhand sozialwissenschaftlicher Beispiele näher ausgeführt werden.

9.1. Beispiel 1: Lernen und Sinn

Im Bereich der Lernpsychologie ist u.a. von Interesse, wie
schnell wieviel Material gelernt wird, wie lange man einen
bestimmten Anteil davon im Gedächtnis behalten kann usw. Schon
vor fast einem Jahrhundert entwickelte EBBINGHAUS (1885) bei
der Untersuchung dieser Frage spezielles Versuchsmaterial,
das seitdem als "sinnlose Silben" bei "Untersuchungen dieser
Art bevorzugt" wird, weil "an ihnen nur relativ wenige außerhalb der experimentellen Situation erworbene Assoziationen
haften" (HOFSTÄTTER 1971, 39). Es handelt sich dabei um Silben wie z.B. MEV, TUZ, HIF usw., die einen möglichst geringen
Bekanntheitsgrad besitzen sollen. Entwickelt wurde solches
Material immer wieder, indem vielen Versuchspersonen Silben,
die man als "sinnlos" vermutete, mit der Aufforderung vorge-
zeigt wurden, anzugeben, an was sie diese Silben erinnern.
Ausgesucht wurden dann solche Silben, die möglichst wenige
Erinnerungen und Assoziationen auslösten, und daraus Listen
mit Silben oder Silbenpaaren gewonnen. Die Lern- und Gedächt-
nisexperimente mit solchem Material bis in die jüngste Zeit
hinein sind Legion; untersucht wurden neben typischen Lern-
und Vergessenskurven u.a. der Einfluß der Stoffmenge, Posi-

tion der Silben im Material, Lernstoff-Zerlegung usw.

Auch in einem zweiten Bereich der Lernpsychologie wurden
schon frühzeitig solche sinnlosen Silben verwendet: in Begriffsbildungsexperimenten. So wurde z.B. in einem klassischen
Experiment von ACH (1921) auf verschiedene Pappkörper (Würfel,
Pyramiden etc.) sinnlose Silben nach bestimmten Prinzipien
geschrieben: an alle großen und schweren GAZUN, an alle
kleinen und leichten RAS usw. Die Vpn hatte die Aufgabe, die
Struktur zu erkennen, nach der diese Zuordnung stattgefunden
hatte, in diesem Beispiel also Größe und Schwere - und nicht
z.B. Form, Farbe etc. Auf diesem Grundprinzip bauten ebenfalls
zahlreiche Untersuchungen in allen erdenklichen Varianten
auf (wobei statt der Körper allerdings auch Zeichnungen,
chinesische Schriftzeichen etc. verwendet wurden). Ein Ergebnis
solcher Experimente ist u.a., daß Vpn nach einigen Durchgän-
gen die Körper oft schon fehlerfrei den "Begriffen" zuordnen können, noch bevor es ihnen gelingt, das Prinzip dieser
Zuordnung explizit zu benennen.

Beide Arten von Untersuchungen müssen stillschweigend als
"selbstverständlich" annehmen, daß die in Assoziationsexperi-
menten getesteten "sinnlosen Silben" auch in ihren Kontexten
"sinnlos" sind. Hätten sie hier nämlich Sinn, so müßte dieser
experimentell als weitere Variable berücksichtigt werden,
denn Material, mit dem (oder mit dessen Teilen) die Vpn von
vornherein einen Sinn verbinden, wird anders gelernt, wie
Untersuchungen zeigten. Bei der überwiegenden Mehrzahl der
Experimente aber wurde ein möglicher Sinn des "Sinnlosen"
nicht weiter kontrolliert.

Dieses Festhalten am Konzept der "sinnlosen Silben" ist in-
sofern erstaunlich, als ebenfalls schon recht frühzeitig
Untersuchungen auf dem Gebiet der Ausdrucksforschung und
Sprachpsychologie zeigten (z.B. KÖHLER 1933), daß feste
Ausdrucksbeziehungen zwischen Lautgebilden und optischen

Gestalten bestehen, bzw. (WITTMANN 1934) daß es deutliche Zuordnungen von Vokalen und Konsonanten zu Eigenschaften von
Körpern gibt - so z.B. die Vokale O und U zu plumpen und
massiven Dingen, I zu kleinen und leichten. Insbesondere der
letzte Bereich wurde in den 50er und 60er Jahren durch zahlreiche Untersuchungen vom Wiener Psychologischen Institut
in unterschiedlichen Sprachen und Kulturen erforscht und
dabei übereinstimmend gefunden, daß bestimmte Laute bestimmten Gegenstandsmerkmalen überzufällig zugeordnet werden.

So koexistieren praktisch über Jahrzehnte hinweg Ergebnisse
aus unterschiedlichen Bereichen, die miteinander unvereinbar
waren: auf der einen Seite wurden "sinnlose Silben" als Reihe
oder zu Paaren gelernt bzw. Körpern und Zeichnungen zugeordnet, auf der anderen Seite wurden immer detaillierter Laut-
Sinn-Beziehungen erforscht. Nimmt man z.B. die "sinnlose" Bezeichnung GAZUN, die in ACHS Experimenten großen und schweren
Körpern zugeordnet wurde, so entspricht dieser Begriff in
seinem Klang weitgehend der Laut-Sinn-Beziehung. Es ist zumindest nicht ausgeschlossen, daß somit der Begriff GAZUN
schneller gelernt oder gebildet wird als etwa ZIGIN. Wenn
aber die Laut-Sinn-Beziehung in solchen Experimenten als zusätzliche Variable unkontrolliert wirksam ist, können Forschungsartefakte entstehen - etwa kann eine Silbenpaarreihe
mit einigen unpassenden (im Sinne der Laut-Sinn-Beziehung)
Silbenpaaren mehr Lernzeit benötigen, als eine längere Reihe
mit eher passenden.

Tatsächlich erbrachte hier die Rekonstruktion von Lern- und
Begriffsbildungsexperimenten, bei denen die Laut-Sinn-Beziehung systematisch mit variiert wurde (CRAVENZ 1956,
KRIZ 1972), daß dieser eine erhebliche Wirkung zukommt: Inadäquate Laut-Sinn-Zuordnungen erhöhen im Vergleich zu adäquaten den Lernaufwand bzw. den Aufwand zur Bildung eines
Begriffs; Versuchspersonen, die überhaupt nicht gelernt
hatten, schafften bei adäquater Zuordnung von sechs Paaren

zumindest gleichviel "richtiger" Treffer, wie Vpn, die sich
in einem Durchgang sechs inadäquate Zuordnungen merken sollten;
letztlich produzierten Vpn, die inadäquate Zuordnungen gelernt hatten, in der Abprüf-Phase überzufällig solche Fehler,
die einer adäquaten Laut-Sinn-Beziehung entsprochen hätten.

Somit erwies sich, daß die Nicht-Berücksichtigung der Laut-
Sinn-Beziehung als zusätzliche Variable im Modell, welches
experimentellen Designs mit sinnlosen Silben zugrundeliegt,
ggf. zu Forschungsartefakten führen kann, da sich dann die
Laut-Sinn-Beziehung den untersuchten Effekten überlagert und
sich so auf die Ergebnisse auswirkt. Die in bestimmten Kontexten "sinnlosen" (oder besser assoziationsarmen) Silben,
haben in anderen Kontexten durchaus einen Sinn und eine Bedeutung. Die inadäquate Vorstellung einer kontextfreien
"Sinnlosigkeit" wirkte sich in den beschriebenen Experimenten
in einer inkorrekten Vorgehensweise aus: nämlich eine wirk-
same Variable in ihrem Überlagerungseffekt nicht zu kontrollieren. Daraus wiederum können als Ergebnisaussage bei
Lern- und Begriffsbildungsexperimenten Artefakte entstehen.

9.2. Beispiel 2: Subjektive Wahrscheinlichkeiten

Neben den in den Wirtschaftswissenschaften verwendeten normativen Entscheidungsmodellen - die angeben, wie sich ein
Mensch unter gegebener Information möglichst rational entscheiden sollte - interessiert die Sozialwissenschaftler die
Erstellung deskriptiver Entscheidungsmodelle - die angeben
(erklären und prognostizieren), wie sich Menschen unter gegebener Information denn tatsächlich entscheiden.

Für beide Modellarten - aber insbesondere für die letzteren -
spielt die Erfassung der subjektiven Wahrscheinlichkeit eine
Rolle: Aus den unterschiedlichen Entscheidungsalternativen
folgen nämlich jeweils bestimmte Konsequenzen, diese Kon-

sequenzen haben einen bestimmten Nutzen und treten mit einer
bestimmten Wahrscheinlichkeit auf. Dabei ist für den Menschen
allerdings nicht die "objektive" Wahrscheinlichkeit von Bedeutung - jene Wahrscheinlichkeit (sofern sie existiert !),
die dem Eintreten einer Konsequenz nach Anwendung der mathematischen Wahrscheinlichkeitstheorie zukommt - sondern eben
die "subjektive" Wahrscheinlichkeit, jene Wahrscheinlichkeit,
die das Individuum dem Eintreten dieser Konsequenz zuschreibt;
es handelt sich also um eine rein subjektive Komponente (wie
auch der "Nutzen" im Gegensatz zum "Wert"). Kennt man Nutzen
und subjektive Wahrscheinlichkeiten, kann man versuchen, Modelle zur Beschreibung und Prognose von Entscheidungen zu
entwerfen - so z.B. das SEU-Modell, welches postuliert, der
Mensch entscheide sich für jene Alternative, bei der die
Produktsumme aus Nutzen und subjektiven Wahrscheinlichkeiten
ein Maximum ist.[1)]

Experimente, die in den 40er und 50er Jahren zur Erfassung
der subjektiven Wahrscheinlichkeit durchgeführt wurden, waren
einander ähnlich: das Anrecht auf ein Spiel, bei dem der
Geldbetrag X mit der objektiven Wahrscheinlichkeit P (oder
kein Geld mit der Wahrscheinlichkeit 1-P) gewonnen werden
konnte, wurde zwischen den Vpn versteigert. Unter der "hinreichend sinnvollen" Annahme, daß die Vpn gerade soviel bieten, daß sie nicht mit Verlust aussteigen, aber wegen der
Konkurrenzsituation auch nicht wesentlich weniger, läßt sich
aus dem Höchstgebot Z die subjektive Wahrscheinlichkeit für
einen Gewinn als Z/X abschätzen. Die Konfrontation der Vpn
mit P war jeweils trivial: entweder wurde P direkt vorgegeben, oder es ging um die Wahrscheinlichkeit, daß eine bestimmte Zahl gewürfelt wird, eine Kugel in ein bestimmtes
Fach fällt, ein Glücksrad auf weißen oder schwarzen Feldern
stehen bleibt usw. Unter diesen Bedingungen fand man eine
recht brauchbare Übereinstimmung zwischen subjektiven und
objektiven Wahrscheinlichkeiten.

Etwa ab den 60er Jahren aber wurden die Bedingungen kompli-
zierter. So beschäftigten sich Forscher z.B. mit folgendem
Problem: Ausgegangen wird von einer Anzahl unabhängiger und
sich gegenseitig ausschließender Hypothesen über einen Sachverhalt. Die Richtigkeit der einzelnen Hypothesen wird von
vornherein von einer Person jeweils mit einer bestimmten Wahrscheinlichkeit belegt. Nun bekommt diese Person Information
(Daten) - allerdings nach und nach und unvollständig - über
diesen Sachverhalt; wie verändern sich dadurch die Wahrscheinlichkeiten, welche die Personen der Richtigkeit dieser Hypothesen jeweils geben?

Selbst im einfachsten Fall - der Sachverhalt ist das Mischungsverhältnis von schwarzen und weißen Kugeln in einer
Urne, und es gibt nur zwei zunächst gleichwahrscheinliche
symmetrische Hypothesen (z.B. 65% weiße und 35% schwarze Kugeln oder umgekehrt) - ist die objektive Wahrscheinlichkeit
für die Hypothese nach Berücksichtigung der Information sehr
viel komplexer, als in den zuerst genannten Versuchsbedingungen.[2)]

Man verglich nun diese objektiven Wahrscheinlichkeiten mit
den Wahrscheinlichkeitsangaben der Personen, und kam so u.a.
zu der Aussage, daß sich die Vpn"konservativ" bei der Revision der Anfangswahrscheinlichkeiten verhalten: die objektiven Endwahrscheinlichkeiten werden erheblich unterschätzt.

In einer anderen Art von Untersuchungen wurde die Fragestellung umgedreht: Mit der Information wurden Kosten verbunden - z.B. kostete jede Entnahme einer Kugel aus der Urne
einen bestimmten Geldbetrag. Irgendwann verzichtete dann die
Vp auf weitere Information (und Kosten) und entschied sich
für eine der Hypothesen. Bestimmt man nun die objektive Wahrscheinlichkeit für die beobachteten Daten (Information) unter der jeweiligen Hypothese, so lassen sich daraus Aussagen
über die Irrtumswahrscheinlichkeit bzw. das Sicherheitsrisi-

ko ableiten, mit dem Personen (in Abhängigkeit von den Kosten)
ihre Entscheidung fällen.

Beide Vorgehensweisen unterstellen implizit als "selbstverständlich", daß die subjektiven Wahrscheinlichkeiten bzw.
das Entscheidungsverhalten überhaupt in irgendeinem funktionalen Zusammenhang mit den objektiven Wahrscheinlichkeiten
steht. Denn würde das Verhalten z.B. von astrologischen Kon-
stellationen bestimmt, hätten Aussagen wie "Unterschätzung
von Wahrscheinlichkeiten" oder über "Sicherheitsrisiko" keinen Sinn. Der wesentliche Unterschied zwischen beiden Vorgehensweisen ist aber, daß bei Nichtzutreffen dieser Annahme
im ersten Fall nur die Ergebnisse anders zu interpretieren
sind (also eine rein inhaltliche Auswirkung), während im zweiten Fall die Annahme unmittelbar in die Methode mit eingeht,
denn das Sicherheitsrisiko der Entscheidung läßt sich nicht
aus den objektiven Wahrscheinlichkeiten "rückrechnen", wenn
die objektiven Wahrscheinlichkeiten nicht zumindest in Form
einer topologischen Beziehung für die Entscheidung relevant
sind - ein weiteres Beispiel für die Wechselwirkung von Methode und Inhalt.

Plausibel waren diese Annahmen über einen funktionalen Zusammenhang solange, als die objektiven Wahrscheinlichkeiten
in den zuerst geschilderten Experimenten so trivial unmittelbar mit der Versuchsanordnung verknüpft waren, und somit auch
dem statistischen Laien aufgrund reiner Anschauung und seiner
Alltagserfahrung die Proportion der Gewinnchance unmittelbar
evident sein mußte. Dabei handelt es sich aber unter dem Gesichtspunkt, daß die Frage der Bestimmung von subjektiven
Wahrscheinlichkeiten darauf abzielt, typisches (d.h. alltags-
relevantes) Entscheidungsverhalten von Menschen näher zu erfassen, um eine sehr gekünstelte Laborsituation. Die anderen
Experimente hingegen näherten sich relevanten Fragestellungen schon viel stärker an, allerdings war bei ihnen die Evidenz der objektiven Wahrscheinlichkeit nicht mehr gegeben -

die Voraussetzung des funktionalen Zusammenhanges wurde somit
problematisch.

Man kann diesen Wechsel des experimentellen Kontextes mit dem
Standpunkt eines Physikers vergleichen, der untersucht, wie
die Menge ausgeschlagener Photonen von der Lichtmenge, die
auf eine Platte fällt, abhängt. Solange er mit ultraviolet-
tem Licht arbeitet, kann er durchaus eine solche Funktion
aufstellen, die die beiden Variablen miteinander verknüpft.
Nur ist "Licht" eben mehr als "ultraviolettes Licht", und
wenn er plötzlich mit normalem Licht arbeitet, kann er nicht
erwarten, daß seine gefundene Beziehung noch unbedingt Gültigkeit hat. Er wird herausfinden, daß gar nicht die Lichtmenge
entscheidend ist (z.B. wird jede beliebige Menge roten Lichts
kein einziges Photon herausschlagen), sondern nur eine bestimmte Komponente des Lichtes (nämlich von einer bestimmten
Frequenz an aufwärts). In Zukunft würde der Physiker nicht
mehr die Abhängigkeit der ausgeschlagenen Photonenmenge von
der Lichtmenge, sondern von der Wellenlänge untersuchen.

Ebenso kann man aber auch nicht erwarten, daß irgendein in
den zunächst erwähnten Experimenten gefundener Zusammenhang
zwischen subjektiven und objektiven Wahrscheinlichkeiten auch
dann noch gilt, wenn man von so trivialen Entscheidungsexpe-
rimenten abweicht, d.h. wenn sich die objektive Wahrscheinlichkeit selbst aus mehreren Komponenten zusammensetzt. Indem diese Voraussetzung hinterfragt wurde, konnte zunächst
durch theoretische Ableitungen gezeigt werden, daß bei Gültigkeit der objektiven Wahrscheinlichkeiten für den o.g. Bereich einige kaum zu erwartende Überlegungen und Verhaltensweisen der Vpn resultieren müßten. Dieser Zweifel wurde durch
Experimente bestätigt (KRIZ 1967 a und b, 1968 a, b, und c).
Dabei hatten Vpn aus den Unterschieden am Anteil defekter
Glühbirnen aus jeweils zwei Kontrollstichproben Schlüsse auf
die unterschiedliche Qualität der Gesamtlieferungen zu ziehen. Indem bei den gewählten Stichproben systematisch alle

Bedingungen variiert wurden, zeigte sich, daß ein sehr entscheidender Parameter für die objektive Wahrscheinlichkeit,
nämlich die Stichprobengröße, subjektiv völlig irrelevant
ist, im Gegensatz etwa zum Mischungsverhältnis (heil/defekt)
in der Stichprobe. Ebenso erwiesen sich auch andere Parameter,
von welchen die objektiven Wahrscheinlichkeiten abhängen, subjektiv nur sehr bedingt wirksam.

Aufgrund dieser Ergebnisse wurde argumentiert, daß es keine
allgemeingültige Funktion zwischen objektiven und subjektiven
Wahrscheinlichkeiten gibt, da <u>jede beliebige</u> Funktion als Artefakt der speziellen Untersuchungsbedingungen erzeugt werden
kann: zur Demonstration wurden die Bedingungen genannt, unter
denen sich z.B. eine Paradox-Funktion ergeben müßte, d.h. eine
monoton fallende Beziehung zwischen objektiven und subjektiven Wahrscheinlichkeiten (als Kennzeichen für die paradoxe
Aussage: je größer die objektiven Wahrscheinlichkeiten desto
geringer die subjektiven Wahrscheinlichkeiten und umgekehrt).[3]

Die Ergebnisse weiterer Experimente in dieser Richtung stimmten tatsächlich mit diesen Vorhersagen überein (vgl. Abb.9.1).
Um selbst Artefakte weitgehend auszuschließen, wurden dabei
unterschiedliche Messungen der subjektiven Wahrscheinlichkeit
vorgenommen, nämlich einerseits direkte Schätzungen der Vpn,
andererseits die relative Häufigkeit von Entscheidungen in
einer bestimmten Richtung (Ablehnung der Zufälligkeit einer
Hypothese) - beide mit überraschend hohen Übereinstimmungen.

Es zeigte sich somit, daß in dem untersuchten Bereich das implizit unterstellte Verhaltensmodell - nämlich die objektiven
Wahrscheinlichkeiten, determiniert durch mehrere Parameter -
komplexer war als die von den Personen konkret wahrgenommene
Variabilität der Bedingungen. Die letztere war nämlich im wesentlichen bestimmt durch das Mischungsverhältnis (in Prozent).

Tab. 9.1.: Paradox-Funktion (nach KRIZ 1968c,69)

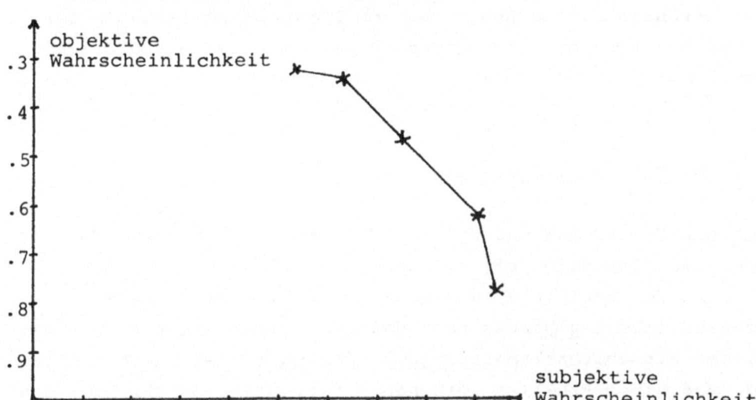

Die in den anderen Untersuchungen gefundenen Beziehungen zwischen objektiven und subjektiven Wahrscheinlichkeiten erwiesen sich somit als Artefakte dieser Annahmen und der zufällig weitgehend _gemeinsamen_ Veränderung der subjektiv _relevanten_ mit den _irrelevanten_ Parametern bei den objektiven Wahrscheinlichkeiten in den vorgegebenen Situationen. Analog würde der o.g. Physiker eine Beziehung zwischen Lichtmenge und ausgeschlagenen Photonen finden, wenn die verwendeten Lichtspektren zufällig in etwa denselben Anteil kurzwelliges Licht enthalten. Diese Vorstellungen aber zu verallgemeinern muß zu inadäquaten Handlungen führen.

Der daraufhin aus diesen Ergebnissen gezogene Schluß "es besteht kein allgemein gültiger Zusammenhang zwischen objektiven und subjektiven Wahrscheinlichkeiten, jeder Zusammenhang ist ein Artefakt der experimentellen Bedingungen", (KRIZ 1968 c, 79) ist sicher eine "starke"Aussage; ihre Berechtigung hängt zusammen mit der Frage, was es heißt, man habe experimentell bewiesen, daß kein funktionaler Zusammenhang zwischen 2 Variablen besteht. Aus der Diskussion um diese

Frage sollen einige Aspekte referiert werden, da sie geeignet erscheinen, die Bedeutung von Forschungsartefakten in Theorie- und Handlungszusammenhängen noch weiter zu erhellen.

9.3. Diskussion: Artefakt und Gesetz

Bei der Erörterung der obigen Frage muß zunächst betont werden, daß "Funktion" ein mathematischer Begriff ist, daß es also in der Empirie so wenig eine Funktion wie eine Wahrscheinlichkeit gibt, sondern daß diese Begriffe nur in empirische Wissenschaften übertragen werden können. Wenn man daher von einer Funktion zwischen 2 Variablen spricht, so meint man, daß die beobachteten Relationen zwischen Elementen zweier Mengen bestimmten Annahmen, die man aus einer - aufgrund theoretischer Überlegungen - postulierten Funktion gewonnen hat, nicht zu stark widersprechen.

Sieht man von dieser terminologischen Schwierigkeit ab, so liegt der "empirische Beweis" für die Nichtexistenz einer Funktion zwischen subjektiven (SW) und objektiven Wahrscheinlichkeiten (OW) darin, daß gezeigt wurde, daß jede (sinnvoll) postulierte Funktion zwischen SW und OW zu falschen oder widersprüchlichen Aussagen führen muß. Will man nämlich die SW in den Termini einer OW ausdrücken, so daß dadurch konkret auftretende Erscheinungen beschrieben, erklärt und vorhergesagt werden können, so muß für zwei beliebige OW und SW zumindestens folgendes gelten:

$$\text{Aus } OW_1 > OW_2 \text{ muß folgen: } SW_{(OW_1)} > SW_{(OW_2)}$$

Wie oben aber kurz referiert wurde, zeigte sich tatsächlich:

$$\text{Aus } OW_1 > OW_2 \text{ folgt: } \begin{cases} SW_{(OW_1)} > SW_{(OW_2)} \\ SW_{(OW_1)} = SW_{(OW_2)} \\ SW_{(OW_1)} < SW_{(OW_2)} \end{cases}$$

je nach der speziellen Gestaltung der Versuchsbedingungen.
Das bedeutet aber nichts anderes, als daß in Entscheidungs-
situationen aus der Kenntnis der OW heraus nichts über die
SW gesagt werden kann.

Diese Argumente sind für den untersuchten Bereich wohl ziemlich überzeugend. Dennoch ist es bekanntlich zwar einfach,
eine Nichtexistenz-Behauptung zu widerlegen (durch Vorzeigen
des angeblich nicht-existenten Exemplares), hingegen praktisch unmöglich, eine Existenzbehauptung zu widerlegen. Bei
der weiteren Argumentation ist also die Frage, wie weit man
die obigen Schlußfolgerungen verallgemeinern kann.

Mit dieser Frage hat sich RAPOPORT (1968) auseinandergesetzt.
Er argumentiert, daß üblicherweise beim Vergleich von subjektiven und objektiven Skalen zwei Messungen verglichen werden.
Z.B. bekommt eine VP bei der Gewichtsschätzung einen Körper
in die Hand; ihre Schätzung ist die "subjektiv determinierte"
Größe des Gewichts, die mit der allgemein anerkannten "objektiv determinierten" Größe verglichen werden kann. Der analoge
Vorgang bei der Wahrscheinlichkeitsschätzung wäre nun, den
Vpn die Möglichkeit zu geben, die relative Häufigkeit (z.B.
durch eine Folge gleichartiger Experimente) zu erfassen. In
den Experimenten aber hatten die Vpn keine Gelegenheit, solche Häufigkeiten zu beobachten, man kann daher nicht davon
sprechen, daß Messungen miteinander verglichen werden. Man
müsse - so RAPOPORT - diese Experimente eher mit der Aufgabe
vergleichen, das Gewicht eines Körpers zu schätzen, den man
zwar sehen kann, aber nicht halten darf. In einem solchen
Fall kann das "objektive Gewicht" durch Multiplikation von

Volumen und Dichte erhalten werden. Da die Vpn die Dichte
aber nicht sehen und bei unregelmäßigen Körpern das Volumen
nicht leicht schätzen können, werden sie möglicherweise weniger zuverlässige Indikatoren für das Gewicht heranziehen,
z.B. die Größe einer einzelnen Dimension. Damit sei aber
nicht das Nichtvorhandensein einer funktionalen Beziehung
zwischen subjektivem und objektivem Gewicht demonstriert.
Denn auch wenn die Schätzungen nur von _einer_ Dimension und
nicht vom objektiven Gewicht abhängen, so liegt das lediglich
daran, daß die Vpn nicht alle notwendigen Informationen zur
Bestimmung des Gewichts bekommen bzw. verarbeiten konnten.
Das Nichtvorhandensein der funktionalen Beziehung könnte dann
selbst ein Artefakt der Bedingung sein, daß die Vpn zwar die
Information bekamen, aber die Körper nicht halten durften.

Gegen diese Einwände wurde aber argumentiert (KRIZ 1968 c),
daß der Vergleich mit der Gewichtsschätzung unzutreffend sei:
Gewicht ist im Alltagsleben objektiv (Waage) wie subjektiv
(Schwere-Wahrnehmung beim Halten) eine _einparametrige_ Variable. Wenn die Vpn nun gezwungen werden, das Gewicht im Umweg
über mehrere andere Parameter zu schätzen, so kann aus dem
Mißerfolg dieser Schätzung zwar nicht geschlossen werden, daß
es keine funktionale Beziehung zwischen objektivem und subjektivem Gewicht gibt - dies aber eben nur deshalb, weil Gewicht normalerweise nicht durch einen solchen Umweg erfaßt
werden muß.

Die entscheidende Frage bei den subjektiven Wahrscheinlichkeiten ist somit, ob der Mensch die objektiven Wahrscheinlichkeiten irgendwie _direkt_ erfassen kann (wie das Gewicht beim
Heben) oder aber gezwungen ist, die Information für seine
Entscheidungen aus _verschiedenen Parametern_ (Stichprobengröße, Mischungsverhältnis etc.) zu kombinieren. Der analoge
Vorgang zum Heben ist das Beobachten von Häufigkeiten. Diese
Möglichkeiten hatten die Vpn in den zuerst geschilderten Experimenten: Sie wußten aus Erfahrung (oder konnten leicht aus

anderen Erfahrungen generalisieren), daß beim Würfeln jede
Zahl etwa gleich häufig vorkommt etc. Bei den anderen Experimenten hingegen - und auch bei den meisten Alltagsentschei-
dungen - fehlt jede Chance, die zu berücksichtigenden Wahrscheinlichkeiten als relative Häufigkeiten zu beobachten. Insofern ist das Versagen der Vpn, die komplexe Zusammensetzung
der objektiven Wahrscheinlichkeit aus mehreren Parametern zu
erfassen, typisch und relevant für Alltagssituationen, und
nicht so sehr (wie bei einem Gewicht, das man nicht halten
darf) Ergebnis einer artifiziellen Situation. Insofern
scheint es auch gerechtfertigt, zu sagen, daß es keine allgemeingültige Funktion zwischen subjektiven und objektiven
Wahrscheinlichkeiten gibt.

Diese Diskussion verweist nochmals deutlich auf die Unangemessenheit der Kategorie "richtig-falsch" bei Forschungsartefakten: Statt von richtigen oder falschen Ergebnissen zu
sprechen geht es darum, welches die relevanten Interpreta-
tionskontexte sind und ob im Hinblick darauf aus Ergebnissen
Handlungen erfolgreich erklärt und prognostiziert werden können oder nicht.

Die letzte Frage wurde für die konkrete Untersuchung an Ent-
scheidungssituationen z.B. damit versucht zu beantworten, daß
der Parameter näher analysiert wurde, der statt der objektiven Wahrscheinlichkeit in der vorgegebenen Situation (zwei-
Stichprobenvergleiche) die subjektiven Wahrscheinlichkeiten
und die Entscheidungen weitgehend determinierte, nämlich die
Prozentsatzdifferenz beider Stichproben. So wurde z.B. gezeigt, daß dieser Parameter nicht nur sinnvoll ist, da die
meiste Variation von Stichproben im Alltag tatsächlich über
diese Größe laufen, sondern auch mit anderen psycho-physi-
schen Erkenntnissen über menschliche Wahrnehmung überein-
stimmt, d.h. daß sich die Vpn so verhalten, daß erfolgreiche
Verhaltensweisen aus der bekannten Alltagswelt in eine neue
Situation übertragen werden.

Ergebnisse, die sich im Zuge der Revision von Annahmen und
Theorien als Artefakte erweisen, sind somit im Hinblick auf
den Wunsch, möglichst umfassende Erklärungen zu finden, weniger tragfähig als die Konzepte, durch die sie ersetzt werden. Sofern man sich der Kontexte, in denen Aussagen praktische Relevanz gewinnen, bewußt ist und keine Verwechslungsge-
fahr besteht, können auch Artefakte weiterhin eine wichtige
Funktion erfüllen. So sind z.B. viele Gesetze der klassischen Physik im Lichte moderne Physik Artefakte, dennoch sind
diese Gesetze sehr brauchbar für die Technik, solange bestimmte Größen (z.B. Massen, Geschwindigkeiten) nicht extreme Werte annehmen. Es geht eben auch hier nicht um irgendeine "rei-
ne Wahrheit", sondern um erfolgreiches Handeln.

Gerade diese Feststellung verweist nochmals auf den Zusammenhang von Methode und Inhalt: auch beim Handeln läßt sich der
Handlungsvorgang nicht vom Handlungsinhalt trennen (höchstens
analytisch). Artefakte - so läßt sich nach der Analyse in diesem Kapitel noch schärfer formulieren - entstehen somit dort,
wo diese Einheit von Methode und Inhalt Bruchstellen aufweist.
Dies kann einmal geschehen, indem die Handlungsfolge "Forschung" durch inadäquate Situationsparameter sich auf einen
anderen Kontext bezieht, als die Ergebnisaussage und die darauf aufbauenden Prognosen und neuerlichen Handlungen. Andererseits eben auch dadurch, daß sich die Inhalte im Zuge der
Theorien-Erweiterung bzw. -Revision verändern.[4]

Wie Teil III noch konkret belegen wird, entstehen somit Artefakte vornehmlich dort, wo sich die methodische Vorgehensweise so vom intendierten Untersuchungsinhalt gelöst hat, daß
nicht mehr gesehen - geschweige denn: diskutiert - wird, welche inhaltliche Bedeutung die unternommenen methodischen
Schritte haben und was aus den letzteren für die erstere folgt.
Dies wird im folgenden Kapitel noch näher untersucht.

10. Artefakte als Mißinterpretation des Forschungsprozesses

Die in Kap. 7 referierten Ergebnisse aus der bisherigen Artefakteforschung haben durch die Analyse in Kap. 8 einen anderen Stellenwert erhalten: Es sollte deutlich geworden sein, daß Artefakte nicht nur eine Sammlung - relativ isolierter und eher technischer - Probleme sind, obwohl sie sich in der Literatur weitgehend so darstellen, sondern wesentlich mit dem Kontext zusammenhängen, in dem Forschung jeweils stattfindet und ein Ergebnis interpretiert wird. Die anfängliche Frage nach "richtigen" bzw. "falschen" Ergebnissen wandelte sich dahingehend, daß nach den Rahmenbedingungen gefragt wurde, unter denen einem Ergebnis eine Bedeutung und ein Sinn zukommt, d.h. unter denen es reliabel und valide im Hinblick auf Prognosen für erfolgreiches Handeln sein kann.

Daß solche Rahmenbedingungen nicht nur im Hinblick auf eine bestimmte Forschungsfrage inadäquat gewählt werden können, sondern sich ohnedies im Zuge fortschreitender Erkenntnis und damit Revision von Theorien (oder -teilen) verändern, wurde in dem Exkurs Kap. 9 exemplarisch gezeigt. Da sich auch Handlungsrahmen ändern oder erweitern (insbesondere solche, die zum Zwecke wissenschaftlicher Analyse auf wenige Aspekte oder Faktoren beschränkt sein müssen), kann gültige Erkenntnis von heute ein Artefakt aus der Sicht von morgen sein. Diese letztere Perspektive, die nicht völlig außer acht gelassen werden kann, wenn der Problemkreis der "Forschungsartefakte" analysiert wird, soll allerdings im folgenden nicht weiter verfolgt werden, denn solche Artefakte sind quasi die zurückgelassenen Meilensteine auf dem Wege wissenschaftlicher Erkenntnis. Stattdessen wollen wir uns wieder solchen Artefakten zuwenden, die nicht erst im Lichte von im nachhinein gewandelter Kontexte entstehen, sondern schon für die Rahmenbedingungen, unter denen die jeweilige Forschung angetreten und die Forschungsfrage ge-

stellt wurde, als inadäquate "Ergebnisse" angesehen werden
müssen.

Aufgrund konkreter Untersuchung von Forschungsartefakten,
welche sich in empirischen Publikationen niederschlagen
(vgl. Teil III), muß bezweifelt werden, daß die gegenwärti-
ge Sozialforschung auch nur annähernd unter dem Aspekt gesehen wird, daß ihre zu erbringenden Ergebnisse innerhalb
definierter Rahmenbedingungen konsistent, reliabel und valide sein müssen. Dies würde nämlich z.B. bedeuten, daß wesentliche Entscheidungen, die den jeweiligen Kontextrahmen
beeinflussen, in einer empirischen Publikation transparent
gemacht werden. Stattdessen zeigt sich nur allzuoft, daß
solche Entscheidungen vielfach nicht einmal dem Forscher
selbst explizit bewußt gewesen sein können, wie in Teil III
noch exemplarisch nachgewiesen werden soll.

Vor der Analyse konkreter Beispiele soll im folgenden noch
auf der methodischen Ebene gezeigt werden, wie eine Vernachlässigung der Aspekte: Prognose, Sinn und Kontext, in der
Sozialforschung zu Artefakten führen kann. Es handelt sich
dabei also weniger um "technische" Artefakte, wie in Kap.7
obwohl deren Wichtigkeit keinesfalls heruntergespielt werden soll - als vielmehr um grundlegendere Artefakte, die auf
einer Mißinterpretation des Forschungsprozesses, insbesondere hinsichtlich des Einsatzes des "Methodenapparates" fußen.
Die Argumentation soll dabei wieder exemplarisch anhand dreier Gegensatzpaare geführt werden.

10.1. Operationale Definition versus Operationalisierung

Eine sehr wesentliche Artefaktquelle resultiert daraus, daß
die unterschiedliche Bedeutung der operationalen Bestimmung
von theoretischen Variablen in den Natur- und Sozialwissenschaften nicht beachtet wird:

In der Physik sind alle wesentlichen Variablen (Eigenschafts-
ausprägungen, hinsichtlich derer die physikalischen Objekte
verglichen werden) <u>operational definiert</u>. So steht z.B. im
"Lehrbuch der Physik" (HÖFLING 1968): "Die physikalischen Begriffe unterscheiden sich von denen des Alltags und denen
mancher anderer Wissenschaften dadurch, daß hier nur solche
Begriffe Eingang finden, die als meßbare Größe erfaßt werden
können". Und dann fettgedruckt:"Die Definition einer physikalischen Größe besteht wesentlich in der Angabe eines Meß-
verfahrens".

Diese Auffassung, die z.B. auch von namhaften Wissenschafts-
theoretikern vertreten worden ist (vor allem von BRIDGMAN
1927), kann in strenger Form heute wohl nicht mehr aufrecht-
erhalten werden (vgl. KAMLAH 1978): Die Größen der Physik,
die über die ohne Hilfsmittel beobachtbare Wirklichkeit hinausgehen, sind zweifellos <u>hypothetisch</u> und können auch nicht
über sprachphilosophische Tricks der Beobachtungssprache zu-
gerechnet werden.[1] Doch stehen diese hypothetischen Größen
im Falle der Naturwissenschaften nicht nur in mathematisch
genau angebbaren Relationen <u>zueinander</u>, sondern eben auch in
Relationen zu (in klar umrissenen Handlungskontexten erfahr-
baren) <u>Tatsachen</u> bestimmter Beobachtungssprachen. Physik ist
eben nicht nur ein formaler Kalkül, sondern ist experimentell
mit konkreten Handlungen verbunden. So ist dem Experimental-
physiker klar, was er tun muß, um z.B. durch eine Kupferspule
einen Strom von 5 Ampere zu "schicken", welche Spannung er
anlegen muß, mit welcher Erwärmung er zu rechnen hat, wie
groß der magnetische Fluß sein wird etc.: physikalische
Handlungen und ihre Folgen sind (weitgehend) klar aufeinander
bezogen.

Insofern werden für alle Variablen jene Operationen "definiert", die anzustellen sind, damit diese für die physikalischen Registrierapparate erfaßbar sind. Dazu gehört u.a.
auch die genaue Angabe aller wesentlichen Rahmenbedingungen.

Genau unter diesen **Rahmenbedingungen** sind die erbrachten physikalischen Ergebnisse auch reproduzierbar: Die Prognose von Konsequenzen auf Handlungen ist in diesem Bereich weitgehend erfolgreich. Theoretische Variable sind allgemeinverbindlich und (aufgrund akzeptierter physikalischer Gesetze) unmittelbar mit dazugehörigen Operationen verknüpft.

In den Sozialwissenschaften hingegen wird auf andere Weise zwischen **theoretischen**, "latenten", und **beobachtbaren, "manifesten",** Variablen unterschieden: Latente Variable sind solche, die gewöhnlich im sozialwissenschaftlichen Theoriegebäude benutzt werden, wie z.B. "Status", "Intelligenz", "Aggressivität", "Angst" usw. Da die Operationen, die zu ihrer Erfassung führen, nicht allgemein verbindlich definiert werden können, weil die Struktur der von den Sozialwissenschaften erforschten Handlungen und ihren Folgen viel zu vage ist, stehen diese latenten Variablen zu bestimmten beobachtbaren Variablen in einem eher lockeren Zusammenhang. So könnte man in einer Untersuchung das Ausmaß von Aggressivität z.B. durch die Anzahl von ausgeteilten Schlägen, durch Erfassung der Gestikulation auf einer Skala, durch Registrierung physiologischer Variablen etc. operationalisieren (und damit beobachten und messen); und es ist weitgehend unklar, wie diese unterschiedlichen Operationalisierungen derselben theoretischen Größe zusammenhängen.

Dieser Unterschied zwischen der operationalen Definition in der Physik und der Operationalisierung in den Sozialwissenschaften hat nun ganz erhebliche Konsequenzen auf das Meßniveau. Um dies zu erläutern sollen die unterschiedlichen Messungen in beiden Wissenschaften näher betrachtet werden:

Auch in der Physik sind die Variablen nicht durch ein einziges Meßverfahren operational definiert. So kann man z.B. die Variable "Länge" in cm, mm, Fuß oder Inch messen, oder die Temperatur beispielsweise in Celsius, Fahrenheit oder Kelvin.

Wichtig sind nun die Transformationseigenschaften der einzelnen Meßsysteme, d.h. welche Aussagen beim Übergang von einem
Meßsystem ins andere erhalten bleiben. Ein Objekt A, das in
cm länger ist als Objekt B, ist es auch in mm, m oder Fuß.
Ist der Längenunterschied der Objekte A, B genauso groß wie
der von B, C, so gilt dies, unabhängig vom gewählten Meßsystem. Letztlich spielt auch die Wahl des speziellen Meßsystems bei der Beobachtung "Objekt A ist dreimal so groß
wie Objekt B" keine Rolle.

Alle diese empirischen Relationen zwischen den Objekten sind
hinsichtlich unterschiedlicher zulässiger Längenmessungen
invariant. Die Messung der Länge befindet sich auf Verhältnisskalenniveau. Die einzelnen Messungen gehen durch
proportionale Transformationen der Form $x' = a \cdot x$, $(a \neq 0)$ auseinander hervor. Dies gilt aufgrund der fortgeschrittenen
physikalischen Theorie für die meisten physikalischen Größen.

Bei der klassischen Temperaturmessung liegt hingegen eine der
wenigen Ausnahmen vor: Ein Objekt A, welches gemäß einem
nach Celsius geeichten Thermometer wärmer ist als ein Objekt
B ist dies auch gemäß einem nach Fahrenheit geeichten Thermometer. Ebenso ist der Wärmeunterschied der Objekte A und B
genauso groß wie der Unterschied der Objekte B und C gemessen
in Celsius immer dann (und nur dann), wenn dasselbe auch in
Fahrenheit gilt.Hingegen ist das numerische Verhältnis
zweier Temperaturmessungen von der Wahl des Meßsystems [2]
"Celsius" oder "Fahrenheit" abhängig. D.h. ein Objekt A, das
auf einem Celsiusthermometer "doppelt so warm" ist, wie das
Objekt B, ist auf einem Fahrenheit-Thermometer keineswegs
"doppelt so warm". Verhältnisse von Temperaturmessungen nach
Celsius oder Fahrenheit haben also keinen empirischen Sinn.
Deshalb erfolgt Temperaturmessung nach Celsius oder Fahrenheit nur auf einer Intervall-Skala. Diese beiden Temperatur-
meßsysteme gehen durch beliebig lineare Transformationen
der Form $x' = ax + b$ auseinander hervor, oder anders herum:

Aussagen über Temperaturen bleiben gegenüber solchen Transformationen invariant. Erst durch die Entdeckung des absoluten Nullpunktes und der darauf aufbauenden Temperaturmessung nach Kelvin bekamen Verhältnisse von Temperaturmessungen einen empirisch-physikalischen Sinn.[3]

Fragen wir nun, welche Transformationen Aussagen, die mittels der operationalisierten Variablen innerhalb der Sozialwissenschaften getroffen werden, invariant lassen. Dabei zeigt sich, daß im Gegensatz zur Physik _zwei_ Beziehungen berücksichtigt werden müssen: Einmal (wie in der Physik) die Beziehung zwischen der beobachteten Variablen und den Zahlen ("Messung"). Hinzu kommt aber noch die Beziehung zwischen der beobachteten Variablen und der theoretischen.

Um dieses Problem deutlich zu machen und um unmittelbar an die obigen Überlegungen anzuknüpfen, stelle man sich die (sehr unrealistische) Operationalisierung von "Angst" durch "Körpertemperatur" vor. Dazu soll einmal unterstellt werden, es gelte tatsächlich die Beziehung, daß eine Erhöhung der Körpertemperatur unter sonst konstanten Bedingungen größere Angst bedeute. Nun kann man die manifeste Variable "Körpertemperatur" in Celsius messen. Wie oben festgestellt wurde, liefert diese Messung eine Intervallskala.

Ferner denke man sich eine experimentelle Anordnung, in der bei vier Personen, A, B, C und D, die Zunahme der Temperatur (bei gleichen Ausgangswerten) registriert wird; es ergebe sich:

$$\text{für Person A} \quad : \quad 0{,}04^{\circ}\text{ C}$$
$$\text{"} \qquad \text{"} \quad B \quad : \quad 0{,}36^{\circ}\text{ C}$$
$$\text{"} \qquad \text{"} \quad C \quad : \quad 0{,}49^{\circ}\text{ C}$$
$$\text{"} \qquad \text{"} \quad D \quad : \quad 1{,}00^{\circ}\text{ C}$$

Es gilt also (gemäß der obigen Annahme): Bei A erfolgte die geringste Zunahme an Angst, bei B mehr, bei C noch mehr und bei D am meisten. Dies hätte man nun aber auch mittels einer anderen Operationalisierung feststellen können, z.B. über die Registrierung der Pulsfrequenz (wobei wir wieder annehmen, eine höhere Pulsfrequenz weise auf höhere Angst hin). Nehmen wir an, auch diese manifeste Variable sei registriert worden; es ergebe sich (in derselben Situation, bei denselben Personen und gleichen Ausgangswerten) folgende Zunahme des Pulsschlags/min.:

für Person	A	:	20 Schläge/min.
" "	B	:	60 "
" "	C	:	70 "
" "	D	:	100 "

Damit ergibt sich auch mittels dieser manifesten Variablen <u>dieselbe</u> Aussage über die Zunahme von Angst bei den Personen A, B, C und D (das ist laut unseren Voraussetzungen auch notwendig): Beide Operationalisierungen erfüllen die geforderte Eigenschaft, daß sie die (obigen) Aussagen invariant lassen.

Nehmen wir aber nun an, Person A und D wären Männer, B und C hingegen Frauen und man wollte etwas über den Vergleich "Männer - Frauen" erfahren. Da beide beobachtete Variable mindestens Intervallskalenqualität haben, [*] kann das arithmetische Mittel berechnet werden. Es ergibt sich für:

1. <u>Operationalisierung</u> (Temperatur)

Männer	:	$1,04^{\circ}$ C	/2	=	$0,52^{\circ}$ C
Frauen	:	$0,85^{\circ}$ C	/2	=	$0,425^{\circ}$ C

Die Aussage (1): "Die Temperaturzunahme bei den Männern ist im Mittel höher, als bei den Frauen", ist ohne Zweifel korrekt.

---

[*] Genaugenommen haben nun beide Variable Verhältnisskalenniveau: Differenzen von intervallskalierten Größen sind nämlich verhältnisskaliert.

2. <u>Operationalisierung</u> (Pulsfrequenz)

    Männer   :   120 Schläge/2   =   60 Schläge

    Frauen   :   130 Schläge/2   =   65 Schläge

Die Aussage (2): "Die Zunahme der Pulsfrequenz bei den Frauen B und C ist im Mittel höher als bei den Männern", ist ebenfalls ohne Zweifel korrekt.

Nun gilt aber laut Voraussetzung, daß sowohl Temperaturzunahme als auch Pulsfrequenzzunahme Operationalisierungen für Angstzunahme sind. Es schiene daher gerechtfertigt, aus (1) zu schließen, "Die Männer zeigen im Mittel eine größere Angstzunahme als die Frauen"; genauso gerechtfertigt wäre dann aber aus (2) zu schließen, "Die **Frauen** zeigen im Mittel eine größere Angstzunahme als die Männer".

Der Widerspruch löst sich erst auf, wenn man die Beziehung zwischen der latenten Variable hin zu den Zahlen aufschlüsselt:

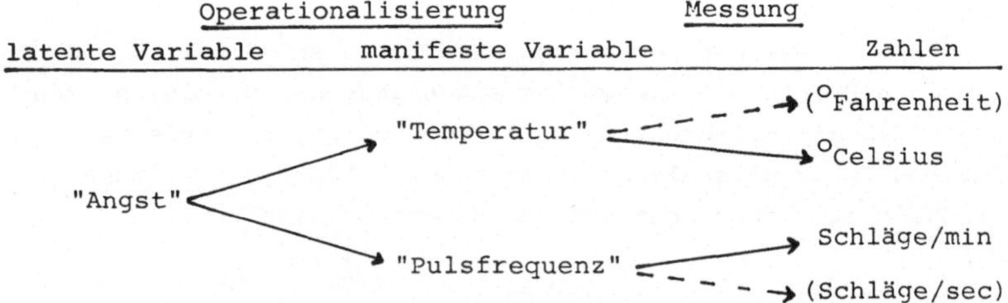

D.h. die numerische Erfassung der latenten Variablen erfolgt (im Gegensatz zur Physik) über eine <u>doppelte</u> Abbildung ("Messung" und "Operationalisierung"). Die Frage nach den Transformationen, welche die Aussagen invariant lassen (und damit die statistisch zulässigen Operationen mit den Zahlen festlegen), muß von der Meß-Abbildung mit auf die Operationalisierungs-Abbildung ausgedehnt werden. Die Abbildung der <u>mani-</u>

<u>festen</u> Variablen auf die Zahlen ist in dem obigen Beispiel nur gegenüber linearen bzw. proportionalen Transformationen invariant; die Messung ist somit mindestens eine Intervallskala, Mittelwertbildung ist erlaubt. Die Abbildung der latenten auf die manifesten Variablen hingegen ist (laut unseren Voraussetzungen) gegenüber beliebig monotonen Transformationen invariant. Da nun die Gesamtabbildung nicht stringenter sein kann als ihr schwächstes Glied, ist die Abbildung der latenten Variablen auf die Zahlen insgesamt nur gegenüber beliebig monotonen Transformationen invariant. (Im vorliegenden Beispiel sind die beiden Zahlenreihen durch: $X_1 = (X_2/100)^2$ ineinander überführbar).

Es ergibt sich daraus, daß für die Zahlen nur die Relationen " $=$ ", " $\neq$ " " $>$ " und " $<$ " einen empirischen Sinn haben. Es dürften also nur statistische Operationen durchgeführt werden, wie sie auf einer Ordinalskala zulässig sind - und dazu gehört die Mittelwertbildung nicht mehr! - obwohl eben die <u>Messung</u> der <u>manifesten</u> Variablen mindestens Intervallskalen ergab. Die aufgrund der Mittelwertbildung getroffenen Aussagen für die manifesten Variablen sind somit korrekt, für die latenten Variablen hingegen sind sie inkorrekt.[4]

Da der Irrtum weit verbreitet ist, man könne jene statistischen Operationen durchführen, welche für die Skala zulässig sind, die sich aus der Messung der <u>manifesten</u> Variablen ergibt, soll die falsche Schlußweise noch einmal expliziert werden:

1.Voraussetzung: Ein "mehr" der manifesten Variable X bedeutet auch ein "mehr" der latenten Variable Y.

2.Voraussetzung: Die manifeste Variable X ist mindestens auf Intervallskalenniveau meßbar.

Feststellung: Gruppe A hat im Mittel "mehr" von X als Gruppe B

(Fehl-)Schluß : Deshalb hat Gruppe A im Mittel auch "mehr" von Y als Gruppe B

Es wird also die Invarianz der Ordnungsrelation für <u>Elemente</u>
bei der Abbildung "manifest-latent" falscherweise auf (korrekte!) <u>Verknüpfungen</u> von (manifesten) Elementen übertragen.
Ich möchte diesen Fehler den <u>topologischen Fehlschluß für</u>
<u>Gruppen</u> nennen. Daß es sich tatsächlich um einen Fehlschluß
handelt, wurde oben anhand der widersprüchlichen Aussagen
gezeigt. Daß dieser Fehler in der Forschungspraxis trotz seiner Häufigkeit nicht auffällt, liegt daran, daß selten mehrere
Operationalisierungen <u>einer</u> latenten Variablen in derselben
Studie durchgeführt werden, und daß die Datenlage natürlich
nicht so sein <u>muß</u>, daß sich die Ergebnisse - wie oben - total
widersprechen.

Dennoch hat das so ausführlich besprochene Problem eine erhebliche Bedeutung für die Sozialwissenschaften: Da die doppelte Abbildungsfunktion - zwischen latenter und manifester
Variabler einerseits, und zwischen manifester Variabler und
den Zahlen ("Messung") andererseits - nahezu immer in den Sozialwissenschaften gilt - denn dies genau läßt sich nun sagen, ist die spezifische Eigenschaft der Operationalisierung
im Gegensatz zur operationalen Definition - folgt daraus, daß
auf dem gegenwärtigen Stand der Sozialwissenschaften zulässige statistische Operationen auf Nominal- und Ordinalskalen
beschränkt bleiben, auf Skalen also, die bekanntlich zu dem
Oberbegriff "topologische Skalen" (im Gegensatz zu "metri-
schen Skalen" wie Intervall-Skala und Verhältnisskala) zusammengefaßt werden. Im obigen Beispiel wären daher Aussagen
über die Angstzunahme der "Männer" und der "Frauen" nur über
den Median (statt des Mittelwerts) zulässig gewesen.

Man könnte einwenden, daß es offensichtlich einige Variable
in den Sozialwissenschaften gibt, wo manifeste und latente
Variable zusammenfallen, wo also nicht von Operationalisierung, sondern von operationaler Definition zu sprechen ist,
wie z.B. "Alter" oder "Einkommen". Dies soll hier nicht bestritten werden und führte auch zu der oben gemachten leich-

ten Einschränkung der Allgemeinheit der Aussage. Dennoch erscheint diese Einschränkung nicht einmal in Bezug auf die eben genannten Variablen relevant zu sein:

Als Sozialwissenschaftler ist man nämlich primär am **Verhalten** und der Interaktion von Individuen (sowie Gruppen von Individuen) interessiert, also an der Erforschung und Entdeckung von relevanten sozialen Beziehungsmustern. Sofern der Sozialwissenschaftler so vorgeht, daß er Verhaltens- und Beziehungsmuster beschreibt, oder versucht, auf solche einzuwirken und sie zu verändern, hat er <u>das</u> in den Vordergrund seiner Analysen zu stellen, was Verhaltens- und Beziehungsmuster real beeinflußt.

Nun werden Verhaltens- und Beziehungsmuster weniger durch den "monetary value" des Geldes, sondern vielmehr durch den Nutzen, die "utility" bestimmt; auch ist weniger das am Geburtsdatum orientierte objektive Lebensalter, sondern vielmehr das persönliche und von der Umwelt wahrgenommene Alter praktisch relevant, so daß **selbst** bei solchen Variablen **wie "Einkommen"** und **"Alter"** von manifesten Variablen gesprochen werden kann, die **nur <u>Indikatoren</u>** für soziologische theoretische **Variable** sind. Unabhängig davon kommt natürlich überall dort eine zusätzliche Abbildung hinein, wo Alter und Einkommen als ein Teil eines Indikators <u>verrechnet</u> werden, z.B. in der ökonomischen Indexbildung, bei den "social indicators" oder etwa der "Statuskonsistenz".

Ein weiterer Einwand könnte sich dagegen richten, daß die ganze Argumentation auf einem für die sozialwissenschaftliche Forschungspraxis ziemlich irrelevanten Sonderfall aufgebaut wurde. Hierbei muß man zweierlei unterscheiden:

a) Man könnte meinen, daß in der <u>Praxis</u> unterschiedliche Operationalisierungen ein und derselben latenten Variablen kaum jemals so sind, daß sie durch so stark

größenabhängige monotone Transformationen,wie in dem
obigen Beispiel, ineinander überführbar sind.

Dieser Einwand scheint wenig stichhaltig zu sein: Betrachtet man nur das sehr wesentliche <u>inhaltliche</u> Konzept der "Variabilität" - etwa in der Hypothese, daß
Streß die Leistungsvariabilität erhöht; oder z.B. die
Konzepte von "Mobilität", oder "Statuskonsistenz",
wo ebenfalls zunächst einmal der allgemeine inhaltliche Begriff der "Variabilität" eingeht. Nun gibt es
sehr viele Möglichkeiten, diesen inhaltlichen Begriff
"Variabilität" formal zu übersetzen; für den Stati-
stiker liegen zwei auf der Hand, nämlich "Varianz"
und "Standardabweichung". Offensichtlich gibt es keinen <u>inhaltlich sozialwissenschaftlich</u> gerechtfertig-
ten Grund, warum in den oben genannten Zusammenhängen
"Varianz" eine bessere Formalisierung von "Variabilität" sein soll, als "Standardabweichung". Vermutlich
würde ein Sozialforscher, den man vorher nicht explizit auf die hier abgehandelte Problematik hingewiesen hat, wenn man ihm die Frage stellen würde, ob die
"Variabilität" von intervallskierten Daten wohl besser durch die Standardabweichung oder durch die Varianz auszudrücken sei, antworten: "Das ist ziemlich
gleich, wie man das macht, denn schließlich ist das
eine Maß ja nur das Quadrat des anderen" (vgl. auch
das konkrete Beispiel in 13.2.2.).

b) Man könnte die formale Stichhaltigkeit der Argumente
   zugestehen, aber die praktische Relevanz dahingehend
   bestreiten, daß häufig die Datenlage so ist, daß die
   Effekte ziemlich unabhängig vom gewählten Maß sind.
   Selbst wenn dies wirklich der Fall ist - was noch zu
   beweisen wäre - sagt diese allgemeine Feststellung
   noch nichts über den jeweilig speziell vorliegenden
   Einzelfall aus, d.h. es erhebt sich weiterhin die

Frage, ob die gerade vorliegenden Daten und das gerade gewählte Maß nun einer jener "häufigen" Fälle sind,
bei denen "es keine Rolle spielt", oder ob nicht doch
einer jener "seltenen" Fälle vorliegt, wo Forschungsartefakte entstehen können.

Beide Einwände setzen daher nicht die Forderung, um die es
hier ging, außer Kraft, nämlich nicht das empirische Forschen
aufzugeben, sondern in erhöhtem Ausmaß sich der impliziten
Entscheidungen im Forschungsprozeß bewußt zu werden, sie explizit darzustellen und zu diskutieren und die Ergebnisse
hinsichtlich ihrer Invarianz gegenüber den speziell gewählten
Alternativen zu hinterfragen; d. h. zu überlegen und zu diskutieren, was wohl passiert wäre, wenn einzelne der nun explizit gemachten Entscheidungen im Forschungsprozeß in andere Richtungen verlaufen wären. Eine dieser Entscheidungen ist
die Wahl der konkreten Operationalisierung und "Messung", deren Konsequenzen für die Ergebnisaussagen begründet und diskutiert werden müssen.

Neben der inhaltlichen Forderung, unterschiedliche Operationalisierungen einer theoretischen (latenten) Variablen bei
einem konkreten Projekt zu überlegen und ggf. sogar empirisch
alternativ zu verwenden, damit überprüft werden kann, wie
weit die Endergebnisse von einer speziellen Operationalisierung abhängen, scheint mir auf dem gegenwärtigen Stand der
Sozialwissenschaften die Konsequenz angebracht, sich mit dem
topologischen Niveau unserer Variablen abzufinden.

Konkret bedeutet dies, bei der statistischen Datenreduktion
nur Modelle zu verwenden, die Nominal- oder Ordinalskalenni-
veau voraussetzen und auf Modelle mit höheren Anforderungen
an das Meßniveau weitgehend zu verzichten, da nur allzuoft
das scheinbare "Mehr" an Information solcher Modelle eben
dann nichts als Artefakte sind, wenn nicht die empirischen
Relationen sondern die Wunschprojektionen des Forschers (oder

seine Unkenntnis) den Differenzen zwischen Zahlen einen Sinn
geben.[5] Wie in dem obigen Beispiel demonstriert wurde, sind
bei der Verwendung inadäquater Modelle (Mittelwert) dann nicht
einmal mehr die für Ordinalskalen sonst korrekt zu interpre-
tierenden Ordnungsrelationen zwischen Parametern gesichert.[6]

10.2 Methode versus Modell

Bei dieser Gegenüberstellung handelt es sich um einen zweiten wesentlichen Aspekt, der m. E. mit der Produktion von
Forschungsartefakten zusammenhängt, wobei es natürlich nicht
um die Begriffe, sondern um das dahinterstehende Verständnis
des Stellenwertes der Statistik innerhalb der Sozialwissenschaften geht.[7]

Üblicherweise spricht man im Zusammenhang mit Statistik von
"Methoden" oder "Verfahren". Eine **Methode** oder ein Verfahren
ist aber etwas, das man benutzt, um von einem genau definierten Anfangszustand zu einem genau definierten Endzustand zu
gelangen. So gibt es z. B. mehrere Methoden, wie man von Hamburg nach Bielefeld gelangen kann: zu Fuß, per Rad, mit dem
Auto etc. Ebenso gibt es mehrere Methoden, um aus zehn genau
definierten Zahlen das arithmetische Mittel zu berechnen;
etwa indem man zunächst alle Zahlen addiert und dann durch
10 dividiert, oder indem man jede einzelne Zahl durch 10 dividiert und diese Quotienten addiert. Wichtig ist, daß alle
unterschiedlichen Methoden von dem Anfangszustand zu dem selben Endzustand führen. Dieser Endzustand ist somit methoden-
unabhängig und an seiner Erreichung bzw. Nichterreichung kann
man feststellen, ob die Methode richtig oder falsch war.

Bei einem **Modell** hingegen handelt es sich nicht um die Erreichung eines genau definierten Endzustandes sondern um ein
Abbild einer definierten Ausgangsstruktur unter bestimmten

Gesichtspunkten. So kann man z. B. verschiedene Modelle einer Stadt wie Osnabrück herstellen: einmal ein dreidimensio-
nales Modell, dann einen relativ naturgetreuen Stadtplan
oder aber einen Plan für Touristen, bei dem nur die wichtigsten Straßen und Bauten hervorgehoben sind, oder letztlich
Tabellen mit statistischem Material über Osnabrück.

In jedem dieser Modelle ist Information über diese Stadt unter bestimmten Gesichtspunkten optimal zusammengestellt. Es
wird also versucht, im Hinblick auf eine ganz bestimmte Fragestellung eine möglichst adäquate Antwort zu geben. Die
meiste übrige Information, die mit der Fragestellung nicht
unbedingt zusammenhängt, wird dabei jeweils fortgelassen.
Für den Touristen, der nur schnell das Schloß sucht, ist die
Touristenkarte mit wenigen stark hervorgehobenen wichtigen
Straßen gerade richtig; das dreidimensionale Modell, das natürlich viel mehr Informationen enthält, wäre viel zu un-
handlich, genauso, wie ihn die statistischen Tabellen über
diese Stadt, z. B. mit den Wahldaten, nicht interessieren
würden.

Verschiedene Modelle sind somit nicht unbedingt direkt miteinander vergleichbar, sondern durch die Anforderungen an
das Modell - die Fragestellung - geprägt. Man kann somit sagen, verschiedene Modelle derselben Ausgangsstruktur liefern
verschiedene Information, beantworten verschiedene Fragen -
das Ergebnis ist somit modellabhängig.

Von Modellen darf daher selbstverständlich nur jene Information, die adäquat abgebildet wurde, d. h. die eine bestimmte
Fragestellung beantworten sollte, verwendet werden. Versucht
man andere Informationen daraus abzuleiten, so kann es leicht
zu Artefakten kommen. So etwa, wenn man in dem Touristenplan
anfangen würde, Entfernungen zwischen Straßen, oder gar die
Breite der eingezeichneten Straße auszumessen und Aussagen
darüber abzuleiten. Für Modelle gelten somit genau jene

Aspekte, die in den vorangegangenen Kapiteln herausgearbeitet wurden: sie sind unmittelbar auf Handlung bezogen, an deren Erfolg sich ihre Brauchbarkeit zeigt; ferner sind Modelle nicht "richtig" oder "falsch", sondern in bezug auf einen Kontextrahmen adäquat oder nicht; eine inadäquate Verwendung führt zu falschen Prognosen (z. B. oben: Straßenbreite) und damit zum Mißerfolg bei abgeleiteten Handlungen.

Während nun mathematische Statistik sicherlich eine Sammlung von Methoden ist, so sind diese Methoden im Verwendungszusammenhang der Sozialwissenschaften selbstverständlich Modelle: Es gibt zwar mehrere Methoden, um von einer gegebenen (numerischen) Datenstruktur den Mittelwert oder die Streuung zu berechnen, z. B. indem man alle Werte addiert und durch deren Anzahl N dividiert, oder indem man jeden Wert erst durch N dividiert und dann diese Quotienten addiert. Ob aber diese Datenstruktur - die ja die empirische Information abbildet - mit Hilfe der Mittelwertsbildung oder mit Hilfe der Berechnung der Streuung auf das "Wesentliche" reduziert wird, hängt ausschließlich davon ab, was das "Wesentliche" ist. D. h. welches der beiden Modelle adäquat oder inadäquat ist, hängt somit ausschließlich von der inhaltlichen sozialwissenschaftlichen Fragestellung und damit vom Kontextrahmen des jeweiligen Forschungsprojektes ab.

Diese Feststellungen mögen manchem "Methodiker" als Selbstverständlichkeiten erscheinen, für die Mehrheit der Sozialforscher gilt das wohl kaum: Ansonsten müßte man erwarten, daß in empirischen Arbeiten die genaue Fragestellung explizit angegeben, die Voraussetzungen des gewählten statistischen Modells genau referiert und die Verbindung zwischen beiden ausführlich diskutiert werden würde. Stattdessen findet man in empirischen Arbeiten eher Aussagen wie z. B. "Die gewählte Technik zeichnet sich gegenüber anderen Methoden durch größere Genauigkeit aus", oder "Die Verzerrung der Da-

ten durch das gewählte Verfahren erscheint gering zu sein"
(vgl. dazu 14.2.1).

Wenn solchen Behauptungen irgendein Sinngehalt zukommen soll,
(außer mögliche Kritik abzuwehren), so würde das die Möglichkeit implizieren, eine in bezug auf eine bestimmte Fragestellung "objektiv richtige" Realität zu erfassen, die sich dann
unabhängig von dem gewählten statistischen Modell eindeutig
auf "objektiv richtige" Ergebnisse reduzieren läßt. Nur im
Vergleich mit solchen, objektiv richtigen, Ergebnissen könnte
man nämlich feststellen, ob die gewählte Methode des Autors
wirklich "große Genauigkeiten" aufweist, oder nur "geringe
Verzerrungen" erkennen läßt. Diese Vorstellungen aber stehen
zum Modellcharakter der Statistik in Widerspruch. Würde man
nämlich eine solche Möglichkeit einräumen, so wäre schwerlich
einzusehen, warum sich der Autor nicht gleich jener Methode
bedient, die die "objektiv richtigen" Ergebnisse liefert.

Es zeigt sich hier auch der Zusammenhang zu dem oben ausgeführten Problem der Operationalisierung: Wenn den Forschern
der Modellcharakter der Statistik bewußt wäre, müßten in empirischen Arbeiten unterschiedliche metrische Operationalisierungen und Indizes entwickelt und dann daraufhin überprüft
werden, inwieweit die einzelnen Ergebnisse sich inhaltlich
miteinander vergleichen lassen und zur adäquaten Beantwortung
der Forschungsfrage überhaupt hinreichend sind. Daß dies nicht
geschieht, und welche Konsequenzen das für Aussagen in der
Forschungpraxis hat, wird exemplarisch u. a. in 13.2.2, 14.2.3
und 14.2.5 gezeigt.

10.3. Signifikanz versus Relevanz

Die eher "technischen" Aspekte des Signifikanz-Problems wurden in Kap. 7 referiert. Diese sind weitgehend bekannt: Jedes
hinreichend gute Statistikbuch zählt zumindest die wesent-

lichsten Probleme und Voraussetzungen für die Verwendung von Signifikanztests auf. Dennoch werden in konkreten empirischen Arbeiten immer wieder selbst die elementarsten Fehler begangen. Die Auswertung "alles gegen alles", bei der ohne spezifische Hypothesen sämtliche Variablen kreuztabelliert und mit hunderten, ja gelegentlich tausenden von Signifikanztests auf bestimmte Effekte untersucht werden, ist nicht ausgerottet. Man gewinnt sogar den Eindruck, daß diese Vorgehensweise im Zeitalter des Computers eher zugenommen als abgenommen hat.

Aus dieser Diskrepanz zwischen vorliegendem theoretischen Wissen und der Forschungspraxis kann auch hier auf ein grundlegendes Problem geschlossen werden. Als Ausgangspunkt für die Analyse dieses Problems, das im Kern auf die Verwechslung von Signifikanz und Relevanz hinausläuft, soll ein Zitat aus der bekannten Studie von KERN und SCHUMANN (1974) "Industriearbeit und Arbeiterbewußtsein" dienen, und zwar aus dem Anhang im zweiten Band, wo explizit ein Kapitel über die Grundlagen der verwendeten statistischen Modelle angefügt worden ist. Und zwar heißt es dort im Zusammenhang mit dem χ^2 - Test (Bd. II, 204):

> "Man verfährt im einzelnen so, daß man aus den Häufigkeitswerten der Kontingenztabelle und den bei angenommener Zufallsverteilung sich ergebenden "Erwartungswerten" einen für die Tabelle charakteristischen Wert χ^2 errechnet. Dieser Wert wird mit der für Zufallsverteilungen bekannten und tabellierten χ^2-Sample Verteilung verglichen. Man erhält als Ergebnis die Größe p, deren Differenz zu "1" (W = 1 - p) eine Aussage über die Wahrscheinlichkeit des Eintreffens der Arbeitshypothese unter den gegebenen Bedingungen darstellt. Je kleiner p, desto wahrscheinlicher, je größer p, desto unwahrscheinlicher ein Zutreffen der Arbeitshypothese."

Wenn diese Beschreibung hinreichend zutreffend wäre, so würde der Signifikanztest tatsächlich wesentlich stärker etwas mit Relevanz zu tun haben, denn er könnte über den Sinn und Unsinn von Arbeitshypothesen entscheiden. Die Beschreibung ist aber

schlicht falsch: Die χ^2-Verteilung macht (wie alle anderen
Signifikanztests), keine Angaben über die Wahrscheinlichkeit
der Arbeitshypothese. Sie trifft nicht mal Aussagen über die
Wahrscheinlichkeit der Nullhypothese, sondern dieses P ist
eine <u>bedingte</u> Wahrscheinlichkeit, und zwar $P(D/H_o)$, also die
Wahrscheinlichkeit für die konkret aufgetretenen Daten <u>unter
einer gegebenen Nullhypothese</u> [*]. Nur wenn die Wahrscheinlichkeit der Daten für diese Nullhypothese kleiner als eine
gewisse vorgegebene Grenze α ist, die Daten also nur in sehr
seltenen Fällen mit dem angenommenen Modell in Einklang stehen, verwirft man dieses Modell der Nullhypothese und nimmt
eher an, daß die Daten unter den Modellbedingungen der Arbeitshypothese, die in der Regel nicht genau und explizit
formuliert ist, entstanden sind.

Dies hat aber <u>nur dann</u> einen Sinn, wenn die Arbeitshypothese
wirklich aus theoretischen Gründen eine <u>inhaltliche Fundie-
rung</u> hat; d. h. auch <u>vor</u> Durchführung des Signifikanztests
muß hinreichend inhaltlich plausibel sein, daß die Daten unter den Modellannahmen der Arbeitshypothese zustande gekomm-
en sein <u>könnten</u>. Da nun die inhaltliche Formulierung von
Null- und Arbeitshypothese in der Praxis nie den gesamten
möglichen Hypothesenraum ausmachen (wie es das statistische
Modell eigentlich voraussetzen würde), wird eine unsinnige
Arbeitshypothese natürlich nicht dadurch sinnvoller, daß die
Daten aufgrund wahrscheinlichkeitstheoretischer Überlegungen
mit der Nullhypothese eher schwer in Einklang zu bringen
sind.

Dieses Problem der inhaltlichen Arbeitshypothese macht selbst
vor methodischen Lehrbüchern nicht halt. So steht in LIENERT
"Verteilungsfreie Methoden in der Biostatistik" (1961, 64 f.):
"Problem: In einem Wohnhaus sterben innerhalb weniger Jahre

---

[*] Noch genauer: P ist die Wahrscheinlichkeit dafür, daß der
Datenparameter in den kritischen α-Randbereich der unter
H_o-Bedingungen erstellten Stichprobenverteilung fällt.

5 von 7 Menschen an Krebs. Man vermutet "Erdstrahlen". Es
wird im folgenden ein Binomialtest durchgeführt, der (glück-
licherweise) nicht signifikant wird, so daß LIENERT zu folgendem Ergebnis kommen kann: "Interpretation: Außerzufällige
Einflüsse wie "Erdstrahlen" brauchen zur Erklärung der beobachteten Häufung von Krebsfällen bei α = 0,001 nicht angenommen werden". Man darf nun sicher davon ausgehen, daß
LIENERT die eigentliche Bedeutung der Signifikanztests be-
herrscht und sich hier nur etwas "salopp" ausgedrückt hat.
Der nicht versierte Praktiker aber könnte auf die Idee kommen, daß, wenn der Binomialtest signifikant geworden wäre,
dann die Ursache der "Erdstrahlen" für die Krebstode nachgewiesen sei.

Nachdem aber mit Hilfe üblicher Signifikanztests nur etwas
über die Wahrscheinlichkeit von Daten unter einer gegebenen
Nullhypothese ausgesagt werden kann, trifft den Sozialwissenschaftler nach wie vor die alleinige Verantwortung für den
Sinn oder Unsinn seiner Arbeitshypothesen. Daß üblicherweise
nur die Wahrscheinlichkeit von Daten unter der Nullhypothese
berechenbar ist - der Beweis also indirekt erfolgt - aber
nichts über die Wahrscheinlichkeit der Daten unter der Arbeitshypothese ausgesagt werden kann, liegt insbesondere am
gegenwärtigen Stand der Sozialwissenschaften: Die dem Signifikanztest zugrundeliegende Stichprobenverteilung bedarf
selbstverständlich eines exakten mathematischen Modells. Dazu
müssen neben der Verteilungsform bestimmte Paramenter genau
definiert werden, und dies ist eben in der Regel nur für die
Nullhypothese, welcher die Modellvorstellung des reinen Zu-
fallsexperimentes zugrundeliegt, möglich. Um die Wahrscheinlichkeit von Daten unter einer gegebenen Arbeitshypothese
testen zu können, müßte für diese Arbeitshypothese ein ebenso
exaktes formales Modell existieren, was in den Sozialwissenschaften gegenwärtig praktisch nicht der Fall ist.

Durch dieses Defizit sozialwissenschaftlicher Arbeitshypothesen gewinnt die Nullhypothese, also das Zufallsexperiment, eine zentrale Bedeutung. Gewiß ist es richtig, daß man in der Regel als notwendige Voraussetzung für den Sinn von statistisch gefolgerten Aussagen fordern muß, daß die behaupteten Effekte nicht mit relativ großer Wahrscheinlichkeit als Ergebnisse eines entsprechenden Zufallsprozesses folgen können. Andererseits ist es aber ebenso wichtig und legitim, die Frage nach der <u>inhaltlichen</u> Übersetzung der Nullhypothese zu stellen, oder anders ausgedrückt: ob ein sozialwissenschaftlich sinnvoller Argumentationszusammenhang hinreichend adäquat durch das formale Modell der Nullhypothese und das Entscheidungsverfahren "Signifikanztests" abgebildet wird.

Mit dieser Frage wird ein Kernproblem statistischer Signifikanz offenbar: Üblicherweise ist nämlich die mathematische Nullhypothese sehr streng gefaßt, d. h. es liegt ihr die Annahme über mathematische Gleichheit von bestimmten Parametern zugrunde, etwa daß zwei Stichprobenmittelwerte M_1 und M_2 aus zwei Grundgesamtheiten stammen, deren Mittelwerte μ_1 und μ_2 mathematisch gleich sind (also hinsichtlich dieses Parameters eine einzige Grundgesamtheit bilden). In diesem Falle wird dann die Nullhypothese $\mu_1 - \mu_2 = 0$, also die Behauptung, es bestehe kein Unterschied im mathematischen Sinne, gegen die Arbeitshypothese, daß der Unterschied nicht Null beträgt, getestet.[8]

Sozialwissenschaftlich inhaltlich ist es aber nicht sinnvoll zu untersuchen, ob ein Unterschied oder ein Effekt nun wirklich numerisch genau Null ist oder nicht. Sondern die Frage müßte lauten, ob der Unterschied bzw. Effekt in irgendeinem inhaltlich pragmatisch definierten Sinne <u>relevant</u> ist. Ein Effekt, der so gering ist, daß er weder praktisches noch sozialwissenschaftlich abstraktes Handeln beeinflußt, also keinerlei (alltägliche oder selbst nur wissenschaftliche) Praxisrelevanz besitzt, gehört aus <u>inhaltlichen</u> Gründen mit zur Nullhypothese.[9]

Damit würde im obigen Fall aber nicht mehr $\mu_1 - \mu_2 = 0$, sondern $\mu_1 - \mu_2 = \Delta$ zu testen sein, wobei das Δ dann eine formale Übersetzung des "irrelevanten Unterschiedes" bedeuten würde. Da nun aber in der Regel kein allgemein akzeptiertes formales Relevanzkriterium in die klassische Testtheorie eingeführt ist, kann die Tatsache, daß ein bestimmter Effekt als <u>signifikant</u> nachgewiesen wurde, also bestenfalls nur eine <u>notwendige</u> aber nicht eine <u>hinreichende</u> Bedingung für ein Ergebnis sein. Wenn man sich unter diesen Gesichtspunkten empirische Arbeiten durchschaut, so findet man erstaunlich selten, daß neben der Feststellung der reinen Signifikanz eine Erörterung stattfindet, was denn nun aus dem publizierten Ergebnis für die weitere Forschungspraxis oder gar für konkretes Handeln folgt, d. h. in welchem Kontextrahmen das Ergebnis von Relevanz ist. Exemplarisch ist auch dies u. a. in 13.2.4, 14.2.4 und 15.2 belegt.

11. Resümee von Teil II

Die Problemanalyse sozialwissenschaftlicher Forschungsartefakte auf der methodischen Ebene hat zunächst gezeigt, daß
eine große Anzahl eher "technischer" Probleme bei der Datenerhebung sowie bei der Auswertung die Gültigkeit empirisch
gewonnener Ergebnisse beeinträchtigen kann. Ob und wie diese Artefakte sich auf die jeweils konkret erbrachten Ergebnisse auswirken, hängt allerdings mit grundlegenderen Problemen des Forschungsprozesses zusammen. Diese sind dadurch
bedingt, daß Sozialwissenschaft nicht nur soziale Prozesse
zum <u>Gegenstand</u> hat, sondern <u>selbst</u> immer schon als sozialer
Prozeß <u>stattfindet</u>. In einem solchen Prozeß wird die spezifische Wirklichkeit von den Beteiligten ausgehandelt (allerdings vor dem Hintergrund einer von den Beteiligten bereits
als ausgehandelt akzeptierten intersubjektiven Welt).

Bereits in der Erhebungssituation spielt die Interaktion von
Untersucher - Material - Untersuchtem eine erhebliche Rolle,
wobei der im Forschungsdesign intendierte Sinn nicht identisch sein muß mit der in der Erhebungssituation von den Beteiligten ausgehandelten Bedeutung. Selbst bei nicht-reakti-
ver Vorgehensweise (z.B. Inhaltsanalyse) strukturiert (und
damit: konstituiert) der <u>Forscher</u> aufgrund seiner (gesellschaftlichen und speziell wissenschaftlichen) Erfahrung die
zu untersuchende Wirklichkeit.

Ebenso spielt bei der Weiterverarbeitung der erhobenen Information (also i.W. beim mittels Statistik vorgenommenen Reduk-
tionsvorgang) die Sinn-Deutung als Figur-Grund-Problem eine
entscheidende Rolle: Auch hier sind die Strukturen, die der
Forscher als Ergebnisse (Figur) aus dem überaus komplexen
Datenmaterial (Grund) herausschält, zwar durch die in der
scientific community immer schon vorgegebenen Theorien, Fragen, Regeln - kurz: das Paradigma - weitgehend beeinflußt,

doch bedarf es des Diskurses der Forscher, damit subjektiv gemeinter Sinn zu objektiver Faktizität wird. [1]

Dies wäre nun weiter kein besonders hervorzuhebendes Problem, wenn sich die Forscher dieses - in Teil I weiter ausgeführten - Stellenwertes (empirischer) Forschung im allgemeinen, und des methodischen Instrumentariums im besonderen, bewußt wären. Dann nämlich wäre klar, daß empirische Sozialforschung von der Entwicklung der Fragestellung über Datenerhebung und Datenauswertung bis hin zur Ergebnisaussage eine Sequenz von Entscheidungen darstellt, welche den Kontextrahmen bestimmen, in dem letztlich der Ergebnisaussage eine Bedeutung zukommt. Diese Entscheidungen - so würde daraus unmittelbar folgen - wären explizit darzustellen und im Hinblick auf die Forschungsfrage (d.h. letztlich auch: im Hinblick auf den intendierten Verwendungs- und Handlungszusammenhang der Ergebnisse) zu begründen.

Statt dessen werden Ergebnisse in sozialwissenschaftlichen Publikationen in der Regel so dargestellt, als ob sie stringent aus der Forschungsfrage bei Verwendung "richtiger Methoden" folgen würden - quasi ein eher "automatischer" Output unter Anwendung eines bereits weitgehend objektiven "Verfahrens" wie Datenerhebung und Datenauswertung. Nicht zufällig - so behaupte ich - spricht man in diesem Zusammenhang statt von Erhebungs- und Auswertungs<u>modellen</u> von -<u>methoden</u>: Während "Modelle" noch auf dahinterstehende subjektive Relevanz-Perspektiven verweisen, die den Untersuchungsgegenstand erst im Diskurs und in Auseinandersetzung mit anderen Perspektiven zu intersubjektiv akzeptierbarer und verwertbarer Faktizität werden lassen, suggerieren "Methoden" einen bereits ausgehandelten Konsens, dessen objektive Wirklichkeit (zumindest gegenwärtig) nicht hinterfragt werden muß.

Daß unterschiedliche Forscher in unterschiedlicher Vorgehensweise sich einem Gegenstand nähern und dabei unterschied-

liche Wirklichkeitsaspekte konstituieren, ist also nicht das
Problem: Wie LUHMANN (1971, 52) zu Recht herausarbeitet,
würde nämlich sogar überhaupt keine Erkenntnis möglich sein
- d.h. eine "Distanzierung des unlösbar in seinem Erleben le-
benden Subjekts von seinen Erlebnisinhalten" - wenn alle
Menschen (und Forscher) auf identische Weise die Welt erfahren würden. Erst die Erfahrungsunterschiede schaffen also
die Perspektiven, die von subjektiven Sinnstrukturen abstra-
hieren und damit gemeinsames intendiertes Handeln gegenüber
einer als intersubjektiv verstandenen Außenwelt ermöglichen.
Oder, frei nach BERGER und LUCKMANN (1970, 11), der Gegenstand der Erkenntnis wird fortschreitend deutlicher erst
durch die Vielfalt der Perspektiven, die sich auf ihn richten.

Probleme und Mängel treten erst dort auf, wo der diskursive
Prozeß der Intersubjektivierung von Forschung unterlaufen
wird, indem nämlich die spezifische Subjektivität der Perspektiven (selbstverständlich vor dem intersubjektiven Paradigma) nicht oder allzu ungenügend reflektiert und kommen-
tiert wird: Durch die Mißinterpretation von Modellen der Konstitution (bzw. Rekonstruktion) sozialer Realität als "Erhebungsmethoden" werden alternative Operationalisierungen nicht
diskutiert, obwohl sie der Forschungsfrage unterschiedliche
bis gegensätzliche Datenstrukturen zuweisen würden. Ebenso
werden durch die Mißinterpretation von Modellen der Informationsreduktion als "Auswertungsmethoden" alternative Aspekte
der statistischen Auswertung nicht reflektiert, obwohl sie
einer Datenstruktur unterschiedliche bis entgegengesetzte
Ergebnisaussagen zuweisen können.

Wenn aber damit in Forschungsberichten der Anschein erweckt
wird, daß z.B. ein formal korrektes Abspulen bestimmter mathematisch-statistischer Algorithmen (insbesondere noch unter
Zuhilfenahme eines Computers) einer bestimmten Forschungsfrage
im wörtlichen Sinne "automatisch" ein bestimmtes Ergebnis zu-

ordnet, dann hat der Algorithmus - der ja ursprünglich nichts weiter ist, als eine formalisierte und standardisierte Handlungs- und Entscheidungsfolge - sich so verselbständigt, daß nicht mehr nach der jeweiligen inhaltlichen Bedeutung der formalen Schritte gefragt wird. Dabei verschwimmen dann auch die Unterschiede zwischen dem inhaltlichen Aspekt der Relevanz und dem formalen Kriterium der Signifikanz; die Reflexion über den Sinn der Handlungen im Forschungsprozeß entfallen zugunsten einer unreflektierten Übernahme formaler Schrittfolgen (obwohl eben auch deren Sinn erst mit einer genauen Explizierung der Rahmenbedingungen jeweils nachzuweisen oder zumindest plausibel zu machen wäre).

Für die empirische Sozialforschung ergibt sich daraus als wichtige Forderung, den gesamten Forschungsprozeß möglichst transparent zu gestalten und zu dokumentieren. Wenn möglichst viele der implizit getroffenen Entscheidungen explizit gemacht und im Hinblick auf mögliche Alternativen hinterfragt und begründet werden, können die Konsumenten (Leser, Auftraggeber) der vorgelegten Ergebnisse den Forschungsprozeß kritisch nachvollziehen. Nur so aber kann der Kontextrahmen, in dem die Ergebnisse Bedeutung und Relevanz haben sollen, vom Produzenten dem Konsumenten der Forschung vermittelt werden; nur so können in einem diskursiven Prozeß die gewählten Perspektiven erkannt werden und der Forschungsgegenstand eine intersubjektive Bedeutung erlangen. Dies ist deswegen von so immenser Wichtigkeit, weil oft schon eine geringfügige Änderung des Kontextrahmens die Ergebnisse in ihrer Aussage verändern oder gar umkehren kann. Insofern ist der Forscher auch nicht unbeteiligt daran, ob seine Ergebnisse adäquat oder inadäquat verwendet werden, d.h. ob sie erfolgreiche Prognosen für soziales Handeln ermöglichen oder aber nur Forschungsartefakte darstellen.

III. EMPIRISCH - PRAKTISCHE EBENE

ASPEKTE DER ANWENDUNG THEORIEGELEITETER FORSCHUNGSKRITIK

12. Einleitung: Zum Stellenwert und Verständnis einer Kritik empirischer Forschungspraxis

In diesem Teil wird die Kritik empirischer Sozialforschung exemplarisch anhand publizierter empirischer Arbeiten konkretisiert. Damit soll gezeigt werden, wie die diskutierten methodologischen und methodischen Probleme sich in der alltäglichen Forschungspraxis faktisch als Artefakte niederschlagen.

Ziel dieser Analyse ist es, den Konsumenten wissenschaftlicher Forschungsberichte eine größere Sensibilität gegenüber den immanenten Entscheidungen und behaupteten Ergebnissen zu vermitteln, die Produzenten solcher Forschung hingegen zu einer stärkeren Reflexion und Offenheit gegenüber den Problemen (jeder) empirischer Sozialforschung zu ermuntern. Denn - so wurde oben argumentiert - wenn empirische Sozialforschung als Entscheidungs- und Handlungsfolge in einem diskursiven Prozeß begriffen würde, wäre es selbstverständlich, die auftretenden Probleme offen zu diskutieren und die Abhängigkeit der Ergebnisaussagen vom jeweiligen Kontext und den getroffenen Entscheidungen zu reflektieren und zu explizieren - kurz: die gewählte Perspektive sowie ihre möglichen Vor- und Nachteile dem Leser als solche zu vermitteln. Hingegen wird sich zeigen, daß gerade der Hang, "lupenreine","abgesicherte","richtige" und "objektive" Ergebnisse zu präsentieren, leicht Artefakte - und damit in Relation zu den eigenen Ansprüchen: unbrauchbare Ergebnisse - zur Folge hat.

Obwohl, wie zu Beginn ausgeführt, gerade diese praxisorientierte Ebene der Forschungskritik zeitlich der Ausgangspunkt

für das ganze hier vorgelegte Werk war, und obwohl gerade diese Auseinandersetzung mit konkreten empirischen Publikationen
in zahlreichen Seminaren erprobt und entwickelt wurde, zeigt
dieser Teil aus meiner Sicht die größten didaktischen Schwierigkeiten für eine geschlossene Darstellung und birgt die
meisten Möglichkeiten für Mißverständnisse in sich. Um diese
vielleicht doch zu verringern und in Anwendung der obigen Erkenntnis auf das eigene Tun, soll einführend von diesen Problemen und den getroffenen Entscheidungen berichtet werden.

Ruft man sich den Kern der bisherigen Ausführung noch einmal
ins Gedächtnis, so steht im Hintergrund dieser Auseinandersetzung mit empirischen Publikationen der im ersten Teil entwickelte normative Standpunkt, daß Wissenschaft im allgemeinen (und Sozialwissenschaft mit ihrem Teilbereich "empirische Sozialforschung" im besonderen) <u>funktionale Bedeutung</u>
im historischen Entwicklungsprozeß der Spezies Mensch zukommt. Es gilt nämlich, die Überlebenschancen des Menschen
zu erhalten und zu vergrößern, die Auseinandersetzung mit der
Natur erfolgreicher zu bewältigen und dazu die Möglichkeiten
für kooperatives Handeln und Prognosen für zukünftige Erfahrung zu verbessern. Es wurde argumentiert - und anhand der
drei Konzepte "Inferenz", "Reliabilität" und "Validität"
exemplarisch ausgeführt - daß empirischer Sozialforschung nur
in dieser Funktion ein Sinn zukommt.

Im zweiten Teil wurde davon ausgehend gezeigt, daß neben einer Reihe von bekannten aber eher isolierten Problemen und
"Fehlerquellen" bei der Datenerhebung und -auswertung, Forschungsartefakte dadurch entstehen, daß dieser funktionale
Charakter empirischer Sozialforschung nicht berücksichtigt
wird. Es wurde gezeigt, daß Ergebnisse nicht "an sich" <u>rich-
tig</u> oder <u>falsch</u>, sondern im Hinblick auf einen umfassenden
Kontext <u>adäquat</u> oder nicht sind. Die enge Verbindung dieses
Kontextes mit sozialem Handeln und Prognosen wurde dargestellt und - anhand der drei Begriffe "Operationalisierung",

"Methode" und "Signifikanz" - nachgewiesen, wie Artefakte
durch die Mißinterpretation des Stellenwertes empirischer Sozialforschung entstehen können: indem nämlich im Forschungsprozeß der Sinn der methodischen Schritte nicht genügend reflektiert und diskutiert wird und damit die "Methode" das
Ergebnis aus einem möglichen sinnvollen Kontextrahmen heraus-
löst (oder zumindest verhindert, daß ein solcher hinreichend
expliziert wird).

Vor diesem Argumentationshintergrund wäre es nun ebenso läp-
pisch wie unsinnig, empirische Arbeiten einzelner Forscher
herauszugreifen, deren Probleme und Mängel herauszuarbeiten
und damit das Ziel zu verfolgen, die fragwürdige Vorgehensweise und unzureichende Forschungskompetenz dieser Forscher
anzuprangern. Statt dessen geht es hier weder um einzelne Arbeiten, noch um einzelne Forscher, sondern um die Praxis
empirischer Sozialforschung schlechthin. Gerade unter der
hier vorgetragenen Perspektive kann und soll der einzelne
Forscher und sein Tun gar nicht losgelöst von seiner scientific community, ihren Werten und Normen und ihrer Praxis,
gesehen werden. Damit soll der Forscher zwar nicht von seiner Verantwortung für das, was er publiziert hat, entbunden
werden, doch muß eben auch gesehen werden, daß in der Praxis
z.B. Herausgeber (und ggf. ein wissenschaftlicher Beirat)
über eine Publikation entscheiden, daß ein Forscher in der
Regel sein Manuskript vor der Publikation einer Reihe von
Fachkollegen mit der Bitte um Kritik und Anregungen gibt und
daß mit der Entscheidung über eine Publikation - vor dem Hintergrund, daß die Anzahl der Publikationen noch immer eines
der wichtigsten Kriterien für die persönliche Karriere eines
Wissenschaftlers ist - eine bestimmte Darstellung von For-
schungsprozessen belohnt wird.

Da nun andererseits konkrete empirische Arbeiten Grundlage
für dieses gesamte Unterfangen bildeten und auch Gegenstand
der folgenden Analyse sein müssen - die Alternative, mit kon-

struierten Beispielen zu arbeiten, wurde wegen dem allzu-
leichten Vorwurf fallengelassen, man befasse sich nur mit
jenen Popanzen, die vorher selbst aufgebaut wurden - wird im
Text nur der _Titel_ der Arbeit erwähnt und sonst von dem
"Autor" gesprochen. Über Fußnote und Literaturverzeichnis
ist die Quelle und auch der Autor zwar selbstverständlich
nachgewiesen, doch sollte so zumindest erreicht werden, daß
sich der Leser mit _Problemen_ und _Argumenten_ im Text auseinandersetzt und diese für ihn stärker ins Blickfeld rücken,
als irgendwelche _Autorennamen_.

Einiges sollte auch über die Auswahl der im folgenden zu
analysierenden Texte gesagt werden. So ist nicht beabsichtigt, ein möglichst repräsentatives Bild vorfindlicher empirischer Sozialforschung zu zeichnen, sondern, wie oben ausgeführt, für bestimmte Probleme zu sensibilisieren. Dennoch
hätte es wohl auch wenig Sinn, die Argumentation auf "Aus-
reißern" - z.B. atypisch "schlechten" Arbeiten - aufzubauen.
Die gewählten Texte haben sich im Laufe vieler Seminare zu
diesem Thema als brauchbares Demonstrationsmaterial herausgeschält, nach meinem subjektiven Eindruck handelt es sich
hinsichtlich der hier zu behandelnden Probleme um ziemlich
typische Arbeiten. Gewählt wurden sie, weil sie insbesondere
folgende Kriterien erfüllen:

Einmal sollte es sich um Texte aus meiner scientific community im engeren Sinne handeln, also um in der BRD publizierte Arbeiten. Diese sollten einerseits nicht zu alt sein, um
dem Vorwurf vorzubeugen, inzwischen habe sich alles geändert.
Andererseits sollten die Texte aber soweit in ihrem Erscheinen zurückliegen, daß die scientific community dazu hätte
Stellung nehmen, d.h. die Probleme von sich aus aufgreifen
und diskutieren können. Daher wurden Arbeiten aus der ersten Hälfte der 70er Jahre gewählt.

Ein weiterer wesentlicher Gesichtspunkt war, daß die Arbei-

ten nicht zu lang und inhaltlich ohne allzugroße Vorkennt-
nisse verstehbar sein sollten. Ferner schien sinnvoll zu fordern, daß sie in der Aufbereitung der Daten über eine schlich-
te Darstellung von Häufigkeitstabellen hinausgehen und zumindest so viele Hinweise zur Verwendung der Methodik enthalten, daß die wesentlichen Schritte ohne allzugroße Spekula-
tion rekonstruierbar sind. Gerade hinsichtlich dieses letzten
Aspektes gab es erhebliche Einschränkungen und Probleme, weil
in vielen Arbeiten die einzelnen Forschungsschritte nicht
einmal soweit dokumentiert werden, daß die wesentlichen Entscheidungen überhaupt rekonstruierbar sind. Gerade unter diesem Gesichtspunkt handelt es sich bei den ausgewählten Texten noch am ehesten um jene, die einen diskursiven Prozeß
nicht schon von vornherein durch mangelnde Information unterlaufen.

Die größte Schwierigkeit bereitete die Frage, in welcher
Form die zu analysierenden Texte präsentiert werden sollten.
In der Seminarsituation können die vollständigen Texte vor
der Besprechung gelesen werden, und wenn sie den Teilnehmern
physisch vorliegen, läßt sich über die einzelnen Stellen und
deren Beziehungen diskutieren. Eine vollständige Wiedergabe
der Texte in _diesem_ Rahmen mußte nun aber verworfen werden,
weil der Gesamtumfang über Gebühr gestiegen wäre (und damit
auch der Preis). Eine sequentielle Abfolge von problema-
tischen Textstellen mit anschließender kritischer Diskussion
wurde ebenfalls verworfen, weil sich oft wesentliche Aspekte
erst aus der _Beziehung_ einzelner Textstellen zueinander ergeben (z.B. interne Widersprüche), und ferner die Texte zu
sehr zerrissen und in ihrem Anliegen zu sehr entstellt worden wären. Als geringstes Übel wurde daher eine Darstellung
gewählt, bei welcher der Text zunächst - in den für die Analyse wesentlichen Teilen - referiert wird, wobei die zentralen Stellen der kritischen Diskussion aus dem Original zitiert sind. Daran anschließend folgt die Kritik, wobei der
konkrete Bezug zu den einzelnen Textstellen über Zahlen am

Rand der Darstellung vermittelt werden soll. Es war jedenfalls mein aufrichtiges Bemühen, den Texten zumindest insofern gerecht zu werden, daß die kritisierten Probleme nicht
erst durch die Auswahl oder Zusammenstellung der Zitate entstanden sind.

Zu entscheiden war auch über die Frage, ob als Beispiele viele kleinere Textstellen aus vielen Arbeiten oder aber wenige
Arbeiten relativ umfassend behandelt werden sollten. Ich habe mich im wesentlichen für die zweite Möglichkeit entschieden, da einer der Hauptgesichtspunkte der vorgetragenen Forschungskritik ja in dem Kontextbezug von (Ergebnis-) Aussagen besteht, und weil bei vielen kleinen unterschiedlichen
Beispielen - so reizvoll dies gewesen wäre - gerade ein solcher Kontextbezug kaum hätte vermittelt werden können. Zu
leicht wäre der Eindruck eines bunten Kaleidoskopes isolierter Fehler oder "Pannen" im Forschungsprozeß entstanden.
Statt dessen geht es um den konkreten Nachweis, daß Artefakte gerade dort entstehen, wo man meint, den Diskurs nicht
führen zu müssen, sondern sich auf scheinbar "objektive Methoden" verlassen zu können. Eine falsch verstandene Funktion des Instrumentariums empirischer Sozialforschung lullt
also den Forscher in eine Scheinsicherheit ein, bei der er
nicht einmal mehr ganz eklatante inhaltliche Widersprüche
und Unsinnigkeiten bemerkt. Dies wird anhand dreier Publikationen <u>ausführlich</u> versucht zu zeigen, während einzelne Aspekte aus anderen Arbeiten erst in der jeweiligen Gesamtbewertung ergänzt werden.

13. Beispiel 1: Statusinkonsistenz

13.1. Darstellung

Unter Status wird überwiegend in der soziologischen Fachliteratur die Position einer Person hinsichtlich eines bestimmten Kriteriums (Beruf, Besitz etc.) und die damit verbundene Wertschätzung in einem sozialen System verstanden. Nimmt eine Person hinsichtlich unterschiedlicher Statuskriterien in ihrer Höhe stark divergente Positionen ein, so spricht man von Statusinkonsistenz.

In der Arbeit "Statuskonsistenz und Rechtsradikalismus in der Bundesrepublik"[1] knüpft der Autor zunächst explizit an Ausführungen von LENSKI (1954 und 1956) und dessen Ansätze zur Operationalisierung von Statusinkonsistenz zum Zwecke der empirischen Prüfung theoretischer Vorhersagen an:

> Statusinkonsistenz kann als das Ausmaß definiert werden, in dem Rangpositionen eines Individuums in gegebenen Statushierarchien nicht vergleichbar sind. Man nimmt an, daß eine mangelnde Konsistenz für das Individuum soziale und psychologische Probleme schafft, indem es in ihm widersprüchliche Statuserwartungen ausbildet.

In einem Überblick werden zunächst zahlreiche theoretische und empirisch gewonnene Aussagen unterschiedlicher Autoren referiert. Der Autor beendet seine theoretische Einführung mit:

> Statusinkonsistenz oder Statuskristallisation haben innerhalb der politischen Soziologie und bei Klassen- bzw. Schichtanalysen an Bedeutung gewonnen. Es wurden mehrfache reaktive Verhaltensweisen auf Statusinkonsistenz herausgearbeitet: politischer Liberalismus, soziale Isolation, Aktionsmotivation, Wunsch nach Veränderung, psychosomatischer Streß, Rechtsradikalismus und politische Apathie. Kritiker haben jedoch eingewandt, die Schwäche der Theorie liege darin, daß sie Statusinkonsistenz als strukturelles Merkmal gebraucht, um Folgen für das Verhalten vorauszusagen, ohne daß diese Voraussagen sich auf eine explizit formu-

lierte sozialpsychologische Motivationstheorie stützen könnten. Die hauptsächlichen methodologischen Mängel der Theorie hängen von Meßproblemen ab, von der Konzeptualisation und wahrscheinlichen Interaktionen zwischen Statusdimensionen. Die operationalen Definitionen von Statuskonsistenz wurden ebenfalls in Frage gestellt. Die größte Schwäche der Theorie ist ihr Mangel an empirischer Beweiskraft durch vergleichende oder interkulturelle Forschung. Die meisten der hier angeführten Untersuchungen sind in den USA durchgeführt worden. Eine empirische Überprüfung der Statusinkonsistenztheorie innerhalb eines anderen sozialen und kulturellen Kontextes erscheint dringend notwendig. Die hier vorliegende Studie ist ein Schritt in dieser Richtung.

Anschließend legt der Autor dar, daß zur Zeit der Datenerhebung - nämlich kurz vor der Bundestagswahl 1969 - eine besonders gute Gelegenheit zur Überprüfung der Statuskonsistenztheorie in der BRD gegeben sei, weil neben der SPD und CDU/CSU zwei weitere Alternativen bestanden, nämlich FDP (mit letztlich 5,8%) und NPD (mit 4,3%); und daß besonders dem Anwachsen der NPD internationales Interesse galt. Er fährt dann fort:

> Die politische Situation zur Zeit der Bundestagswahl von 1969 ermöglichte es, wenigstens fünf Aspekte empirischer Beweisführung unter Verwendung der Statusinkonsistenztheorie und westdeutschen Datenmaterials zu prüfen:
>
> 1. Die Stimmabgabe für die CDU/CSU wurde als Indikator für die politische Mitte angesehen;
> 2. Die Stimmen für die SPD als links von der Mitte;
> 3. Die Stimmen für die FDP als Indikator für politischen Liberalismus;
> 4. Die Stimmabgabe für die NPD als Indikator für Rechtsradikalismus;
> 5. Die Stimmenthaltung als Indikator für Apathie.

Einen Absatz später werden die Ziele der Untersuchung genannt:

> Die vorliegende Untersuchung prüft erstens das Ausmaß, in dem die Statusinkonsistenztheorie zur Erklärung von Rechtsradikalismus und anderer relevanter politischer Äußerungen in der gegenwärtigen Bundesrepublik dienen kann; zweitens die interkulturelle Anwendbarkeit der Theorie. Schließlich wird ein Vergleich mit der theoretischen Diskussion angestellt, die während der letzten 10 bis 15 Jahre in den USA stattgefunden hat.

Daran schließen unmittelbar die Hypothesen an:

> Auf der Grundlage früherer Forschungsergebnisse gehen wir davon
> aus, daß der Anteil von Personen mit inkonsistenten Statusmerk-
> malen unter den Anhängern der NPD höher sein mußte als unter an-
> deren Parteien. Dementsprechend wurde bei den Anhängern der CDU/CSU
> ein signifikant geringerer Anteil von Personen mit inkonsisten-
> ten Statusmerkmalen erwartet als unter den NPD-Wählern.
> Gemäß der Statuskonsistenztheorie können wir voraussagen, daß
> CDU/CSU-Wähler nahe an das Mittel des Vergleichssamples kommen
> werden. Wie wir bereits erwähnten, fand *Lenski* eine enge Verbin-
> dung zwischen politischem Liberalismus und Statusinkonsistenz.
> Deshalb erwarten wir, daß FDP-Wähler, verglichen mit dem Durch-
> schnitt des alle Wähler betreffenden Samples, einen disproportio-
> nalen Prozentsatz von Personen mit inkonsistenten Statusmerkmalen
> einschließen. Einige Unterschungen haben einen Zusammenhang zwi-
> schen linksradikalen Parteien und Statusinkonsistenz gefunden.
> Obwohl, genaugenommen, SPD-Wähler nicht als Linksradikale bezeich-
> net werden können, erwarten wir auch hier, daß die entsprechenden
> Werte in diese erwartete Richtung weisen. Und schließlich, *Lipsets*
> Ausführungen folgend, erwarten wir, unter den Nichtwählern, das
> heißt den politisch inaktiven und apathischen Personen, einen
> signifikant höheren Anteil mit inkonsistenten Statusmerkmalen als
> unter den Wählern insgesamt zu finden.

Im anschließenden "Methoden"-Teil wird erläutert, daß es sich
um eine Sekundäranalyse von Daten handelt, die wenige Wochen
vor der Bundestagswahl an einer Zufallsauswahl von ca. 1800
Westdeutschen über 21 Jahren erhoben wurden. Wegen der kleinen
Minderheit NPD-Wähler wurden durch Kumulation von 14 verschiedenen Erhebungen vor der Wahl 514 Interviews mit NPD-Anhängern
gewonnen, wobei der Autor auf methodologische Fehlerquellen
dieser Vorgehensweise hinweist.

Die Variable "Politisches Verhalten" wurde als Entscheidung
für SPD, CDU/CSU, FDP, NPD oder Stimmenthaltung auf die Frage
operationalisiert: "Falls am nächsten Sonntag Bundestagswahlen
stattfänden, welcher Partei würden Sie dann Ihre Stimme geben?". Die Variable "Sozialer Status" wurde auf den drei
Hierarchien "Bildung", "Einkommen" und "Beruf" erfaßt. Dann
wird zur Operationalisierung von Statuskonsistenz ausgeführt:

Statuskonsistenz. Um diese Untersuchung mit bereits durchgeführten, früheren Untersuchungen vergleichbar zu machen, wurde das gleiche Vorgehen zum Messen von Statuskonsistenz angewendet. Für die drei Variablen wurden übliche vertikale Skalen benutzt, damit die relativen Positionen der Befragten auf jeder dieser Skalen verglichen werden konnten. Es handelte sich um 10-Punkte-Intervallskalen für jede Variable auf einem Präferenzkontinuum von Hoch bis Niedrig. Als nächstes wurde eine Häufigkeitsverteilung der Antworten für jede Variable hinsichtlich der Bewertungsstufen angefertigt. Von diesen wurden die prozentualen Häufigkeitsverteilungen für jede Hierarchie errechnet. Anschließend wurde auf der Basis des prozentualen Intervallmittelwertes ein Wert für jedes Klassenintervall bestimmt. Der letzte Schritt bestand darin, zu einem quantitativen Maß von Statuskonsistenz zu gelangen. *Lenski* beschrieb seine Quantifizierung von Statuskonsistenz folgendermaßen:

Es wurde die Quadratwurzel aus der Summe der quadrierten Abweichungen vom Mittel der drei Hierarchienwerte des Individuums gezogen und das Resultat von 100 subtrahiert.

Algebraisch ausgedrückt heißt das:

$$\text{Statuskonsistenzwert} = 100 - \sqrt{\Sigma d^2}$$

wobei d die Abweichungen vom Mittel angibt und 100 ein Wertumkehrungsfaktor ist, der für semantische Klarheit verwendet wird.

Abschließend wird berichtet, daß aus den oben genannten Daten nach Eliminierung der unzureichenden Antworten (auf mindestens einer der drei Variablen eine Zufallswahl von 1252 Wählern der 4 Parteien und Nichtwähler, und eine kumulierte Auswahl von NPD-Anhängern von 407 Personen übrig blieb.

Der nun folgende Ergebnisteil ist untergliedert in Ausführungen zu "Statuskonsistenz und Parteipräferenz" und "Muster von Statuskonsistenz":

1. *Statuskonsistenz und Parteipräferenz*. Eines der Hauptprobleme bei der Überprüfung der Statusinkonsistenztheorie ist die Möglichkeit, daß sozialer Status *an sich* eher als Statusinkonsistenz ein Bestimmungsgrund für Unterschiede im politischen Verhalten sein kann. Somit wird eine Kontrolle der Statusunterschiede in den drei vertikalen Dimensionen notwendig, denn Unterschiede in der Ausbildung, im Beruf und Einkommen hängen eng zusammen mit Unterschieden in politischen Einstellungen und Parteipräferenzen. Um für jede der drei Statusdimensionen diesen unkontrollierbaren, un-

erwünschten Effekt auszuschließen, wurden die Variablen Ausbildung, Beruf und Einkommen konstant gehalten oder durch die Eliminierung einer bestimmten Anzahl von Lochkarten standardisiert. Die erste Prüfung der Grundhypothese besteht darin, die Statuskonsistenzmittelwerte jeder der vier Wählergruppen und der Nichtwähler zu vergleichen und anschließend hinsichtlich Ausbildung, Beruf und Einkommen zu standardisieren *(Tabelle 1)*. Der Vergleich wurde dadurch noch eindrucksvoller gemacht, daß der Unterschied zwischen dem Mittelwert für "Alle Wähler" (62,5) und den Mittelwerten für jede der fünf Wählergruppen errechnet und aufgeführt wurde. Unserem theoretischen Ausgangspunkt folgend werden das Zutreffen oder Nichtzutreffen der erwarteten Verhältnisse aufgezeigt. Die statistische Signifikanz wurde ebenfalls angegeben. Die Mittelwerte zeigen, daß die Richtung bei vier der fünf vorausgesagten Zusammenhänge zutreffend sind. Allerdings fand die These über den Zusammenhang über Statusinkonsistenz und Rechtsradikalismus anhand der Werte für die NPD-Wähler keine Bestätigung.

Tabelle 13.1.: Aus dem Originaltext

Tabelle 1 : Statuskonsistenzmittelwerte und Parteipräferenz bei den Bundestagswahlen 1969*

Wahlpräferenz	(n)	Mittelwert	Unterschied zum Mittelwert von »Alle Wähler«	Vorausgesagte Richtung	Signifikanzniveau
Rechter Flügel (NPD)	407	70,8	+ 8,3	nichtzutreffend	< 0,01
Linker Flügel (SPD)	581	61,3	− 1,2	zutreffend	> 0,05
Liberale (FDP)	82	54,0	− 8,5	zutreffend	< 0,05
Mitte (CDU/CSU)	499	63,4	+ 0,9	zutreffend	> 0,05
Apathie (Nichtwähler)	39	55,1	− 7,4	zutreffend	< 0,05
Alle Wähler	1252	62,5	–	–	–

* Die Gesamtzahl für »Alle Wähler« schloß nur 51 Personen ein, die Präferenz für die NPD ausdrückten. Der Mittelwert für diese Gruppe wurde jedoch auf der Basis von 407 Fällen berechnet. Alle Daten wurden hinsichtlich Ausbildung, Beruf und Einkommen standardisiert.

Nach einer Diskussion über das in seiner Richtung und Höhe
unerwartete Ergebnis bei den NPD-Wählern, wird über die Ergebnisse von SPD- und CDU/CSU-Wählern ausgeführt:

> Der Mittelwert für die SPD-Anhänger weist in die vorausgesagte
> Richtung. Für sichere Aussagen ist der Zusammenhang allerdings
> zu schwach. Während SPD-Anhänger eher statusinkonsistent als
> "Alle Wähler" sind, ist der Spielraum von - 1,2 statistisch nicht
> signifikant. Der Spielraumunterschied (2,1) zwischen dem Mittel-
> wert der CDU-Anhänger (63,4) - der einen etwas höheren Grad an
> Statuskonsistenz als bei "Allen Wählern" (62,5) zeigt - und dem
> der SPD-Anhänger (61,3) wird als nicht signifikant angesehen
> ($P < 0,2$). Ein derartig schwaches Verhältnis erstaunt natürlich
> nicht.

Und nach der Erklärung, daß die SPD durch das Godesberger Pro-
gramm das Profil einer Volkspartei bekommen hat, schließt der
Absatz:

> Vielleicht spiegelt das Fehlen eines größeren Spielraumes zwischen
> SPD und CDU/CSU einen solchen Trend wider, obgleich SPD-Anhänger
> zu einer höheren Statusinkonsistenz neigen als CDU/CSU-Wähler.

Über die Ergebnisse der FDP-Wähler wird gesagt - anlehnend an
LENSKIS Befunde eines Zusammenhanges von Statusinkonsistenz
mit politischem Liberalismus:

> Ein Blick auf den Mittelwert für FDP-Anhänger zeigt, daß die west-
> deutschen Daten *Lenskis* Ergebnisse hinsichtlich politischen Libe-
> ralismus und Statusinkonsistenz bestätigen. Der Unterschiedsspiel-
> raum ist recht deutlich (- 8,5), viel größer als es für statisti-
> sche Signifikanz erforderlich wäre. Von allen untersuchten Wäh-
> lern und Nichtwählern zeigten die FDP-Anhänger den größten Mangel
> an Statuskonsistenz. Das bedeutet, daß sie hochgradig inkonsistent
> sind und ihre Rangpositionen auf den untersuchten Statushierarchien
> für Ausbildung, Einkommen und Beruf auf unterschiedlichen Ebenen
> liegen.

Daran schließt unmittelbar ein Interpretationsversuch dieses
Ergebnisses mit folgenden Worten an:

> Es ist weitaus schwieriger, einen Zusammenhang zu erklären als
> ihn aufzuzeigen.

Letztlich wird die geringere Statuskonsistenz der Nicht-Wähler angeführt und interpretiert. Dann wird fortgefahren:

> 2. *Muster von Statusinkonsistenz.* Im zweiten Teil unserer Analyse untersuchten wir die Arten von Statusinkonsistenzen bei den fünf Wählergruppen, um zu prüfen, ob bestimmte Inkonsistenzmuster enger als andere mit Rechtsradikalismus, Liberalismus oder politischer Apathie zusammenhängen. Die beiden Stichproben wurden grob in zwei Hälften geteilt *(Tabelle 2).* Der Statuskonsistenzmittelwert für das Vergleichssample (62,5) wurde als Schnittpunkt genommen, so daß die Befragten, die unter den Mittelwert für "Alle Wähler" fielen, als "Inkonsistente", und diejenigen, die bei 62,5 oder darüber waren, als "statuskonsistent" definiert und klassifiziert wurden.

Tabelle 13.2.: Aus dem Originaltext

Tabelle 2 : Statuskonsistenztyp und Parteipräferenz bei den Bundestagswahlen 1969 (in Prozent)*

Konsistenztyp	alle Wähler	Rechter Flügel NPD	Mitte CDU/CSU	Linker Flügel SPD	Liberale FDP	Nicht-Wähler
Statuskonsistente	50,7	68,1	55,6	46,4	37,8	39,2
Inkonsistente	49,3	31,9	44,4	53,6	62,2	60,8
Insgesamt	100,0	100,0	100,0	100,0	100,0	100,0
(n)	1252	407	499	583	83	39
x^2	–	39,21	2,71	4,01	4,72	4,12
P	–	< 0,001	> 0,05	< 0,05	< 0,05	< 0,05

* Das Mittel für »Alle Wähler« (62,5) wurde dazu benutzt, das Sample in Statuskonsistente (62,5 und darüber) und in Inkonsistente (62,4 und darunter) aufzuteilen. Hinsichtlich Ausbildung, Beruf und Einkommen standardisiert. Prozentsätze wurden auf den Grundlagen von jeweils n berechnet. Das insgesamt für »Alle Wähler« schließt 51 Personen sein, die Präferenz für die NPD ausdrückten. Die x^2-Werte wurden auf der Basis der Prozentsätze für »Alle Wähler« und der jeweiligen Parteipräferenz berechnet.

Doch dann gibt der Autor selbst eine eher kritische Einschätzung seines eigenen Vorgehens:

> In *Tabelle 2* sind die Ergebnisse und Daten nach Parteipräferenz dargestellt. Hier wurden keine neuen Erkenntnisse gewonnen. Wie erwartet, konnte der bereits vorher festgestellte Zusammenhang zwischen Statuskonsistenz und bestimmten Wahlabsichten bestätigt werden. Einige Zusammenhänge werden allerdings klarer sichtbar, da die in Prozentwerten ausgedrückten Differenzen aussagefähiger sind als die in *Tabelle 1* dargestellten Mittelwerte. Die scheinbar deutlicheren Unterschiede zwischen den in *Tabelle 1* und in

Tabelle 2 zusammengestellten Daten sind jedoch Artefakte der technischen Verfahrensweisen, die bei der Neuklassifizierung angewendet werden.

Die Analyse wird dann fortgeführt, indem von den inkonsistenten Personen die 2x2x2=8 Kombinationen von hohem und niedrigem Status (genaugenommen: 6 davon) für einige Wählergruppen aufgelistet und interpretiert werden.

In dem abschließenden Teil "Zusammenfassung und Schlußfolgerung", der gut 20% der Publikation ausmacht, wird im wesentlichen nochmals die Theorie erläutert und auf andere Arbeiten eingegangen; die Ergebnisse der vorgelegten Arbeit werden nur in einem einzigen Absatz nochmals aufgegriffen. Immerhin schließt der Autor diesen Absatz (und damit praktisch die Publikation) mit einem ebenfalls eher selbstkritischen Vermerk:

> Wegen der inhärenten methodologischen Probleme der vorliegenden Untersuchung wird die Möglichkeit, das analytische Potential des Statuskonsistenzmodells voll auszuschöpfen, ganz erheblich gemindert: Es besteht immer die Möglichkeit, daß Ergebnisse Artefakte des Forschungsansatzes sind und keine Leistungen der Theorie darstellen.

13.2. Kritische Diskussion

Die empirischen Arbeiten zur Statuskonsistenz von LENSKI, in denen auch die für die vorliegende Arbeit verwendete Operationalisierung entwickelt wurde, lagen zum Zeitpunkt dieser Publikation mehr als eineinhalb Jahrzehnte zurück. Da aber LENSKIS Arbeiten von großem Einfluß auf die scientific community waren, ist es legitim, daß auch der Autor sich weitgehend mit dieser Operationalisierung auseinandersetzt. Der Verweis auf die "methodologischen Mängel der Theorie" in Form von "Meßproblemen" (1), bzw. auf die Tatsache, daß "die operationale Definition von Statuskonsistenz ... ebenfalls in Frage gestellt" wurde, läßt dabei auf einen kritischen Abstand des Autors hoffen.

Abgesehen aber vom Schluß der Arbeit, in dem konzidiert wird,
daß "immer die Möglichkeit (besteht), daß Ergebnisse Artefakte des Forschungsansatzes sind" (23), findet man den Hinweis,
daß irgendwo in der Entscheidungsfolge oder den durchgeführten
Operationen Probleme sein können, nur an einer einzigen Stelle
(20-22, s.u.) - geschweige denn, daß diese offen dargelegt
oder gar diskutiert würden. Der Anflug von kritischer Reflexion
- obwohl selbst in dieser Form lobenswert weil selten in empirischen Arbeiten - hat somit leider eher Alibi-Funktion als
praktische Konsequenz.

13.2.1. Probleme der Hypothesen

Bereits die genauere Betrachtung der aus der Theorie abgeglei-
teten Hypothesen hätte Hinweise auf Probleme ergeben. Dies
wird deutlich, wenn man die Hypothesen (3-8) systematisch zu-
sammenstellt.
Schreibt man die Aussage "Von den A-Wählern ist ein höherer
Anteil statusinkonsistent als von den B-Wählern" kurz "A > B"
so ergibt sich nämlich:

$$(3): \quad NPD > CDU/CSU \ldots \text{(und andere)}$$
$$(4): \quad CDU/CSU < NPD$$
$$(5): \quad CDU/CSU \approx \text{Vergleichsample}$$
$$(6): \quad FDP > \quad "$$
$$(7): \quad SPD > \quad "$$
$$(8): \quad \text{Nicht-W.} > \text{alle Wähler}$$

Da nun "Vergleichsample" identisch ist mit "alle Wähler"
(oder genauer, wie Tab. 13.1 und 13.2 ja belegen: alle 5 Gruppen: NPD, CDU/CSU, SPD, FDP und Nicht-Wähler), können gar
nicht alle Hypothesen zutreffen: Unabhängig davon, ob der Grup-
pen-Vergleich über Prozentsätze - wie in den Hypothesen formuliert und Tab. 13.2 umgesetzt - oder Mittelwerte - wie in
Tab. 13.1 durchgeführt - erfolgt, es ist gar nicht möglich

eine Gesamtgruppe ("Vergleichsample") so in fünf Teile zu zer-
legen, daß eine Gruppe dem Mittel der Gesamtgruppe entspricht
und alle anderen 4 Gruppen höher liegen.

Anders ausgedrückt: Wenn P der Anteil Inkonsistenter in allen
Gruppen zusammen ist bzw. M der Mittelwert irgendeines In-
konsistenzmaßes, so ist folgendes Gleichungssystem:

$$
\begin{array}{llllll}
1. & \text{CDU/CSU} & = P & \text{bzw.} & M \\
2. & \text{NPD} & = P+w & " & M+a \\
3. & \text{FDP} & = P+x & " & M+b \\
4. & \text{SPD} & = P+y & " & M+c \\
5. & \text{Nicht-Wähl.} & = P+z & " \cdot & M+d \\
\hline
\text{Alle } (1+2+3+4+5) & = P & " & M
\end{array}
$$

überhaupt nur möglich, wenn mindestens ein Wert (w, x, y, z
bzw. a, b, c, d) negativ ist, d.h. mindestens eine Gruppe
einen niedrigeren Anteil von Statusinkonsistenzen aufweist.

Da der Autor sich an gängige Befunde und Annahmen gehalten
hat, ist ihm für diese Inkonsistenz der Hypothesen kein Vorwurf zu machen. Wenn er aber als Ziel der Untersuchung nennt,
das Ausmaß zu prüfen, "in dem die Statuskonsistenztheorie zur
Erklärung ... relevanter politischer Äußerungen ... dienen
kann" (2), so ist natürlich ein wichtiger Befund, daß schon
vor jeder empirischen Erhebung und Festlegung, auf welche
Weise Statusinkonsistenz überhaupt operationalisiert werden
soll, mindestens eine der gängigen Ableitungen aus dieser Theorie für den zu untersuchenden Bereich nicht zutreffen kann.
Und hierauf hätte der Autor - sofern er es bemerkt hätte -
den Leser aufmerksam machen müssen.[2)]

13.2.2. <u>Probleme der Operationalisierung</u>

Der zentrale Punkt für die gesamte Arbeit ist sicher die Operationalisierung - bzw. "Messung" oder "Quantifizierung" - von Statuskonsistenz (bzw. -inkonsistenz). Der erste Schritt dazu ist, die Begriffe "Position" und "Abweichung" auf den drei Statushierarchien irgendwie zu erfassen. Das Vorgehen wird dafür nun scheinbar unter (9) angegeben. Tatsächlich war von inzwischen über 100 Studenten, die sich mit dieser Arbeit befaßten, nicht ein einziger in der Lage, aufgrund dieser Ausführungen die durchgeführten Schritte zu rekonstruieren. Um Mißverständnisse zu vermeiden: Es wird durchaus als legitim angesehen, durch Verweis auf die Literatur ein dort beschriebenes "Verfahren" nicht explizieren zu müssen (sofern die Übernahme unproblematisch ist), nur sollte man dann so konsequent sein, es bei dem Verweis zu belassen.

Tabelle 13.3.: Aus LENSKI (1954)

(a)	(b)	(c)	(d)
10,000 or more	29	95.4–100.0	98
8,000–9,999	15	93.0– 95.3	94
7,000–7,999	19	90.0– 92.9	91
6,000–6,999	58	80.7– 89.9	85
5,000–5,999	82	67.6– 80.6	74
4,000–4,999	137	45.6– 67.5	57
3,000–3,999	191	15.0– 45.5	30
2,000–2,999	57	5.9– 14.9	10
1,000–1,999	21	2.5– 5.8	4
1– 999	10	0.9– 2.4	2
No income	5	0.0– 0.8	0
Total	624		

Da die Vorgehensweise im folgenden wichtig ist, soll sie hier kurz erläutert werden: In der Originalarbeit von LENSKI (1954, 407) findet sich für die Hierarchie "Einkommen" ein gutes Beispiel (Tab. 13.3.).
Von den zunächst willkürlich gewählten Einkommensklassen (a) ausgehend, wird festgestellt, wieviele Personen (der hier ins-

gesamt 624) in jede Klasse fallen (b). Diese Häufigkeiten werden in Prozentwerte umgerechnet, diese Prozentwerte von "No
income" aufwärts addiert ("kumuliert") und die Intervallgren-
zen dieser kumulierten Verteilung angegeben (c). Der endgül-
tige ("Position"s)-Wert, der jeder Einkommensklasse zugeordnet ist (d), ergibt sich einfach als Mittelwert der Klasse
in (c) - z.B.: 95.4-100, Mittelwert=97,7 (gerundet: 98).

Der Effekt dieser Vorgehensweise ist, daß die zunächst doch
recht willkürlich gesetzten Klassengrenzen durch die empirische Verteilung quasi korrigiert werden. Die neu gewonnene
Werte-Verteilung (d) hat dabei in jedem Fall den Mittelwert
50 - d.h. Verteilungen werden vergleichbar, auch wenn die zunächst willkürlich gewählten Klassengrenzen recht unterschiedlich sind.

Analog zur Statushierarchie "Einkommen" werden die Werte auch
für "Beruf" und "Ausbildung" festgelegt. Die willkürlichen
Klassen - die ja zumindest eine Ordnung aufweisen müssen -
werden dabei empirisch aufgrund von Einstufungen vieler Be-
fragter ermittelt. Damit hat jede Person deren Beruf, Ausbildung und Einkommen bekannt ist, auf jeder der drei Hierarchien
einen Wert.

Zur Ermittlung des eigentlichen Statuskonsistenzwertes wird
für jede Person der Mittelwert dieser drei Werte errechnet.
Die drei Abweichungen der Werte von diesem Mittel sind die
(drei) "d", welche nach (10) quadriert, dann addiert werden.
Aus dieser Summe wird die Wurzel gezogen und das Ergebnis von
100 subtrahiert (vgl. (10)). - Soweit die Vorgehensweise zur
Operationalisierung von "Statuskonsistenz".

Aus der Darstellung wurde ersichtlich, daß die Hierarchienwerte auf den drei Variablen "Einkommen", "Beruf" und "Ausbildung" unmittelbar mit der Verteilung der empirischen Daten zusammenhängen. Es wäre daher darauf zu achten, daß die Stich-

probe hinsichtlich dieser Variablen für die BRD repräsentativ ist. Darüber findet man nun allerdings keinen Hinweis, nicht einmal die Angabe, ob der Berechnung der Hierarchienwerte die Zufallsauswahl (mit 51 NPD-Wählern) oder aber die gesamten Daten (mit 407 NPD-Wählern) zugrundeliegt. Im letzteren Fall würden sich die typischen NPD-Muster von Status der Gesamtverteilung stärker aufprägen und bewirken, daß Unterschiede in den Hierarchienwerten bei NPD-Wählern kleiner werden, was sich in einer höheren Statuskonsistenz numerisch ausdrücken würde.

Viel schwerwiegender ist allerdings, daß das von LENSKI übernommene "quantitative Maß von Statuskonsistenz" (10) völlig undiskutiert bleibt. Sicherlich ist eine Vergleichbarkeit mit anderen Arbeiten ein erstrebenswertes Ziel; dies darf den Forscher aber nicht von der Reflexion über übernommene Maße und ihren Aussagegehalt in dem verwendeten Kontext entbinden. Immerhin wird in der Arbeit von "Statuskonsistenz" bzw. "Statusinkonsistenz" geredet und nicht von "Wurzeln aus summierten Differenzquadraten". Es muß also gefragt werden, wie letzteres im Zusammenhang mit ersterem steht und welche Einflüsse dies möglicherweise auf die Daten haben könnte:

Zunächst könnte man als Problem auf die Frage der Skalenqualität verweisen, doch ist diese relativ unbedeutend im Vergleich zu dem Einfluß, der durch die Quadrierung, Summierung und das Wurzelziehen auf die numerische Höhe der "Ergebnisse" ausgeübt wird. Es ist aufschlußreich, wie vorsichtig LENSKI in seiner Originalarbeit bei der Begründung der Wahl von Abweichungsquadraten vorgeht (LENSKI 1954, 408)

> "Die Verwendung von quadrierten Abweichungen vom Mittel statt einfacher Abweichungen wurde eingeführt, um den Effekt von größeren Abweichungen hervorzuheben und den von kleineren Abweichungen zu vernachlässigen. Dies erschien wünschenswert, weil die angewandte Technik zur Quantifizierung der Positionen (oder Intervalle) auf

> den einzelnen Hierarchien ziemlich grob ist, so daß
> auf kleine Abweichungen kein großes Gewicht gelegt wer-
> den kann."
(Hervorhebung und Übers. J.K.)

Es handelt sich bei LENSKI also eher um eine Vorsichtsmaßnah-
me gegen Überinterpretation kleiner Effekte; keinesfalls um
irgendeine theoretische Begründung die in inhaltlichem Zusammenhang mit Statuskonsistenz steht. Die Operation des Wur-
zelziehens wird ebensowenig begründet, geschweige denn, in
inhaltlichen Zusammenhang mit Statuskonsistenz gebracht (der
tatsächliche Grund dürfte darin liegen, daß mit dem Wurzelziehen die Werte etwa die gleiche Größenordnung bekommen, wie
die Ausgangswerte). Zusammengefaßt muß also festgestellt werden, daß es zwar inhaltlich aus dem Konzept der Statuskonsistenz folgt, daß die Abweichungen "d" auf den drei Statushierarchien von einem mittleren Wert betrachtet werden, die
Quadrierung der drei "d"-Werte und das Wurzelziehen hingegen
sind Operationen, für die es keine inhaltlichen Gründe gibt.

Damit wäre neben dem vorgeschlagenen Maß:

$$\text{Statuskonsistenz} = 100 - \sqrt{\Sigma d^2}$$

u.a. die beiden folgenden genau so sinnvoll und inhaltlich
äquivalent (d.h. es gibt kein inhaltliches Kriterium, das aufgrund der Statuskonsistenztheorie zwischen den Maßen differenzieren würde):

$$\text{Statuskonsistenz} = 100 - \Sigma d^2$$

und

$$\text{Statuskonsistenz} = 100 - \Sigma |d|$$

Damit liegt aber genau der in Teil II erörterte Fall vor, daß
inhaltlich gleichwertige manifeste Variablen (die drei Maße)
für dieselbe latente Variable (Statuskonsistenz) vorliegen,

165

die aber nicht durch lineare Transformationen auseinander
hervorgehen. Somit ist die Berechnung von Mittelwerten nicht
zulässig - bzw. können Vergleiche von Mittelwerten Artefakte
der unzulässigen Operation sein. Daß nämlich die drei oben
angeführten Maße (und es ließen sich weitere anführen) zu
völlig unterschiedlichen Ergebnissen führen können, soll kurz
demonstriert werden:

Tabelle 13.4.: M ist das Mittel der drei Hierarchienwerte, X, Y und Z sind die Mittel des
jeweiligen Statusinkonsistenzwertes über
die beiden Personen.

Gruppe	Hierarchien-werte	M	$\Sigma\lvert d\rvert$	$\bar{X}$	Σd^2	$\bar{Y}$	$\sqrt{\Sigma d^2}$	$\bar{Z}$
A	5,5,6 2,6,10	$5,\overline{3}$ 6	$1,\overline{3}$ 8	$4,\overline{6}$	$0,\overline{6}$ 32	$16,\overline{3}$	0,82 5,66	3,24
B	5,6,1o 3,7,9	7 $6,\overline{3}$	6 $6,\overline{6}$	$6,\overline{3}$	14 $18,\overline{6}$	$16,\overline{3}$	3,74 4,32	4,o3
C	4,7,7 5,5,9	6 $6,\overline{3}$	4 $5,\overline{3}$	$4,\overline{6}$	6 $1o,\overline{6}$	$8,\overline{3}$	2,45 3,27	2,86
D	4,5,7 3,7,9	$5,\overline{3}$ $6,\overline{3}$	$3,\overline{3}$ $6,\overline{6}$	5,o	$4,\overline{6}$ $18,\overline{6}$	$11,\overline{6}$	2,16 4,32	3,24

Der rechnerischen Einfachheit halber nehmen wir nur Hierarchienwerte zwischen 1 und 10 an. Ebenso lassen wir die Diffe-
renzbildung zu 100 außer Betracht, da sie nur zur semantischen
Umkehrung der "Inkonsistenz" in "Konsistenz" dient. Ferner
betrachten wir vier "Gruppen" A, B, C und D (die der Leser
auch mit Wählern bestimmter Parteien gleichsetzen kann) mit
jeweils nur 2 Personen. Dann wäre z.B. die in Tab. 13.4. angegebene Werteverteilung möglich. Wie sich aber zeigt, ergeben
sich für den Vergleich der Gruppen A bis D je nach verwende-
tem Maß unterschiedliche Aussagen. Bezeichnen wir mit "X>Y"
wieder die Aussage "X ist inkonsistenter als Y", sehen die
Abfolgen der Statusinkonsistenz wie folgt aus:

Maß	Aussagen	
$\sum \|d\|$	$A = C \leqslant D \leqslant B$	($\bar{X}$)
$\sum d^2$	$C \leqslant D \leqslant A = B$	($\bar{Y}$)
$\sqrt{\sum d^2}$	$C \leqslant A = D \leqslant B$	($\bar{Z}$)

d.h. würde man am Vergleich von Gruppe A (z.B. "politische
Mitte") mit Gruppe D (z.B. "Rechtsradikale") besonders interes-
 essiert sein, so ist A konsistenter, gleich konsistent oder
inkonsistenter, je nachdem welches Maß genommen wird.

Wie jedes Beispiel, so ist auch dieses konstruiert, um bestimmte Aspekte besonders hervortreten zu lassen. Es soll nun
nicht gesagt werden, daß die Ergebnisse in Tab. 13.1. sich
z.B. allein dadurch genau ins Gegenteil verkehrt hätten, wenn
eine andere - aber eben genauso äquivalente - Operationalisierung gewählt worden wäre. Aber es zeigt, daß die Daten und Ergebnisse recht anfällig gegenüber solchen unterschiedlichen
"Quantifizierungen" sein können. Zumindest ist eine erhöhte
Vorsicht gegenüber der numerischen Größe der so erhaltenen
"Ergebnisse" geboten. Die Aussagekraft wird zudem dann erheblich geschmälert, wenn noch weitere Unsicherheiten bei der Ab-
schätzung der Gültigkeit der Ergebnisse hinzukommen, wie unten
gezeigt werden wird.

13.2.3. <u>Probleme der Repräsentativität</u>

In Tab. 13.1. stellt der Autor die Mittelwerte der Statuskon-
sistenzmessungen für die fünf untersuchten Gruppen einander
gegenüber. Dem Leser, der wissen möchte, wie diese Mittelwerte zustande gekommen sind, eröffnet sich ein großes Problem:
Offensichtlich wurden nämlich nicht die Werte nach dem eben
diskutierten Berechnungsmodus als Basis verwendet, sondern
der Autor spricht mehrfach von einer durchgeführten "Standardisierung" bzw. "Kontrolle" (11-13 und Fußnoten zu Tab.13.1u.2)

Der erste Teil der Begründung für eine solche Maßnahme leuchtet ein: Politisches Verhalten kann genausogut - oder gar mehr - durch die <u>Höhe</u> des Status selbst, als durch seine <u>Inkonsistenz</u> beeinflußt werden. Allerdings ist deswegen überhaupt nicht klar, wie deshalb für die hier untersuchten Zusammenhänge in Tab. 13.1. oder 13.2. "unkontrollierbare, unerwünschte Effekte" (12) auftreten sollen. Konkret: Wenn z.B. die NPD-Wähler einen geringeren Status haben als der Bevölkerungsdurchschnitt, wird deshalb der Mittelwert der Statuskonsistenzwerte höher, oder niedriger als angegeben? Es fällt schwer, hier überhaupt irgendeinen Zusammenhang oder "Effekt" zu erkennen, es sei denn, man nimmt so extrem hohe oder niedrige Statuswerte an, daß numerisch die Variabilität beeinträchtigt würde - allerdings gibt es für eine solche Möglichkeit überhaupt keine Hinweise.

Die Ungereimtheit wird noch größer, wenn man versucht herauszufinden, was denn konkret gerechnet wurde. Zuerst schreibt der Autor, die Variablen wurden "konstant gehalten" und nun weiter: "oder durch Eliminierung einer bestimmten Anzahl von Lochkarten standardisiert" (12). Gibt dieser Satz allein schon zu denken - wie ist das "oder" zu verstehen? Als "mal so, mal so"? Und welche Technik der "Standardisierung" ist es, bei der man Lochkarten eliminiert? - so folgt noch eine dritte Version: Danach werden "die Statuskonsistenzmittelwerte" verglichen "und anschließend" standardisiert (13).

Für beide - inhaltliche und operationale - "Merkwürdigkeiten" könnte die Arbeit von LENSKI, auf die sich der Autor ja bezieht, einen Hinweis abgeben. LENSKI ging nämlich so vor, daß er bei jenen Personen mit hoher Statuskonsistenz und bei jenen mit niedriger jeweils registrierte, wieviel Prozent (in verschiedenen Wahljahren) die Demokratische Partei wählten. Bei diesem Vorgehen ist "Statuskonsistenz" die unabhängige und "Wahlverhalten" die abhängige Variable, und bei dieser Konstellation ist es tatsächlich von entscheidender Bedeutung,

daß jene mit hoher Status<u>konsistenz</u> auf den Statusdimensionen keine wesentlich andere <u>Höhe</u> einnehmen als jene mit niedriger Statuskonsistenz. Wäre hier nämlich ein Zusammenhang
zwischen Status<u>konsistenz</u> und Status<u>höhe</u>, so könnte man nicht
mehr differenzieren, ob erstere oder letztere die unterschiedlichen Prozentsätze bei der Wahl der Demokratischen Partei
beeinflußt. <u>Hier</u> müssen also tatsächlich die Statushierarchien
konstant gehalten werden. LENSKI tat dies, indem er z.B. 34
Fälle mit dem höchsten Einkommen eliminierte und damit eine
zunächst unterschiedliche Höhe in der Position auf der Ein-
kommenshierarchie für jene mit niedriger und jene mit hoher
Statuskonsistenz nivellierte. Natürlich gab LENSKI in einer
Tabelle die unkorrigierten und die korrigierten Werte und die
entsprechenden Fallzahlen an (1954, 409).

Im vorliegenden Fall aber gibt der Autor weder korrigierte
Werte noch korrigierte Fallzahlen an. Stattdessen sind sowohl
in Tab. 13.1. als auch in Tab. 13.2. sämtliche Personen der
Stichprobe angeführt und keiner zum Zwecke der Kontrolle eliminiert.

Zusammen mit der inhaltlichen und operationalen Ungereimtheit
der Darstellung zu diesem Punkt, muß zumindest der Verdacht
entstehen, der Autor habe die entsprechende Passage einfach
aus der Arbeit von LENSKI übernommen, dabei aber gar nicht bemerkt, daß diese Vorgehensweise für seinen Kontext (Tab. 13.1.)
keinen Sinn hat, weil sein Untersuchungsansatz in diesem
Punkt anders ist, als der von LENSKI. Für Tab. 13.2. wäre
eine solche Kontrolle der Statushöhe zwar möglich gewesen,
doch schreibt der Autor zu dieser Tabelle selbst, daß keine
neuen Erkenntnisse gewonnen wurden (20) und er gibt weder
korrigierte Werte noch Fallzahlen an. Somit muß vermutet werden, daß auch hier eine solche Prüfung gar nicht stattgefunden
hat (in jedem Falle handelt es sich um eine zusätzliche <u>Prü-
fung</u> und nicht um eine "Standardisierung" von Daten - womit
die obige "dritte" Version des Autors noch am ehesten stimmt).

Eine weitere Unstimmigkeit, die auffällt, bevor Tab. 13.1.
überhaupt genauer analysiert werden kann, besteht zwischen
der Formulierung der Hypothesen und ihrer Prüfung. Immerhin
führt der Autor zu Tab. 13.1. aus, daß "unserem theoretischen
Ausgangspunkt folgend ... das Zutreffen oder Nichtzutreffen
der erwarteten Verhältnisse aufgezeigt" wird (14). In den
oben bereits diskutierten Hypothesen (3-8) wird immer von der
Höhe des Prozentsatzes Statuskonsistenter gesprochen. Geprüft
wird in Tab. 13.1. aber jeweils die Höhe der Statuskonsistenz
selbst. Es handelt sich hier zwar nicht um einen gravierenden
Unterschied, doch wäre er zumindest der Erwähnung durch den
Autor wert gewesen.

Betrachtet man nun die Mittelwerte in Tab. 13.1., so muß zunächst festgestellt werden, daß der Autor das Problem der Repräsentativität hier nicht ganz übersehen hat, denn man findet
in der Fußnote den Hinweis, daß der Mittelwert für "alle Wähler" (gemeint ist: alle Gruppen, d.h. "alle Wahlberechtigten"
es sei denn, man definiert Nicht-Wähler als "Wähler") nur auf
der Basis der Zufallsstichprobe von 1252 Fällen - darunter
51 NPD-Wähler - ermittelt wurde und nicht etwa alle 407 NPD-
Wähler in die Berechnung mit eingingen. Dies ist richtig und
notwendig, da sonst der Gesamtmittelwert durch den überproportional großen NPD-Anteil, der ja den höchsten Mittelwert hat,
wesentlich höher ausgefallen wäre.

Wenn der Autor somit sieht, daß eine unterschiedliche Zusammensetzung "aller Wähler" den Mittelwert verändern kann - und
dieser ja als Vergleichsmaßstab der Angelpunkt seiner gesamten Interpretation ist - hätte man sich Erörterungen darüber
gewünscht, ob wohl die Zufallsstichprobe repräsentativ ist,
oder aber andere Partei-Anhänger über- oder unterrepräsen-
tiert sind.

Nun ist eine solche Frage zur Repräsentativität der Parteien-
präferenz üblicherweise nicht zu beantworten, sondern man kann

nur darauf vertrauen, daß eine Zufallsstichprobe eben hin-
länglich gering verzerrt ist. In diesem besonderen Fall, wo
die Erhebung ja unmittelbar vor der Bundestagswahl durchgeführt wurde, liegen die Dinge aber anders. Durch das Wahlergebnis haben wir eine Information über die Verteilung in der
Grundgesamtheit BRD. Die Wahlbeteiligung 1969 betrug 86,7%,
d.h. 13,3% der wahlberechtigten Bevölkerung war "Nicht-Wähler". Vergleicht man diese Tatsache mit den "Nicht-Wählern"
in Tab. 13.1., so wären bei 1252 Personen nicht die angeführten 39, sondern rund 167 "Nicht-Wähler" zu erwarten gewesen,
also ein doch beträchtlicher Unterschied. Dieser Anteil von
ca. 13% ist - vergleicht man unterschiedliche Bundestagswahlen - sicher typischer als die 3% (= 39 Personen) der Stichprobe. Das entspricht auch der empirischen Praxis der Wahlfor-
schung, wo sich Personen lieber einer Partei zuordnen als
ihre Apathie zu bekunden. Die realen Nicht-Wähler sind bei
der Befragung somit zu einem überwiegenden Teil in den anderen vier Gruppen vertreten.

Diese Abweichung der Nicht-Wähler zwischen Stichprobe und
Wirklichkeit führt nun aber in ein Dilemma: Wenn Nicht-Wähler
in den anderen Gruppen sind, und gleichzeitig Nicht-Wähler
(laut Theorie und auch nach den in Tab. 13.1. zunächst angegebenen Werten) sehr niedrige Statuskonsistenz-Werte haben,
werden dadurch die Mittelwerte der anderen Gruppen niedriger.
Das würde aber bedeuten, daß die Interpretation der Mittel-
wertunterschiede auf noch wackeligeren Füßen steht, zumal die
Gruppen unterschiedliche Proportionen an Nicht-Wählern enthalten können. Die Einflüsse sind unkontrollierbar.

Es ist daher wohl sinnvoller, die errechneten Gruppenmittel-
werte als hinreichend typisch für diese Gruppen zu postulieren (und es handelt sich hierbei wohlgemerkt um eine Annahme,
die aber zur weiteren Interpretation der Werte notwendig ist).
Dann aber muß die Zusammensetzung der Stichprobe so korrigiert
werden, daß die Proportionen in der Stichprobe mit denen der

Grundgesamtheit übereinstimmen. Das bedeutet, die Stichprobe wird als <u>geschichtete</u> Stichprobe rekonstruiert, wobei die amtlichen Wahlergebnisse zur Korrektur dienen.

Wenn man auf diese Weise beginnt, den Gesamtmittelwert zu hinterfragen, fällt zunächst noch eine weitere Ungereimtheit in den Daten auf. Unter den angegebenen Bedingungen muß sich der Mittelwert bei unkorrigierter Stichprobe ergeben, indem die Fälle je Gruppe mit den Gruppenmittelwerten multipliziert, diese Produkte addiert werden, und man dann durch die Gesamtzahl 1252 teilt, d.h.:

$$
\begin{aligned}
\text{Gesamtmittel (unkorrigiert)} = (\ &51 \times 70,8 &&\text{(NPD)} \\
+\ &581 \times 61,3 &&\text{(SPD)} \\
+\ &82 \times 54,0 &&\text{(FDP)} \\
+\ &499 \times 63,4 &&\text{(CDU/CSU)} \\
+\ &39 \times 55,1) &&\text{(Nicht-Wähler)} \\
:\ &1252 \\
=\ &61,85
\end{aligned}
$$

Merkwürdigerweise ergibt sich aber nicht der angegebene Wert 62,5, sondern ein etwas kleinerer Wert, nämlich 61,85. Ob ein Rechenfehler des Autors vorliegt, oder was sonst zu dieser Abweichung führt, kann nicht gesagt werden (selbst wenn <u>sämtliche</u> Werte als abgerundet angesehen werden, man also statt 70,8 nun 70,84 setzt, ergibt sich als Gesamtmittel nur 61,90).

Um nun das Gesamtmittel aufgrund der korrigierten Stichprobe zu berechnen, werden anhand der amtlichen Statistik über das Wahlergebnis 1969 die Anteile der fünf Gruppen an den Wahlberechtigten ermittelt (die "bekannten" Prozentsätze für die Parteien verringern sich dabei, weil diese nicht auf alle Wahlberechtigten, sondern auf alle abgegebenen gültigen Stimmen bezogen sind). Daraus ergeben sich die Gewichtungsfaktoren für die einzelnen Gruppen, um den Gesamtmittelwert zu berechnen:

```
Gesamtmittel (korrigiert)    = (  3,73 x 70,8      (NPD)
                             +  37,06 x 61,3      (SPD)
                             +   5,03 x 54,O      (FDP)
                             +  40,02 x 63,4      (CDU/CSU)
                             +  13,3  x 55,1)     (Nicht-Wähler)
                             :  99,11
                             =  61,3
```

Als Gesamtmittel ergibt sich somit 61,3, was zufällig auch
der Gruppenmittelwert für die SPD ist (daß oben durch 99,11
und nicht durch 100 dividiert wurde, liegt an den Stimmen,
die von allen Wahlberechtigten auf andere, als die angegebenen Parteien abgegeben wurden).

Wollte man nun nur die Größe dieses Wertes in Relation zu den
anderen Gruppenmittelwerten setzen, so müßte man feststellen,
daß immerhin drei der vorhergesagten Effekte nicht zutreffen,
denn nun sind nicht die CDU/CSU-, sondern die SPD-Wähler jene,
die dem "Vergleichsample" entsprechen. SPD-Wähler wären damit
nicht statusinkonsistenter als der Schnitt der Bevölkerung.
Doch sind die bisher aufgezeigten Probleme so groß, daß die
Unsicherheit der Daten größer ist, als die zu "interpretieren-
den Effekte". Dasselbe gilt aber natürlich erst recht für
Aussagen aufgrund der unkorrigierten Daten!

13.2.4. <u>Probleme der Interpretation</u>

Der Autor selbst ist nun allerdings weit entfernt davon, bei
der Interpretation seiner "Ergebnisse" zurückhaltende Vorsicht zu üben. Obwohl sogar nach seinen eigenen unkorrigierten Werten zwischen Gesamtgruppe und SPD-Wählern ein minimaler
Unterschied besteht, der auch nicht einmal signifikant wird,
findet der Autor, daß der Mittelwert in die vorausgesagte
Richtung weist (15). Zwar konzidiert er selbst: "Für sichere
Aussagen ist der Zusammenhang zu schwach", schreibt dann aber
später wieder ungeniert "obgleich SPD-Anhänger zu einer höheren Statusinkonsistenz neigen als CDU/CSU-Wähler". Sie neigen

nicht! Jedenfalls nicht aufgrund der Daten - selbst wenn man
die Daten des Autors nimmt.

Dieses gebrochene Verhältnis zu den eigenen gewählten formalen Modellen und Kriterien ist nur allzu häufig in der empirischen Sozialforschung. Da werden dann zwar Signifikanztests
gerechnet, aber wenn sich die - gemäß dem Modell als ernst-
haft unterstellte! - Nullhypothese, daß alles auch rein zufällig sein könnte, nicht widerlegen läßt, war plötzlich alles
nicht mehr so ernst gemeint: Die Zusammenhänge "sieht" man ja
trotzdem. Der Zufall, der zufällig in die erwartete Richtung
zeigt, ist wohl doch zu schön, als daß man die Finger davon
lassen könnte, ihn zum interpretierbaren Effekt zu erheben.
Hier wird der Signifikanztest selbst zum Artefakt: Indem er
seinem Kontext, der Prüfung einer zumindest hinreichend plau-
siblen Hypothese, entkleidet und zum sinnlosen Ritual wird.
Da kann man denn auch feststellen, daß ein Unterschied "viel
größer" ist, "als er für statistische Signifikanz erforderlich wäre" (18). Empirische Sozialforschung im Dienste der
Signifikanz; und der ganze Aufwand nur, um eine Hypothese zu
widerlegen an die weder man selbst noch irgendein anderes
Mitglied der scientific community jemals im entferntesten geglaubt hätte. Da ist denn auch dem - möglicherweise nicht einmal satirisch gemeinten - Satz, "es ist weitaus schwieriger,
einen Zusammenhang zu erklären als ihn aufzuzeigen" (19),
nichts mehr hinzuzufügen!

Etwas merkwürdig ist auch die Aussage des Autors über die Bedeutung der Daten in Tab. 13.2. Einerseits stellt er fest:
"Hier wurden keine neuen Erkenntnisse gewonnen." (20), andererseits meint er: "Einige Zusammenhänge werden allerdings
klarer sichtbar, ..." (21) um dann letztlich wieder festzu-
stellen: "Die scheinbar deutlicheren Unterschiede ... sind
jedoch Artefakte ..." (22) - ja, was denn nun, möchte man
fragen.

Nachdem der Autor aber bei dem nicht-signifikanten minimalen Unterschied von SPD-Wählern zum Gesamtmittel in Tab. 13.1. zu der oben kritisierten Erkenntnis kommt, daß SPD-Wähler zu einer höheren Statusinkonsistenz neigen, hätte er aus Tab. 13.2. nun eigentlich doch "neue Erkenntnisse" ziehen müssen. Immerhin weicht der CDU/CSU-Prozentsatz in dieser Tabelle signifikant von dem für "alle Wähler" ab. Doch dieser "Effekt" ist nicht im Sinne der Hypothesen, und so wird er denn geflissentlich übersehen - ja, mehr als das, das Chi-Quadrat wird sogar an dieser Stelle falsch berechnet, so daß der Unterschied als nicht signifikant erscheint. Tatsächlich aber ergibt sich ein Chi-Quadrat-Wert von 4,62:[3)]

	erwartete Werte	beobachtete Werte
Statuskonsistente	50,7%, d.h. N=253	55,6%, d.h. N=277
Inkonsistente	49,3%, d.h. N=<u>246</u>	44,4%, d.h. N=<u>222</u>
	499	499

$$\text{Chi}^2 = \frac{24^2}{253} + \frac{24^2}{246} = 4,62$$

Es soll dabei gar nicht unterstellt werden, daß der Autor bewußt die Ergebnisse gefälscht hat. Nach den in Teil II vorgetragenen Erkenntnissen zur Artefakteforschung werden eben bevorzugt solche Ergebnisse wahrgenommen, die erwartet werden und in die Hypothesen passen; ebenso werden Rechenfehler bevorzugt in Richtung auf die Hypothesen gemacht (bzw. bei der Korrektur von Rechenfehlern bevorzugt solche berücksichtigt, die gegen die Hypothesen sprechen).

13.2.5. <u>Resümee</u>

Die Kritik zusammenfassend muß zuerst festgestellt werden, daß der Autor aus der Statuskonsistenztheorie (und Befunden anderer) ein Hypothesenset konstruiert, daß sich bereits logisch widerspricht: Noch <u>vor</u> einer Entscheidung über die Operationalisierung und vor einer empirischen Erhebung kann so schon

gesagt werden, daß mindestens eine der Hypothesen nicht zutreffen kann.

Obwohl der Autor dann selbst darauf hinweist, daß die operationalen Definitionen von Statuskonsistenz von anderen schon
in Frage gestellt wurden, übernimmt er völlig undiskutiert
ein solches Maß, ohne sich und dem Leser Rechenschaft darüber
abzulegen, welchen Einfluß dieses spezielle Maß auf die Ergebnisse haben könnte. Wie stark aber die Ergebnisse vom gewählten Maß abhängig sind, wurde hier demonstriert - dies
läßt die Aussagekraft der Ergebnisse bereits erheblich
schrumpfen.

Darüber hinaus werden laut Angaben des Autors die Daten einer
ominösen "Standardisierung" unterzogen, deren inhaltliche Begründung - im Gegensatz zu einer vergleichbaren Arbeit von
LENSKI - völlig unzureichend ist, und deren formale Beschreibung mehrfach widersprüchlich ist.

Die ohnehin schon beeinträchtigte Aussagekraft der Ergebnisse
wird weiter wesentlich geschmälert, indem der Autor Vergleiche
von Mittelwerten anstellt, die nur teilweise einer geschichteten Stichprobe entsprechen. Das Problem der Repräsentativität
wird überhaupt nicht diskutiert, obwohl z.B. die Nicht-Wähler
nur mit einem Bruchteil ihres wirklichen Anteils an den Wahlberechtigten vertreten sind, und mit der Repräsentativität
auch gewichtige inhaltliche Probleme verbunden sind. Wie z.B.
durch Korrektur der Daten durch das amtliche Ergebnis der
Bundestagswahl 69 gezeigt wird, verändern sich für zwei weitere Gruppen allein aufgrund dieses Schrittes die Werte so,
daß eine andere Interpretation als vorgeschlagen daraus folgt.

Bei der anschließenden Interpretation der Daten werden dann
auch nicht-signifikante Unterschiede interpretiert - Unterschiede also, die der dem Signifikanztest inhärenten Hypothese zufolge selbst als rein zufällig klassifiziert worden

sind. Ein anderes signifikantes Ergebnis - das allerdings
gegen eine der geäußerten Hypothesen spricht - wird hingegen
vom Autor aufgrund eines "Rechenfehlers" übersehen.

Insgesamt gesehen werden die Probleme und Entscheidungen im
Forschungsablauf - Hypothesenbildung, Operationalisierung,
"Standardisierung", Mittelwertbildung, Repräsentativität,
Signifikanztests - nicht diskutiert, obwohl sie erheblichen
Einfluß auf die getroffenen Aussagen haben. Teilweise sind
die durchgeführten Schritte nur schwer oder sogar überhaupt
nicht rekonstruierbar, d.h. der Leser wird nicht in die Lage
versetzt, sich ein Bild über mögliche Grenzen der Aussagen,
Schwächen im Forschungsprozeß und mögliche Alternativen bei
Entscheidungen zu machen.

Es wird so getan, als wären die numerischen Ergebnisse für
sich stichhaltig und die inhaltliche Interpretation lediglich
eine Umsetzung der "harten" Fakten. Daß dies eine totale Fehleinschätzung ist, daß nämlich die numerischen "Fakten" von
den Entscheidungen abhängen und wie damit die inhaltichen Ergebnisaussagen in ihr Gegenteil umkippen, wurde gezeigt.

13.3. <u>Gesamtbewertung</u>

Der Bruch zwischen Theorie und Empirie - oder bescheidener:
zwischen inhaltlichen und methodischen Überlegungen - tritt
in der diskutierten Arbeit an mehreren Stellen auf. So wird
bei der Formulierung der Hypothesen - welche aus Ergebnissen
gefolgert werden, die aus unterschiedlichen Arbeiten und Un-
tersuchungskontexten zusammengetragen wurden - nicht darauf
geachtet, daß diese nicht unter <u>einem</u> Kontextrahmen verein-
bar sind. Empirische Befunde und Annahmen aus unterschiedlichen Zusammenhängen zu Hypothesen zu formulieren, auch wenn
sie sich auf einen ähnlichen Aspekt von Realität beziehen,
macht aber noch keine Theorie aus. Auch wenn der Autor immer

von "der Theorie" über Statuskonsistenz spricht, so muß eben
festgestellt werden, daß es die Theorie nicht gibt, sondern
eine Reihe theoretischer Annahmen verschiedener Autoren, die
nur bedingt zusammenhängen. Gerade das und die Widersprüche
hätte der Autor bei der geschlossenen Präsentation seiner
Hypothesen feststellen können.

Der nächste Bruch ist dort zu verzeichnen, wo die Hypothesen
implizit (oder sogar ziemlich explizit!) Operationalisierungen der Relation "statusinkosistenter als" enthalten, nämlich
als "höherer Anteil an Inkonsistenten als", aber in Tabelle 1
Inkonsistenzwerte für die einzelnen Personen berechnet und
dann gemittelt werden. Mittelwert und Anteil aber sind zwei
Paar Stiefel.

Auch daß die Stichprobe verzerrt ist, liegt wohl kaum daran,
daß der Autor nicht über die methodischen Kenntnisse verfügen würde, wie man ggf. mit einer geschichteten Stichprobe
umgeht, sondern daß nicht wahrgenommen wird, daß sich scheinbar "methodische" Entscheidungen - nämlich die Daten (bis auf
den NPD-Anteil) so zu verrechnen, wie sie angefallen sind -
eben auch inhaltliche sind, da sie gravierende inhaltliche
Konsequenzen haben, denn in diesem Fall drehen sich allein
durch diese Entscheidung zwei von fünf Aussagen um. Einen Mittelwert über fünf Werte zu berechnen ist zwar eine (triviale)
methodische Angelegenheit, dennoch (oder gerade deswegen)
muß gefragt werden, was ein solcher Parameter eigentlich repräsentiert und wieweit er der inhaltlichen Sachlage gerecht
wird, d.h. von welchen methodischen Voraussetzungen er abhängt
und was diese wiederum inhaltlich bedeuten und wie sie sich
auswirken.

Analog ist auch die völlig widersprüchliche und diffuse Erläuterung über die "Standardisierung" zu werten. Wenn die Daten tatsächlich transformiert wurden (wogegen allerdings die
Zahlen in den Tabellen sprechen), müßte deren inhaltliche Kon-

sequenz diskutiert werden, ebenso die Frage, warum es z.B. problematisch werden würde, wenn die NPD-Wähler besonders konsistent sind und einen höheren Status aufweisen als andere Wähler. Es muß hier aber eher vermutet werden, daß eine methodische Anmerkung aus anderen Arbeiten einfach übernommen wurde, ohne deren Sinn zu durchschauen und ohne die erforderlichen Operationen wirklich durchzuführen.

Der Umgang mit Signifikanztests zeigt - wie bereits gesagt wurde - ebenfalls die Verwendung eines methodischen Konzepts "frei" von seinem sinnvollen Kontext: Der Signifikanztest ist ein formalisierter Entscheidungsvorgang, sozusagen das mathematisch-statistische Modell eines Diskurses nach bestimmten Gesichtspunkten. Jedenfalls liefert das Modell eine präzise Entscheidung darüber, wann unter den zwangsläufig mit diesem Modell verbundenen Bedingungen eine Aussage (Arbeitshypothese) behauptet werden darf und wann nicht. Kein Wissenschaftler wird nun gezwungen sich diesem Modell zu unterwerfen - er könnte den Diskurs auch in diesem Punkt führen. Wenn er dies aber tut, darf er Aussagen, die nach dem Modell nicht sinnvoll sind, nicht deswegen treffen, weil sie in seine Weltansicht passen, ebenso wie er andere nicht unterschlagen darf. Daß dies hier trotzdem geschieht zeigt, daß die "Methode" zum sinnlosen Ritual wird.

Das Kernproblem in dieser Arbeit aber ist wohl die Operationalisierung. Daß alternative Möglichkeiten mit keinem Wort diskutiert werden zeigt, daß der Autor sich überhaupt nicht bewußt ist, welche Auswirkungen die konkreten mathematischen Schritte auf die inhaltlichen Aussagen haben. Hier werden mit der "Methode" also scheinbar ausgehandelte Selbstverständlichkeiten vereinnahmt. Wie gezeigt wurde, ist die Bedeutung der Operationalisierung aber weder selbstverständlich noch ausgehandelt. "Statuskonsistenz" ist eben nicht identisch mit "Wurzel summierter Differenzquadrate", sondern letzteres stellt (bestenfalls) eine Perspektive des ersteren dar. Aus-

sagen über Statuskonsistenz können somit erst im Diskurs mit
Forschern, die andere Perspektiven eingenommen haben (aber
zum gleichen Gegenstand, nämlich BRD) intersubjektive Gültigkeit gewinnen - oder indem der Autor selbst zunächst andere
Perspektiven diskutiert (d.h. alternative Operationalisierungen durchführt und deren Konsequenzen auf die Ergebnisse diskutiert, was dem Diskurs dann mehr Information zugrundelegen
würde).

Diese Arbeit ist insbesondere in sofern typisch, als m.E. empirische sozialwissenschaftliche Publikationen von solchen
fragwürdigen (im positiven Sinne) Operationalisierungen wim-
meln, die aber eben nicht hinterfragt oder diskutiert sondern
als bereits verobjektivierte Erkenntnisse dargestellt werden.
Dazu soll als Beleg eine weitere Arbeit aus dem Untersuchungs-
bereich "Statuskonsistenz" herangezogen werden:

So kritisiert ein Autorenteam in einer Studie über "Statusinkonsistenz, soziale Abweichung und das Interesse an Veränderungen der politischen Machtverhältnisse"[4] zunächst die Umsetzung der Operationalisierung in der Statuskonsistenzfor-
schung; wenn Statusdevianz nämlich die Abweichung von aktua-
lisierten typischen Statusmustern bedeutet und Statusdispa-
rität die Unterschiede auf den Statusdimensionen, so wird in
den Theorien im allgemeinen Inkonsistenz als erstere konzipiert, gemessen hingegen wird die letztere.

Diesem Einwand muß inhaltlich voll zugestimmt werden: Warum
sollte z.B. ein Altwarenhändler, der auf den Dimensionen "Ausbildung" und "Berufsprestige" keine hohen Werte erreicht,
wohl aber ggf. auf der Dimension "Einkommen" sich dann deviant
fühlen - und entsprechend handeln - wenn dieses Muster für
alle Altwarenhändler, mit denen er verkehrt eben typisch ist,
er "sein" Muster als "normal" ansehen kann und muß?

Diese - selbst so verkürzt dargestellt - überzeugende Argumentation setzt für die praktische empirische Erhebung allerdings voraus, daß es gelingt, solche typischen Statusmuster für die jeweiligen Individuen konkret aufzufinden. Die Autoren verwenden dazu in einer Erhebung an 1438 Personen für die drei Dimensionen "Ausbildung", "Berufsprestige" und "Einkommen" eine 5-stufige Einteilung. Für die Ausgangswerte ergibt sich nach diesen Einteilungen:

Tabelle 13.5.: Aus dem Originaltext

Rang-ziffer	Berufsprestige-kategorie	N	Einkommens-kategorie	N	Ausbildungs-kategorie	N
5	freie Berufe, größere Selbständige, Beamte des höheren Dienstes	41	1500 DM und mehr	155	Universität mit Abschluß	52
4	größere Landwirte, mittlere Selbständige, gehobene Beamte, leitende Angestellte	198	1000 bis 1499 DM	287	Abitur, höhere Fachschule, Universität ohne Abschluß	104
3	mittlere Landwirte, kleine Selbständige, mittlere Beamte, qualifizierte Angestellte, höchstqualifizierte Arbeiter	384	800 bis 999 DM	414	Handelsschule, höhere Schule bis Obertertia, mittlere Reife, höhere Schule ohne Abitur	183
2	kleine Landwirte, einfache Beamte, ausführende Angestellte, Facharbeiter	548	600 bis 799 DM	427	Volksschule mit Lehre	824
1	angelernte und ungelernte Arbeiter, landwirtschaftliche Arbeiter	267	bis 599 DM	155	Volksschule ohne Lehre	275
		1438		1438		1438

Um nun die typischen Statusmuster herauszubekommen, werden die Verteilungen kreuztabelliert; da aber _eine_ Kreuztabelle mit allen _drei_ Dimensionen wohl zu kompliziert wäre, wählen sie _drei_ Kreuztabellen mit jeweils _zwei_ Dimensionen - also Beruf-Ausbildung, Beruf-Einkommen und Ausbildung-Einkommen.

Diese Kreuztabellen sind Grundlage für die zu berechnenden
Devianz-Werte. Das soll an einer Tabelle (Einkommen-Ausbil-
dung) erläutert werden - wobei allerdings gleich die proble-
matischste gewählt wurde:

Tabelle 13.6.: Aus dem Originaltext

Ausbildungs-kategorien	Einkommenskategorien 1	2	3	4	5	Gesamt
5	1	1	3	10	(37)	52
4	5	6	17	(38)	(38)	104
3	8	18	48	(75)	34	183
2	[71]	[285]	[280]	[145]	[43]	824
1	70	(117)	66	19	3	275
Gesamt	155	427	414	287	155	1438

O = E (A) häufigster (erwarteter) Einkommensstatus auf der Basis von Ausbildung
□ = A (E) häufigster (erwarteter) Ausbildungsstatus auf der Basis von Einkommen

Wie die Tabelle zeigt, hat eine Person mit der niedrigsten
Einkommenskategorie "1" am ehesten eine Ausbildung in Kategorie "2", denn dort liegen 71 von 155 Personen (71). Ausbildung "2" wäre somit der erwartete Wert für jemanden, der
Einkommen "1" hat. Hat jemand hingegen empirisch die Ausbildung "2", so ist der erwartete Wert für sein Einkommen nicht
"1", sondern ebenfalls "2", denn in dieser Einkommenskatego
rie liegen 285 Personen von den 824 Personen mit der Ausbildung "2" (285).

Nehmen wir nun an, eine Person läge empirisch in Kategorie
"3" für Einkommen und in Kategorie "4" für Ausbildung - also
jemand, der nach Tab. 13.5 höhere Fachschule absolvierte und
ein Einkommen zwischen 800 und 999 DM hat. Seine Erwartungswerte wären dann: Ausbildung "2" und Einkommen "4" oder "5"
(also wohl 4,5 - worauf die Autoren allerdings nicht eingehen).
Es ergibt sich dann als Devianzwert die Summe der Abweichun-

gen von empirischen und erwarteten Werten, d.h. in diesem
Falle:

	empirischer Wert	erwarteter Wert	Diff.
Einkommen	3	4,5	1,5
Ausbildung	4	2	2
Devianzwert			3,5

Als Maß für die Devianz verwenden die Autoren nun die Summe
dieser drei Werte (die sich einmal aus dem Vergleich Einkom-
men-Ausbildung - wie oben - ergeben und analog Einkommen-Be-
rufsprestige und Ausbildung-Berufsprestige).

Diese Operationalisierung scheint zunächst einmal recht sinnvoll zu sein. Etwas Zweifel sind sicher bei der Addition der
Werte angebracht, weshalb man zusätzlich andere Verrechnungen
erproben und ihre Auswirkung auf die Ergebisse untersuchen
müßte. Aber das ist nicht der Kern Kritik. Vielmehr zeigt
sich beim genaueren Hinsehen, daß doch einige Merkwürdigkeiten in diesem Falle am Sinn der Aussagen zweifeln lassen. So
fällt nämlich auf, daß die Häufigkeitsverteilung in den drei
Dimensionen (Tab. 13.5) sehr unterschiedlich ist; besonders
auffällig ist die Kategorie "2"-Ausbildung (Volksschule mit
Lehre) mit 824 von 1438 Personen - also fast 60% in einer
Kategorie.

Es ist nun zu befürchten, daß eine so überbesetzte Kategorie
die anderen bei der Berechnung der Erwartungswerte majorisie-
ren wird. Schaut man sich daraufhin Tab. 13.6. genauer an,
so fällt sofort ins Auge, daß tatsächlich alle Spalten in
Zeile 2 ihr Maximum haben. Das bedeutet inhaltlich, daß z.B.
"erwartet" wird, daß jemand mit dem höchsten Einkommen ("5")
nur Volksschule mit Lehre hat, wenn jemand mit dem höchsten
Einkommen hingegen eine bessere Berufsbildung als Volksschule
hat, ist das eher nicht "erwartet".

Prüft man daraufhin einmal die Logik der Operationalisierung
an Extrembeispielen, so ergibt sich für jemanden, der in den
Dimensionen Einkommen und Ausbildung jeweils in Kategorie "5"
liegt in Vergleich zu jemandem, der Ausbildung "2" und Einkommen "4" hat:

	empir. Wert	erwart. Wert	Diff.	empir. Wert	erwart. Wert	Diff.
Einkommen	5	5	O	4	2	2
Ausbildung	5	2	3	2	2	O
Devianzwert			3			2

Das bedeutet inhaltlich, daß in dieser Tabelle jemand, der
mit der höchsten Ausbildung auch das höchste Einkommen hat
inkonsistenter ist als jemand, der mit der zweitniedrigsten
Ausbildung das zweithöchste Einkommen besitzt. Das ist von
den Autoren wohl kaum beabsichtigt, ergibt sich aber als Folge der Kategorisierung im Zusammenhang mit der weiteren Operationalisierung.

Auch hier findet man wieder, daß die Tragfähigkeit der Aussagen, die über die Operationalisierungen - oder allgemeiner:
über die formalen numerischen Operationen - entstehen, überhaupt nicht hinterfragt wird.

Um unsere Kritik nochmals auf den Punkt zu bringen: Bemängelt
wird nicht, _daß_ diese Operationalisierung gewählt wird - es
hat eben jede Umsetzung theoretischer Konzepte in empirische
Vorgehensweisen ihre Vor- und Nachteile. Bemägelt wird vielmehr, daß diese Probleme nicht benannt, nicht diskutiert und
nicht gegenüber Abhilfen untersucht werden, d.h. daß man sich
dem notwendigen Diskurs entzieht und so tut, als hätten die
Ergebniszahlen "an sich" schon irgendeinen Sinn. Gerade aber
dadurch, daß diese Probleme nicht als solche erkannt werden,
nimmt man sich die Möglichkeit, die Einflüsse unterschiedlicher Operationalisierungen zu testen und deren Effekte auf

die Endaussagen zu überprüfen. Man könnte dann ggf. feststellen, daß auch unterschiedliche Aspekte in der formalen
Umsetzung der Indikatorbildung zu denselben inhaltlichen Folgerungen führen. In einem solchen Falle hat der Autor praktisch einen Teil des Diskurses geführt und seine Ergebnisse
sind wesentlich glaubwürdiger, da dann ja die Aussagen nicht
so sehr der (zufällig) gewählten Operationalisierung unter-
liegen.

Indem man aber den Diskurs meidet und die Probleme unter den
Teppich kehrt, fehlt _nun_ jede Möglichkeit darüber zu entscheiden, ob die speziellen Gegebenheiten der gewählten Operationalisierung die behaupteten Ergebnisse weitgehend allein hervorgerufen haben - d.h. ob bei anderen Varianten möglicherweise ganz andere Ergebnisse "herausgekommen" wären - oder
aber ob dies nicht der Fall ist. So wie eben das Subjekt unlöslich mit seiner Erfahrung verbunden wäre, wenn nicht die
Kommunikation mit anderen ihn seine Perspektive erfahren
läßt und damit ein intersubjektiv gültiges Faktum von Wirklichkeit geschaffen wird, ist die untersuchte Wirklichkeit
unlöslich an die spezielle Operationalisierung gebunden, wenn
nicht der Diskurs mit anderen Forschern - oder deren teilweise Vorwegnahme durch unterschiedliche Perspektiven (Operationalisierungen) - das Ergebnis aus dem subjektiven Einfluß
herausrückt, und man sehen kann, daß auch in weitergefaßten
Operationalisierungskontexten der grundsätzliche Sinn der
Ergebnisaussagen stabil bleibt und daher (zunächst) als Grundlage für zukünftiges Handeln verwendet werden kann.

14. Beispiel 2: Politische Erwachsenenbildung

14.1. <u>Darstellung</u>

In einer Untersuchung mit dem Titel "Zur Konzeption von politischer Bildung in der Erwachsenenbildung. Eine inhaltsanalytische Studie" [1] beschäftigt sich der Autor mit der Frage, ob
bei aller Heterogenität und Veränderung der Aufgaben, Funktion, Inhalte etc. von politischer Bildung in der Erwachsenenbildung, es doch so etwas gibt, wie einen idealtypischen
"Kern" einer didaktischen Konzeption. Er führt dementsprechend
seine Fragestellung wie folgt aus:

> Gibt es überhaupt Assoziationsketten, die regelmäßig durch den
> Stimulus "politische Bildung" ausgelöst werden, gibt es spezi-
> fische Einstellungen, die ihrerseits mit den Elementen des kog-
> nitiven Feldes "politische Bildung" fest verknüpft sind? Das
> heißt, gibt es trotz der Heterogenität der Praxis politischer
> Bildung einen Kernbestand an pragmatischen Theorien, an "Be-
> triebswissen", der der Erwachsenenbildung als kleinster gemein-
> samer Nenner zu eigen ist, der in diesem Punkt ihr Selbstver-
> ständnis definiert? Und wenn man von einem solchen Elementarbe-
> stand an Assoziations- und Einstellungsstrukturen sprechen kann,
> ist dieser dann in den letzten beiden Jahrzehnten Veränderungen
> unterworfen gewesen und wie sehen diese im einzelnen aus?

Dann diskutiert der Autor, daß es auch andere Möglichkeiten
gegeben hätte, diese Fragestellung zu untersuchen, z.B. "teilnehmende Beobachtung an einschlägigen Tagungen", "Befragung
von Dozenten und Leitern" oder "Auswerten von Lehrprogram-
men ... (oder) ... programmatischer Erklärungen usw.". Er ent-
scheidet sich aber für eine Inhaltsanalyse der Diskussion um
die Konzeption von politischer Bildung in Fachzeitschriften
und begründet diese Entscheidung mit:

> Hier findet man einen an verschiedene Adressaten gerichteten
> Kommunikationsprozeß, der unterschiedliche Funktionen erkennen
> läßt: Zielbestimmungen, Integration und Verständigung, Konflikt-
> bewältigung, Legitimationsbestrebungen und ähnliches mehr. Die
> Kommunikationssituation und der Kanal "Fachzeitschrift" scheinen

nicht so restriktiv zu wirken, daß eine größere Verzerrung
in Kauf genommen werden muß, als es bei teilnehmender Beobachtung in einer Kongresssituation oder beim Interview der Fall
ist.

Daran anschließend wird mitgeteilt, daß wegen des großen Um-
fanges der Diskussion und der Zahl auswertbarer Zeitschriften
eine Vorauswahl getroffen wurde. Repräsentiert in der Untersuchung sind drei Zeitschriften, welche sich mit der Arbeit
der Volkshochschulen (zwei) und der katholischen Akademien
(eine) befassen. Da auf einen Vergleich letzterer mit ersteren in dieser Studie verzichtet wird, werden alle drei zu
einer Stichprobe zusammengefaßt.

Wichtiger als ein solcher Vergleich ist dem Autor, die <u>Ent-
wicklung</u> der Konzeption von politischer Bildung zu erfassen.
Dazu wählt er zwei Zeitabschnitte: "einmal die Jahrgänge
1955-59 (t_1), zum anderen die Jahrgänge 1965-69 (t_2)". In
diesen 10 Jahrgängen fand er in den drei Zeitschriften 77
thematisch einschlägige Veröffentlichungen mit knapp 900 Seiten. Daraus wurden als Stichprobe zufallsverteilt 300 Textab-
sätze (jeweils zwischen 120 und 210 Wörter enthaltend) gezogen,
"d.h. aus jeder dritten Druckseite ein Absatz".

Zur engeren Auswahl der "Techniken" schreibt er:

> Dem Forschungsinteresse und dem theoretischen Bezugsrahmen ge-
> mäß wurden die Techniken der quantitativen Inhaltsanalyse ge-
> wählt. Eine Einstellungsanalyse macht die Attitüden der Sprecher
> gegenüber jenen Wissenselementen deutlich, die diese selbst mit
> dem Stimulus politische Bildung assoziieren. Eine Kontingenz-
> analyse erlaubt den Nachweis, ob zwischen diesen Wissenselemen-
> ten signifikante Assoziationen oder Dissoziationen bestehen: wel-
> che Assoziationen werden typischerweise ausgelöst, welche unter-
> drückt? Mit Hilfe der Funktionalen-Distanz-Analyse soll die Ähn-
> lichkeit oder Unähnlichkeit der Einstellungsveränderungen gegen-
> über allen Wissenselementen (Einstellungsobjekten) überprüft wer-
> den. Und eine Faktorenanalyse schließlich soll Aufschluß geben
> über die Dimensionalität des Wissenssektors politische Bildung.
> Die verwendeten Verfahren werden jeweils erläutert, soweit es zu
> ihrem Verständnis und zur Interpretation der vorgelegten Ergeb-
> nisse nötig ist.

Zur Entwicklung der Kategorien, nach denen das Textmaterial analysiert werden soll, ging der Autor in zwei Schritten vor: Einmal formulierte er aus seiner Kenntnis heraus einen Themenkatalog, zum anderen wurden die zur Untersuchung ausgewählten Jahrgänge von Studenten der Anfangssemester durchgesehen, welche dann ebenfalls einen Themenkatalog entwickelten. Es ergab sich eine hohe Übereinstimmung. Es folgt eine eingehende Diskussion der Themenbereiche.

In der weiteren Umsetzung dieser Themenbereiche in Kodierkategorien wurden Stichworte (insgesamt 263) aus den Texten gezogen und nach einer systematischen Ordnung in 19 Kategorien zusammengefaßt. Dazu führt der Autor kritisch aus:

> Die Mehrheit der quantitativen Inhaltsanalysen steht und fällt mit der Qualität jener Kategorien, nach denen das sprachliche Material kodiert wird. Die hier auftretenden methodologischen Probleme ähneln jenen, die das Erstellen eines Fragebogens aufwirft oder die zu bewältigen sind, wenn Beobachtungskriterien formuliert werden. An diesem Punkt wird besonders deutlich, welche methodologisch nur ansatzweise gemeisterten Schwierigkeiten quantitative Verfahren der Inhaltsanalyse mit sich bringen.

Das aus 19 Kategorien bestehende Schema am Ende dieser Überlegungen enthält neben der Bezeichnung der Kategorien noch vielfach zusätzliche Definitionen, die dem Kodierer als "operationale Anweisungen" dienen sollen. Da sie für das weitere Verständnis von Belang sind, sollen sie hier (mit dem Kode vorweg) aufgeführt werden. Zunächst zwei im Originaltext:

> AA *Die gebildete Persönlichkeit:* Einsicht, Vernunft, Moral, Geistesfreiheit, Individualität, gute Sitte, Gesichtskreis weiten, Sachverstand.

> AB *Der ungebildete Mensch:* emotionale Reaktionen, Wunschvorstellungen, Ignoranz, Oberflächlichkeit, Irrationalität, Intoleranz, Vorurteile, Apathie, Desinteresse.

Und weiter:

AC   Die "zweite industrielle Revolution"/die freie
     Marktwirtschaft

AD   Die Massengesellschaft

AE   Emanzipatorisch-gesellschaftskritische Bildung

AF   Demokratie

AG   Der Staatsbürger/der Staat

AH1 Ost-West-Verhältnis: (Heimatvertriebene, Heimat-
     recht, deutsche Teilung ...)

AH2 Ost-West-Verhältnis (Kalter Krieg, UdSSR, ...)

AI   Internationale Beziehungen

AK   Die Jugend

AL   Das deutsche Volk

AM   Die deutsche Geschichte

BA   "Unsere heutige Zeit"

BB   "Unsere Hörer"

BC   Der "Berufspolitiker"

CA   Politische Bildung

CB   Der Erwachsenenbildner/"Wir"

CC   Die Erwachsenenbildung

Nun beginnt praktisch der Ergebnisteil, und zwar zuerst für
die Einstellungsanalyse, wobei - wie oben angekündigt - vom
Autor jeweils einige methodische Bemerkungen unter der Über-
schrift "Methodendiskussion" vorangestellt werden. So wird
zur Einstellungsanalyse u.a. ausgeführt:

> Für die Einstellungsanalyse greifen wir auf ein Verfahren von
> OSGOOD zurück (OSGOOD et. al. 1956 und OSGOOD 1959). Es ist im
> Vergleich zu manch anderen Verfahren aufwendig und wird deshalb
> weniger häufig angewendet als alternative Methoden. Andererseits
> zeichnet sich die OSGOODsche Technik durch besonders geringe Ver-
> zerrungen aus und verbürgt damit eine relativ große Genauigkeit.
>
> Die OSGOODsche "evaluative-assertion-analysis" soll an dieser
> Stelle nur insoweit beschrieben werden, als es für eine kritische
> Einschätzung der Ergebnisse dieser Untersuchung unumgänglich ist.

Dann folgt eine Wiederholung der Angaben über die Stichprobe (2 Zeiträume mit je 150 Absätzen); und weiter:

> Anhand der Kategorienliste gehen die Kodierer den Text durch, identifizieren alle Textstellen, die unter eine der Kategorien fallen und ersetzen das sprachliche Material durch die Kodes. Die Inter-Kodierer-Zuverlässigkeit berechnet sich nach dem Ausdruck
>
> $$\frac{2\ EO_{1,2}}{EO_1 + EO_2}$$
>
> und beträgt im vorliegenden Fall bei drei Kodierern durchschnittlich 0,79.

Fussnote dazu:

$EO_{1,2}$ ist jene Menge sprachlichen Materials, die in *genauer Übereinstimmung* von zwei Kodierern unabhängig voneinander als bestimmten Kategorien zuzuordnen identifiziert worden ist. EO_1 ist die von Kodierer 1 insgesamt allein identifizierte Menge, EO_2 entsprechend die von Kodierer 2 identifizierte. Im günstigsten Fall ist $EO_{1,2}= EO_1 = EO_2$. *(Ende der Fussnote)*

Dieser Wert kann als ausreichend angesehen werden. Er belegt zur Genüge die Brauchbarkeit der Kategorienliste. Stufe 2 ist der kritische Punkt des ganzen Verfahrens. Alle Sätze, in denen ein oder mehrere Einstellungsobjekte (Kategorien) aufgetreten sind, müssen in eine grammatisch standardisierte Fassung gebracht werden. Sie kann zwei Formen annehmen: Einstellungsobjekt-Bindeglied-Qualifikator oder Einstellungsobjekt-Bindeglied-Einstellungsobjekt. Beispiel: AC (die Marktwirtschaft) - ist - ein großer Segen bzw. AA (die gebildete Persönlichkeit) - kämpft für - AC (die Marktwirtschaft).

Wir erhalten für den Abschnitt 1955-1959 377 Standardaussagen und für den Abschnitt 1965-1969 349. Nach Stufe 2 müssen die Bearbeiter wechseln, denn in der nächsten Stufe werden die Bindeglieder und Qualifikatoren der *kodierten* Sätze nach umfangreichen operationalen Anweisungen skaliert. Die nötigen Anweisungen sind im wesentlichen von OSGOOD übernommen worden; darüberhinaus wurden sie ergänzt. Zur Bestimmung der Inter-Skalierer-Zuverlässigkeit wurde der BRAVAIS-PEARSONsche-Produktmomentkorrelationskoeffizient verwendet. Er erreicht sowohl für die Bindeglieder wie für die Qualifikatoren erstaunliche Werte: $r = 0,90$ bzw. $r = 0,96$ (Durchschnittswerte für 3 Skalierer). Abschließend erfolgt die Berechnung der Werte für die einzelnen Einstellungsobjekte. Das Verfahren soll hier nicht näher erläutert werden.

Es schien für unsere folgende Diskussion angebracht, das, was nach Ansicht des Autors "insoweit beschrieben" wird, "als es für eine kritische Einschätzung der Ergebnisse dieser Unter-

Tab. 14.1.: Aus dem Originaltext

Kode	Einstellungsobjekt	1955–1959 (t_1)	1965–1969 (t_2)	Vorzeichenänderung
AA	Gebildete Persönlichkeit	+ 2,1	+ 1,0	–
AB	Der ungebildete Mensch	– 2,2	– 1,7	–
AC	Die „zweite industrielle Revolution"/freie Marktwirtschaft	– 0,5	– 0,8	–
AD	Die Massengesellschaft	– 0,8	kA	–
AE	Emanzipatorisch-gesellschaftskritische Bildung	+ 1,4	+ 1,4	–
AF	Demokratie	+ 1,5	+ 0,7	–
AG	Der Staatsbürger/der Staat	+ 0,5	– 0,1	ja
AH 1	Ost-West-Verhältnis	+ 0,3	kA (+ 1,1)	–
AH 2	Ost-West-Verhältnis	– 1,2	+ 0,3	ja
AI	Internationale Beziehungen	– 0,2	+ 0,6	ja
AK	Die Jugend	+ 1,1	0,0	–
AL	Das deutsche Volk	– 0,5	– 0,5	–
AM	Die deutsche Geschichte	– 0,6	– 0,4	–
BA	Unsere heutige Zeit	– 0,6	kA (+ 2,2)	–
BB	Unsere Hörer	kA (+ 2,0)	kA	–
BC	Der „Berufspolitiker"	+ 0,8	+ 0,1	–
CA	Politische Bildung	+ 0,8	+ 0,6	–
CB	Der Erwachsenenbildner/ „Wir"	kA (– 0,4)	kA	–
CC	Die Erwachsenenbildung	+ 0,8	+ 0,8	–

Abb. 14.1.: Aus dem Originaltext

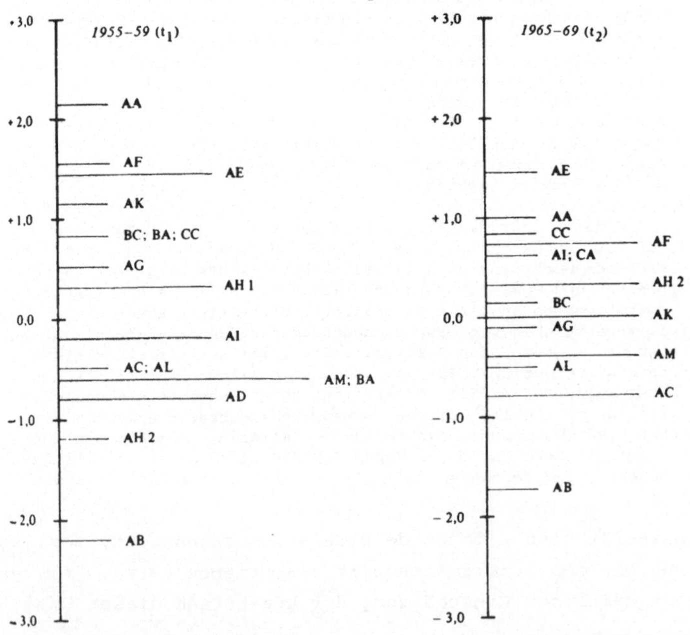

suchung unumgänglich ist", weitgehend vollständig zu zitieren, denn unmittelbar an diese Ausführungen schließt der Ergebnisteil (zur Einstellungsanalyse). Dessen Kern wird durch Tab. 14.1. und Abb. 14.1. dargestellt. Zu diesen beiden Darstellungen wird zunächst ausgeführt:

> Tab. 1 zeigt das Ergebnis der Einstellungsanalyse. Die Werte der einzelnen Einstellungsobjekte sind auf eine Sieben-Punkte-Skala bezogen, die von -3 (sehr negative Bewertung) bis $+3$ (sehr positive Bewertung) reicht. Das Symbol kA (keine Auswertung) zeigt an, daß die Ausprägung der Variablen zu diesem Meßzeitpunkt nicht berechnet werden konnte, da zu wenig Standardsätze zur Verfügung standen. (Weniger als 6 Sätze in beiden Aussagetypen). Ist in Klammern hinter kA der Meßwert gesetzt, so ist die Gültigkeit des Ergebnisses gering, da nur drei Aussagen in einer der beiden oder sogar in beiden Fassungen zur Verfügung standen. Abb. 1 zeigt die Rangfolge der Einstellungsobjekte in jedem Zeitabschnitt graphisch an.

Daraufhin wird - ohne weiter auf Fragen der Toleranzschwelle für die berechneten Werte einzugehen - die Differenz t_1 nach t_2 für <u>jede</u> der 19 (bzw. wegen der Differenzierung von AH1 und AH2: 20) Kategorien interpretierend erläutert. Als Beispiel dafür einige Sätze:

> Die "zweite industrielle Revolution/freie Marktwirtschaft" erhält ihre überraschend negative Einstufung in den fünfziger Jahren durch vorindustrielle Technokratie- und Wohlstandskritik, in den sechziger Jahren zudem durch Zweifel an der sozialen Komponente der Marktwirtschaft. Die "Massengesellschaft" verliert fast ganz an Aktualität: das kulturpessimistische Syndrom ist verschwunden. Die "emanzipatorisch-gesellschaftskritische Bildung" erfreut sich gleichbleibender, wenn auch nicht überschwänglicher Beliebtheit, die "Demokratie" hingegen, einst kaum getrübtes, sondern nur gefährdetes Ideal, verliert an Glaubwürdigkeit.

Eine Einschränkung erfahren diese Interpretationen nur an jenen Stellen, wo aufgrund zu geringer Datenlage "kA" vermerkt wurde.

---

*) Die Nummern der Tab. und Abb. in den Zitaten stimmen mit der Benennung hier überein, wenn man die Kapitel-Nummer "14" fortläßt - also Tab. 14.1. ist Tab. 1 im Zitat.

Tab. 14.2.: Aus dem Originaltext

Bewertungsveränderung (Einstellungswandel) von t_1 nach t_2 unter Berücksichtigung der Richtung

Kode	Einstellungsobjekt	Einstellungswandel
AA	Gebildete Persönlichkeit	– 1,1
AK	Die Jugend	– 1,1
AF	Demokratie	– 0,8
BC	Der „Berufspolitiker"	– 0,7
AG	Der Staatsbürger/der Staat	– 0,6
AC	Die „zweite industr. Revolution"/ freie Marktwirtschaft	– 0,3
CA	Politische Bildung	– 0,2
AE	Emanzipatorisch-gesellschafts- kritische Bildung	0,0
AL	Das deutsche Volk	0,0
CC	Die Erwachsenenbildung	0,0
AM	Die deutsche Geschichte	+ 0,2
AB	Der ungebildete Mensch	+ 0,5
AD	Massengesellschaft	+ 0,8
AI	Internationale Beziehungen	+ 0,8
AH 2	Ost-West-Verhältnis	+ 1,5

Für die Einstellungsobjekte BA (Unsere heutige Zeit), BB (Unsere Hörer), CB (Der Erwachsenenbildner/„Wir") und AH 1 (Ost-West-Verhältnis) konnten keine repräsentativen Werte ermittelt werden.

Tab. 14.3.: Aus dem Originaltext

Bewertungsveränderung (Einstellungswandel) von t_1 nach t_2 in absoluten Werten

Kode	Einstellungsobjekt	Einstellungswandel
AE	Emanzipatorisch-gesellschafts- kritische Bildung	0,0
AL	Das deutsche Volk	0,0
CC	Die Erwachsenenbildung	0,0
AM	Die deutsche Geschichte	0,2
CA	Politische Bildung	0,2
AC	Die „zweite industrielle Revolu- tion"/freie Marktwirtschaft	0,3
AB	Der ungebildete Mensch	0,5
AG	Der Staatsbürger/der Staat	0,6
BC	Der „Berufspolitiker"	0,7
AD	Die Massengesellschaft	0,8
AF	Demokratie	0,8
AI	Internationale Beziehungen	0,8
AA	Gebildete Persönlichkeit	1,1
AK	Die Jugend	1,1
AH 2	Ost-West-Verhältnis	1,5

Für die Einstellungsobjekte BA (Unsere heutige Zeit), BB (Unsere Hörer), CB (Der Erwachsenenbildner/„Wir") und AH 1 (Ost-West-Verhältnis) konnten keine repräsentativen Werte ermittelt werden.

Neben den Differenzen zwischen den beiden Zeit-Werten der Einstellungen für jede Kategorie (= "Veränderung") werden nun auch die Differenzen dieser Differenzen (= Unterschiede in der "Veränderung") interpretiert. Dies erfolgt mittels zweier Tabellen, in denen die Werte von Tab. 14.1. bzw. Abb. 14.1. als

Differenzen einmal mit Vorzeichen (Tab. 14.2.) und einmal
ohne Vorzeichen (Tab. 14.3.) der Größe nach geordnet aufgeführt werden. Das erstere Vorgehen soll den "Einstellungswandel" veranschaulichen, das zweite die "interne Stabilität
des Wissenssystems":

> Tab. 2 veranschaulicht den Einstellungswandel gegenüber jedem
> einzelnen Einstellungsobjekt in systematischer Form. Starke
> Sympathieverluste erlitten die Einstellungsobjekte "gebildete
> Persönlichkeit" und "Jugend", mittlere Verluste die Variablen
> "Demokratie", "Politiker", "Staatsbürger/Staat", geringe die
> Variablen "zweite industrielle Revolution/freie Marktwirtschaft"
> und "politische Bildung". Konstant blieben die Variablen "eman-
> zipatorisch-gesellschaftskritische Bildung", "das deutsche Volk",
> "Erwachsenenbildung". Leichte Sympathiegewinne errang die "deut-
> sche Geschichte", mittlere der "ungebildete Mensch", die "Massen-
> gesellschaft" und "die internationalen Beziehungen", und stark
> gewann das "Ost-West-Verhältnis (AH 2)". Die Gewinne und Verluste
> an Sympathie beinhalten keine Aussage über den Stand auf der Ein-
> stellungsskala: so liegt die "gebildete Persönlichkeit" (+ 1,0)
> trotz der höchsten Verluste immer noch über dem "Ost-West-Ver-
> hältnis (AH 2)" (+ 0,3), das die höchsten Gewinne aufzuweisen hat.
>
> Die Daten über Sympathiegewinne bzw. -verluste sind nur begrenzt
> aussagefähig hinsichtlich der internen Stabilität des Wissens-
> systems. Tab. 3 gibt nähere Auskunft. Als völlig stabil oder doch
> sehr stabil erweisen sich die Variablen "emanzipatorisch-gesell-
> schaftskritische Bildung", "das deutsche Volk", "die Erwachsenen-
> bildung", "deutsche Geschichte", "die politische Bildung", "die
> zweite industrielle Revolution"; mittlerem Einstellungswandel un-
> terworfen sind "der ungebildete Mensch", "Staatsbürger/ Staat",
> "Berufspolitiker", "Massengesellschaft", "Demokratie", "interna-
> tionale Beziehungen"; starkem Wandel unterliegen "die gebildete
> Persönlichkeit", "die Jugend", das "Ost-West-Verhältnis (AH 2)".

Zum Abschluß dieser Tabellen-Interpretation werden die Gesamt-
mittelwerte berechnet und ebenfalls interpretiert (die Berechnung ist dabei - um ein Detail der Kritik schon vorweg zu
nehmen - schlicht falsch):

> Die Stabilität des kognitiven Systems im Sinne einer Balance,
> Konsonanz oder Kongruenz ist wahrhaftig erstaunlich. Zum Zeit-
> punkt t_1 beträgt der Durchschnitt der positiven Werte + 1,03, der
> der negativen Werte - 0,83. Das arithmetische Mittel liegt bei
> + 0,1. Der entsprechende Mittelwert für den Zeitpunkt t_2 lautet
> sogar 0,00. Ausgeglichen ist folglich auch der Saldo der Ein-
> stellungsänderungen. Er beträgt für positiven Wandel + 0,76, für

negativen - 0,69; das Mittel liegt bei + 0,25.

Der Autor beendet seine Ausführungen zur Einstellungsanalyse,
indem er zur Illustration für die beiden Zeitabschnitte und
jede Kategorie noch einige typische Beispiele - als "qualita-
tive Inhaltsanalyse" - aus der Textstichprobe zitiert. Unmittelbar daran schließt die schon angekündigte Kontingenzanalyse des Materials, auch wieder mit einer "Methodendiskussion"
beginnend.

Dabei wird zunächst die inhaltliche Voraussetzung diskutiert,
jeder Kommunikator repräsentiere seine eingefahrenen Assozia-
tionsstrukturen. Nach der Erörterung der Frage nach der Länge
der Analyseeinheiten für die Kontingenzen, wird kurz das Modell der Kontingenzanalyse (nach OSGOOD 1959) beschrieben
(dies muß von uns in der Kritik ausführlicher rekonstruiert
werden; ein Zitat kann hier entfallen). Nachdem so beschrieben
wird, wie man zu theoretischen Erwartungen des gemeinsamen
Auftretens von Kategorien kommt (Kontingenzen), schreibt der
Autor:

> Die Signifikanz der Abweichung der empirischen Kontingenzwerte
> von entsprechenden theoretischen Wahrscheinlichkeitswerten könn-
> te mit Hilfe des Chi-Quadrat-Tests geprüft werden. Wir halten
> uns jedoch an den Vorschlag von OSGOOD, den Standardfehler für
> Proportionen als Signifikanztest zu verwenden. Zusätzlich wird
> der Korrekturfaktor berücksichtigt, da der Anteil der Stichprobe
> an der Grundgesamtheit in dieser Erhebung weit über 5% liegt:
> k=0,77.

Im folgenden Ergebnisteil werden die signifikanten Kontingenzen nach Zeiträumen getrennt in zwei Tabellen angeführt (14.4.
und 14.5.) und interpretiert. Dabei muß beachtet werden, daß
nur die Kategorien vom Typ A - also AA bis AM - in der Kontingenzanalyse berücksichtigt wurden (wofür der Autor allerdings keine Begründung gibt), und daß zwischen signifikant häu-
figem Auftreten ("assoziative Kontingenzen") und signifikant
seltenem Auftreten ("dissoziative Kontingenzen") unterschie-

Kontingenzen im Zeitraum 1955–1959

Kontingente Kategorien	Bewertung
I,1 *assoziativ:* p = 0,05	
Gebildete Persönlichkeit –	+ 2,1
Staatsbürger/Staat	+ 0,5
„Zweite industr. Revolution"/	
freie Marktwirtschaft –	– 0,5
Massengesellschaft	– 0,8
Staatsbürger/Staat –	+ 0,5
Jugend	+ 1,1
Internationale Beziehungen –	– 0,2
Deutsche Geschichte	– 0,6
I,2 *assoziativ:* p = 0,01	
Staatsbürger/Staat –	+ 0,5
Das deutsche Volk	– 0,5
Ost-West-Verhältnis (AH) –	(– 0,45)
Internationale Beziehungen	– 0,2
II,1 *dissoziativ:* p = 0,05	
Gebildete Persönlichkeit –	+ 2,1
Ost-West-Verhältnis (AH)	(– 0,45)
Gebildete Persönlichkeit –	+ 2,1
Internationale Beziehungen	– 0,2
Gebildete Persönlichkeit –	+ 2,1
Geschichte	– 0,6
Massengesellschaft –	– 0,8
Geschichte	– 0,6
Emanzipatorisch-gesellschaftskrit.	
Bildung –	+ 1,4
Ost-West-Verhältnis (AH)	(– 0,45)
Staatsbürger/Staat –	+ 0,5
Internationale Beziehungen	– 0,2
Ost-West-Verhältnis (AH) –	(– 0,45)
Jugend	+ 1,1
II,2 *dissoziativ:* p = 0,01	
Massengesellschaft --	– 0,8
Ost-West-Verhältnis (AH)	(– 0,45)

Kontingenzen im Zeitraum 1965–1969

Kontingente Kategorien	Bewertung
I,1 *assoziativ:* p = 0,05	
Demokratie –	+ 0,7
Staatsbürger/Staat	– 0,1
Emanzipatorisch-gesellschaftskrit.	
Bildung –	+ 1,4
Jugend	0,0
I,2 *assoziativ:* p = 0,01	
Ost-West-Verhältnis (AH) –	(+ 0,3)
Internationale Beziehungen	+ 0,6
Internationale Beziehungen –	+ 0,6
Das deutsche Volk	– 0,5
Das deutsche Volk –	– 0,5
Die deutsche Geschichte	– 0,4
II,1 *dissoziativ:* p = 0,05	
Gebildete Persönlichkeit –	+ 1,0
Geschichte	– 0,4
Emanzipatorisch-gesellschaftskrit.	
Bildung –	+ 1,4
Staatsbürger/Staat	– 0,1
II,2 *dissoziativ:* p = 0,01	
Gebildete Persönlichkeit –	+ 1,0
Massengesellschaft	kA

Tab. 14.4. (links) und Tab. 14.5. (oben): Beide aus dem Originaltext

den wird. Da beide Zeiträume im Prinzip gleich interpretiert werden, genügt für unsere Diskussion, die Ergebnisse _eines_ Zeitraumes hier zu zitieren:

In Tabelle 4 sind die Ergebnisse aus dem *Zeitraum 1955 bis 59* dargestellt. Unter den signifikant assoziativen Kontingenzen (auf dem 5% Niveau) finden wir das Variablenpaar "gebildete Persönlichkeit" (+ 2,1) - "Staatsbürger/Staat" (+ 0,5). Nur die "gebil-

dete Persönlichkeit" ist also ein wertvoller "Staatsbürger", bzw.
das Etikett Staatsbürger verdient nur die gebildete Persönlichkeit. Beide sind positiv bewertet. Ebenfalls assoziativ verknüpft sind die "zweite industrielle Revolution" (- O,5) und das
"Massenzeitalter" (- O,8). Karikierend ausgedrückt: Technisierung
und Wohlstand verderben die Gesellschaft. Die "Jugend" (+ 1,1)
war in den fünfziger Jahren noch der hoffnungsvolle "Staatsbürger"
(+ O,5) von morgen, wodurch die positive Assoziation zustande
kommt. Daß die "internationalen Beziehungen" (+ O,2) von der
"deutschen Geschichte" (- O,6) beeinflußt werden, ist nur zu verständlich. Etwas überraschend ist hingegen auf den ersten Blick
die assoziative Kontingenz (auf dem 1% Niveau) von "Staatsbürger"
(+ O,5) und "deutschem Volk" (- O,5). Jedoch handelt es sich hierbei um ein rhetorisch verwendetes Gegensatzpaar: das deutsche
Volk besteht leider nicht mehrheitlich aus wohllöblichen Staats-
bürgern. Ein Gemeinplatz wird durch die auf dem 1% Niveau assoziative Kontingenz von "Ost-West-Verhältnis" (AH -O,45) und "internationale Beziehungen" (- O,2) bestätigt: die internationalen Beziehungen sind durch das Ost-West-Verhältnis belastet.

Unter den dissoziativen Kontingenzen finden wir auf dem 5% Niveau
die "gebildete Persönlichkeit" (+ 2,1) und das "Ost-West-Verhältnis (AH -O,45). Wahrscheinlich handelt es sich hier um eine Ver-
drängungsleistung: man konfrontiert nicht gerne sein Ideal mit
der rauhen Wirklichkeit; das eine hat mit dem anderen nichts zu
tun. Die Dissoziation von "gebildete Persönlichkeit" (+ 2,1) und
"internationale Beziehungen" (- O,2) kann auf die gleiche Weise
erklärt werden (da Ost-West-Verhältnis und internationale Beziehungen ihrerseits auf dem 1% Niveau assoziiert sind). Jedoch
wäre auch eine andere Deutung möglich: die gebildete Persönlichkeit ist ein *provinzieller Spießer*.
Es nimmt auch nicht Wunder, daß angeblich die "gebildete Persönlichkeit" (+ 2,1) nichts mit der betrüblichen "deutschen Geschichte" (- O,6) zu tun hat. Kein sachlicher Zusammenhang besteht
zwischen "Massengesellschaft" (- O,8) und "deutscher Geschichte"
(- O,6). Schwer zu interpretieren ist hingegen die dissoziative
Beziehung von "emanzipatorisch-gesellschaftskritischer Bildung"
(+ 1,4) und "Ost-West-Verhältnis" (AH -O,45). Auch hier scheint
merkwürdigerweise kein Zusammenhang hergestellt zu werden. Die
Dissoziation zwischen "Staatsbürger" (+ O,5) und "internationalen
Beziehungen" hingegen (- O,2) bestätigt die weiter oben vorgenommene Interpretation: auch der Staatsbürger ist ein *provinzieller
Spießer*. Daß "Jugend" (+ 1,1) und "Ost-West-Verhältnis" (AH -O,45)
auseinandergehalten werden, trägt den Tatsachen Rechnung: die
Jugend war in den kalten Krieg kaum verwickelt. Die gedankliche
Trennung von "Massengesellschaft" (- O,8) und "Ost-West-Verhält-
nis" (AH -O,45) möchte ich so erklären: Man spricht im Angesicht
des Feindes nicht gern von der eigenen "Dekadenz".

Die Kontingenzanalyse wird mit einem Absatz über "Validität"
abgeschlossen, in welchem der Autor konzidiert, daß die Interpretationen zwar nicht nachträglich zu Hypothesen gemacht und

im strengen Sinne falsifiziert werden können, doch betont er,
daß Assoziationen "im allgemeinen" hier zwischen Einstellungen mit gleichem Vorzeichen, Dissoziationen hingegen zwischen
solchen mit entgegengesetzten Vorzeichen auftreten würden
("in 17 von 22 Fällen").

Es folgt nun die Funktionale-Distanz-Analyse, die ebenfalls
mit einer "Methodendiskussion" beginnt. Zu Beginn erläutert
der Autor dabei die Vorgehensweise, daß nämlich die "vorliegenden Werte aus der Einstellungsanalyse" verwendet werden,
allerdings - da mehr als zwei Zeitpunkte für die Analyse be-
nötigt werden- wird weiter aufgeteilt:

> Aus der Menge aller Standardaussagen werden jeweils diejenigen
> zu Teilmengen zusammengefaßt, die aus den Jahren 1955/56 (t I),
> 1958/59 (t II), 1965/66 (t III) und 1968/69 (t IV) stammen.

Dabei gesteht der Autor das Problem zu, daß die Zeitabschnitte nicht gleichmäßig über den Beobachtungszeitraum 1955-69
verteilt sind - der Grund dafür ist aber, daß die Funktionale-
Distanz-Analyse erst später hinzugenommen wurde und eine er-
neute Erhebung der Daten für 1961-63 zu aufwendig gewesen wäre.

Tab. 14.6.: Aus dem Originaltext

Werte der Funktionalen Distanzen (Matrix)

	AA	AB	AC	AD	AE	AF	AG	AH1	AH2	AI	AK	AL	AM	BA	BB	BC	CA	CB/CC
AA	–	3,7	2,8	2,0	1,6	0,7	0,8	1,9	2,4	0,5	0,2	2,8	2,9	2,0	1,0	2,6	1,4	1,7
AB		–	1,6	1,9	3,5	3,5	2,9	2,1	2,4	3,9	3,8	2,2	3,2	2,2	3,0	2,8	3,2	3,0
AC			–	1,0	2,8	2,7	3,1	1,1	0,9	3,1	2,9	1,1	1,6	2,2	2,1	1,8	1,8	2,0
AD				–	1,9	1,9	1,3	0,5	1,1	2,3	2,1	1,3	2,1	1,4	1,3	2,3	1,3	1,5
AE					–	0,9	1,4	2,4	2,7	1,3	1,7	2,8	3,2	1,4	2,1	3,6	1,8	1,1
AF						–	0,8	1,8	2,4	0,6	0,9	2,7	2,7	1,9	1,2	2,8	1,0	1,1
AG							–	1,4	1,8	1,0	0,9	2,2	2,3	1,2	0,8	2,5	1,3	1,0
AH1								–	0,7	2,3	2,0	1,3	1,6	2,0	0,9	1,6	0,8	1,6
AH2									–	2,7	2,5	1,3	1,2	2,4	1,6	1,6	1,4	1,9
AI										–	0,6	3,1	2,9	2,2	1,3	2,9	1,5	1,6
AK											–	3,1	2,7	2,0	1,1	2,6	1,4	1,9
AL												–	2,5	2,6	1,9	2,7	1,7	1,9
AM													–	3,5	2,3	1,4	2,0	2,9
BA														–	1,5	3,1	2,3	1,4
BB															–	2,1	1,0	1,3
BC																–	2,3	1,0
CA																	–	1,2
CB/CC																		–

Für die Analyse werden die Variablen CB und CC zusammengelegt,
so daß 18 Variablen verbleiben; für jede wird für alle vier
Zeitabschnitte jeweils eine Bewertungsanalyse durchgeführt.
Damit kann für jede Variable eine "Verlaufskurve mit Hilfe
der vier Ausprägungen graphisch dargestellt werden" - dies
ist (für einige) in Abb. 14.2. wiedergegeben.

Abb. 14.2.: Aus dem Originaltext

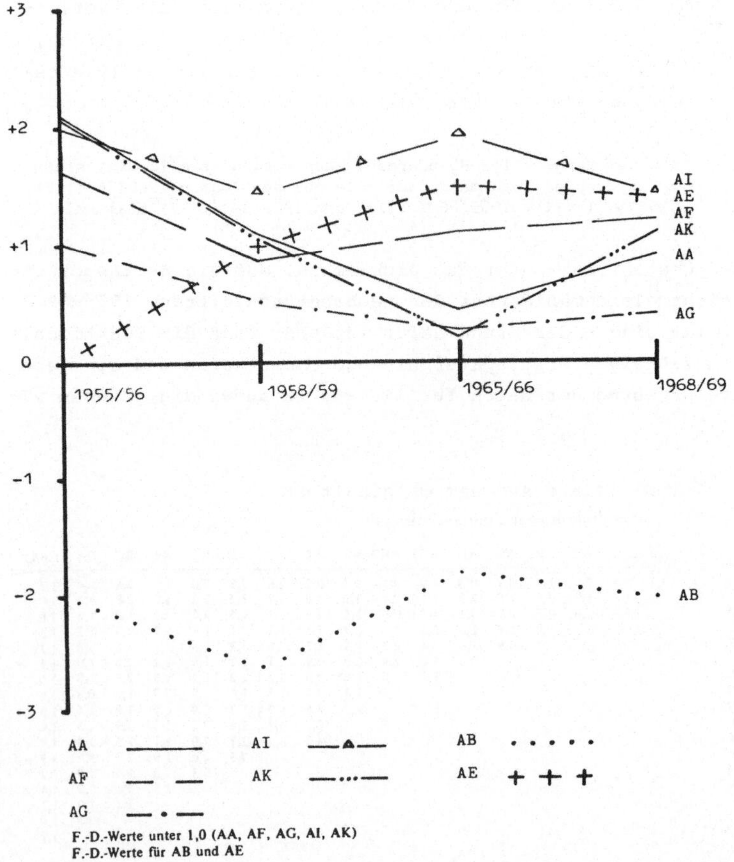

Zur Berechnung der Funktionalen Distanz wird ausgeführt:[2]

> Von Interesse ist dabei die Funktionale Distanz zwischen jedem
> möglichen Kurvenpaar. Sie setzt sich aus der "mittleren vertika-
> len Differenz" (MVD) und aus der "mittleren horizontalen Diffe-
> renz" (MHD) zusammen. Die MVD beruht auf der Bewertungsdifferenz
> zwischen zwei Variablen in jedem Meßzeitpunkt. Die MHD berück-
> sichtigt zweierlei: einmal die Bewertungsdifferenz, die bei jeder
> Variablen von Meßzeitpunkt zu Meßzeitpunkt auftritt (Steigungs-
> änderung oder Wendepunkt der Kurve), zum anderen die vertikale
> Differenz zwischen den "Übergangspunkten".

$$\text{MVD} = \frac{1}{4} \sum_{i=1}^{4} |x_i - y_i| \qquad\qquad \text{MHD} = \frac{1}{6} \sum_{i=1}^{6} |d_i - \Delta_i|$$

> Tabelle 6 gibt alle Funktionalen-Distanz-Werte als Matrix wieder.
> Der Wert für die größtmögliche Ähnlichkeit des Verlaufs zweier
> Kurven - Deckungsgleichheit - ist 0,00.

Tab. 14.7. und 14.8.: Aus dem Originaltext

Matrix der F.-D.-Werte von 0,0-0,8

	AA	AD	AF	AG	AH1	AH2	AI	AK	CA
AA	–		0,7	0,8			0,5	0,2	
AD		–			0,5				
AF	0,7		–	0,8			0,6		
AG	0,8		0,8	–					
AH1		0,5			–	0,7			0,8
AH2					0,7	–			
AI	0,5		0,6				–	0,6	
AK	0,2						0,6	–	
CA					0,8				–

Rangfolge der F.-D.-Werte von 0,0-0,9

0,2	AA–AK
0,5	AA–AI
	AD–AH1
0,6	AF–AI
	AI–AK
0,7	AA–AF
	AH1–AH2
0,8	AA–AG
	AF–AG
	CA–AH1
	AG–BB
0,9	AC–AH2
	AE–AF
	AF–AK
	AK–AG
	BB–AH1

Im Ergebnisteil verzichtet der Autor darauf, alle aus der
Funktionalen-Distanz-Analyse resultierenden Ergebnisse "in
vollem Umfang zu interpretieren". Stattdessen hebt er jene
Variablen hervor "deren Funktionale Distanzen entweder sehr
gering oder auffallend groß sind". Zu beiden Arten werden jeweils zwei Tabellen angegeben, welche einerseits die Werte in
der Matrix, andererseits ihre Rangfolge zeigen (Tab. 14.7. und
14.8. sowie 14.9. und 14.10.). Auf die beiden Tabellen mit
den Rangfolgen wird in der Interpretation allerdings mit kei-

nem Wort eingegangen; stattdessen führt der Autor zu den
kleinen F.D.-Werten aus:

> Unter den insgesamt 16 F.-D.-Werten, die 0,9 nicht überschreiten,
> springt eine Gruppe von Variablen ins Auge: es sind dies die
> "gebildete Persönlichkeit" (AA), "Demokratie" (AF), "Staatsbür-
> ger/Staat" (AG), "internationale Beziehungen" (AI), "Jugend"
> (AK). Sie kovariieren nicht nur alle mit AA (der gebildeten Per-
> sönlichkeit), sondern auch untereinander sehr stark. Man kann
> mit aller Vorsicht daraus schließen, daß diese 5 Kategorien jene
> Wissenselemente sind, die im Bewußtsein der Erwachsenenbildung
> den Kern der Definition von politischer Bildung ausmachen, ange-
> ordnet um den Zentralbegriff "gebildete Persönlichkeit".

Tab. 14.9. und 14.10.: Aus dem Originaltext

Matrix der F.-D.-Werte von 3,5-3,9

	AA	AB	AE	AF	AI	AK	AM	BA	BC
AA	–	3,7							
AB	3,7	–	3,5	3,5	3,9	3,8			
AE		3,5	–						3,6
AF		3,5		–					
AI		3,9			–				
AK		3,8				–			
AM							–	3,5	
BA						3,5		–	
BC			3,6						–

Rangfolge der F.-D.-Werte von 3,9-3,0

3,9	AB–AI
3,8	AB–AK
3,7	AA–AB
3,6	AE–BC
3,5	AM–BA
	AB–AF
	AB–AE
3,2	AB–CA
	AB–AM
	AE–AM
	BC–CB/CC
3,1	AC–AG
	AC–AI
	AI–AL
	AI–AK
	BA–BC
3,0	AB–BB
	AB–CB/CC

Ziemlich analog werden die großen F.D.-Werte interpretiert
- es genügt für uns, hier den Anfang zu zitieren:

> Aus den Tab. 9 und 10 und der Abb. 2 wird ersichtlich, daß der
> "ungebildete Mensch" (AB) sich nicht nur stark von der "gebilde-
> ten Persönlichkeit" (AA) abhebt, sondern auch von allen anderen
> zu AA gehörenden Elementen des kognitiven Kerns: AF, AI und AK.
> Der nicht aufgeführte Wert für AG beträgt 2,9. Dieses Ergebnis
> bestätigt die eben ausgesprochene Hypothese über den "Kern" der
> Definition von politischer Bildung, über die Wirklichkeit "poli-
> tische Bildung" aus der Perspektive der Erwachsenenbildung.

Als viertes und letztes Auswertungsmodell, dem der Autor sei-
ne Daten unterwirft, wird eine Faktorenanalyse durchgeführt.
Zuvor werden allerdings die Hypothesen, zusammengefaßt aus den
Ergebnissen der Funktionalen-Distanz-Analyse, vorgetragen:

> 1. Die Variablen "gebildete Persönlichkeit" (AA), "Demokratie"
> (AF), "Staatsbürger/Staat" (AG), "internationale Beziehungen"
> (AI) und "Jugend" (AK) stehen in engem Zusammenhang. Sie definie-
> ren gemeinsam einen zentralen Bestandteil der Konzeption von po-
> litischer Bildung.
>
> 2. Der "ungebildete Mensch" (AB) steht für ein Feld von Einstel-
> lungen und Wissenselementen, das als Paradigma alles Negativen
> fungiert. Es wird ergänzt durch die Variablen "zweite industrielle
> Revolution/freie Marktwirtschaft" (AC), "Massengesellschaft" (AD),
> "Ost-West-Verhältnis" (AH 2), "das deutsche Volk" (AL), "die deut-
> sche Geschichte" (AM). Ihre F.-D.-Werte zur "gebildeten Persön-
> lichkeit" (AA) betragen: 2,8; 2,0; 2,4; 2,8; 2,9; 2,6.
>
> 3. Eine Sonderstellung nimmt die "emanzipatorisch-gesellschafts-
> kritische Bildung" (AE) ein. Sie wahrt zur "gebildete Persönlich-
> keit (AA) und zum "ungebildeten Menschen" (AB) gleichermaßen
> Distanz: F.-D. = 1,6 bzw. 3,5.

Im Gegensatz zu der Darstellung der anderen Ergebnisteile wird
hier also nicht mit einer Methodendiskussion begonnen. Stattdessen wird die Durchführung der Faktorenanalyse ziemlich
knapp "begründet":

> Unter den Möglichkeiten, die genannten drei Hypothesen zu prüfen,
> ist eine die Faktorenanalyse. Sie ist im vorliegenden Fall relativ
> leicht durchführbar. Als Ausgangsmaterial werden die Daten heran-
> gezogen, die für jede einzelne Variable in den Meßzeitpunkten tI
> bis tIV ermittelt worden waren. Aus jenen Werten wird eine Korre-
> lationsmatrix (Produkt-Moment) für die 18 Variablen erstellt und
> diese dann faktorenanalysiert. Drei Faktoren werden gezogen und
> rotiert. Sie erklären zusammen 99,9% der Varianz. Tabelle 11 zeigt
> die Ergebnisse.

Wie zu erwarten war, bestätigen die Werte in Tab. 14.11. weitgehend die Hypothesen: AA, AF, AG, AI, AK laden (u.a.) sehr
hoch auf Faktor I, hingegen AB, AC, AD, AH2, AM auf Faktor II.
Es kann sich daher erübrigen, die Interpretation original zu
zitieren. Ebenso soll von den abschließenden "Schlußfolgerungen" hier nur der erste Absatz (ca. 10%) wiedergegeben werden:

Tab. 14.11.: Aus dem Originaltext

Rotierte Faktorenmatrix (3 Faktoren)

Kode	Variable	F I	F II	FIII
AA	Gebildete Persönlichkeit	0.989	0.083	-o.118
AB	Der ungebildete Mensch	-0.189	0.848	0.494
AC·	„Zweite industrielle Revolution"/freie Marktwirt.	0.512	0.804	0.299
AD	Die Massengesellschaft	-0.158	0.946	0.280
AE	Emanzipatorisch-gesellschaftskrit. Bildung	-0.994	-0.014	-0.100
AF	Demokratie	0.719	0.669	0.184
AG	Staatsbürger/Staat	0.993	0.093	-0.065
AH 1	Ost-West-Verhältnis	0.509	0.791	0.337
AH 2	Ost-West-Verhältnis	0.240	0.954	0.178
AI	Internationale Beziehungen	0.931	0.128	-0.340
AK	Die Jugend	0.931	0.128	-0.340
AL	Das deutsche Volk	0.204	0.484	0.850
AM	Die deutsche Geschichte	0.145	0.942	-0.301
BA	Unsere heutige Zeit	-0.829	-0.478	-0.287
BB	Unsere Hörer	0.925	0.291	0.242
BC	Der „Berufspolitiker"	0.661	0.660	-0.354
CA	Politische Bildung	0.354	0.854	0.380
CB/CC	Erwachsenenbildner/„Wir" Erwachsenenbildung	-0.412	0.235	0.879

Erklärte Varianz: 2 Faktoren 90,88 %; 3 Faktoren 99,99 %

Wenn von Dozenten der Erwachsenenbildung über Bedingungen, Ziele und Inhalte von politischer Bildung gesprochen wird, wenn sie die bisherige Praxis reflektieren und legitimieren, wenn sie Strategien für zukünftiges Handeln entwerfen, so lokalisieren sie ihren eigenen Standort (Faktor III) in Bezug auf zwei komplexe Vorstellungswelten. Eine davon ist die utopische und doch rückwärtsgewandte Vision von der "schönen, heilen Welt der gebildeten Persönlichkeit" (Faktor I). Die andere ist das Ergebnis der alltäglichen Auseinandersetzung mit der "Realität", eine resignativ-pessimistisch gefärbte Definition der Wirklichkeit (Faktor II), an der die schöne Vision zu scheitern scheint.

14.2. <u>Kritische Diskussion</u>

Bei "üblichem" Leseverhalten - das wurde in vielen Seminaren von Studenten bestätigt - erweckt diese Arbeit das Bild eines

abgerundeten, gut reflektierten und argumentativ aufgebauten
Forschungsberichts. Da wird Material mit vier sich ergänzen-
den "Techniken" angegangen, und es verstärkt diesen Eindruck,
wenn der Autor vor dem letzten Schritt, der Faktorenanalyse,
seine Hypothesen (33) einleitet mit: "Im Verlauf der vorliegenden Analyse verdichten sich stufenweise einige Annahmen
über die Konzeption politischer Bildung ...".

Für diesen Eindruck sprechen ferner zahlreiche "methodenkritische" Äußerungen - überhaupt die offene Methodendiskussion:
Da wird darauf hingewiesen, daß durchaus unterschiedliche Ansätze (z.B. Interview etc.) möglich gewesen wären; da liest
man, daß die "verwendeten Verfahren jeweils erläutert (werden),
soweit es zu ihrem Verständnis und zur Interpretation der vorgelegten Ergebnisse notwendig ist" (2) - und dies wird offensichtlich dadurch eingelöst, daß jede "Technik" mit einem Abschnitt "Methodendiskussion" beginnt; da werden die Schritte
zur Entwicklung des Kategorienschemas ausführlich dokumentiert
und diskutiert; selbstkritische Äußerungen finden sich zur
quantitativen Inhaltsanalyse allgemein (3), dazu, daß die Interpretationen der Kontingenzanalyse nicht nachträglich zu
Hypothesen gemacht werden können, zum Problem der ungleichen
Zeitabschnitte in der Funktionalen-Distanz-Analyse - um nur
einige wenige Beispiele zu nennen (von denen in der vorangehen-
den Darstellung längst nicht alle erwähnt wurden).

Es soll keineswegs bestritten werden, daß diese Arbeit in ihrer Art und im Ausmaß, Probleme der empirischen Sozialforschung zu benennen, über dem Durchschnitt empirischer Publikationen liegt, und daß damit der Autor die Kenntnis und Reflexion solcher Probleme auf abstrakter Ebene dokumentiert.
Aber es wird sich zeigen (und das wird uns u.a. in 14.2.6. und
16. zu denken geben müssen), wie wenig auch solch (abstraktes)
"Methodenbewußtsein" im konkreten Forschungsvollzug vor Mängeln schützt. Abgesehen von vielen einzelnen Problemen und
Fehlern, wird sich insbesondere herausstellen, daß trotz aller

Methodendiskussion gerade die entscheidenden Weichen für
Fehlentscheidungen verdeckt und undiskutiert bleiben, daß bei
aller scheinbaren Stimmigkeit der Ergebnisse nicht nur Un-
stimmigkeiten verdeckt werden, sondern sich sogar die Ergebnisse der Einstellungsanalyse und Funktionalen-Distanz-Analyse sowie die der Kontingenzanalyse und der Faktorenanalyse
jeweils kontradiktorisch wiedersprechen. D.h., daß letztlich
die Mängel in den einzelnen "Methoden" nicht nur den Verdacht
auf weitgehende Artefakte der vorgetragenen "Ergebnisse" nahelegen, sondern der Autor diese Untauglichkeit seiner Ergebnisse implizit selbst beweist, ohne daß ihm das aufgefallen wäre.

14.2.1. <u>Probleme der Realitätserfassung</u>

In den ersten beiden Teilen dieses Buches wurde versucht zu
zeigen, daß es "die Realität" nicht gibt, sondern daß sich je
nach Fragestellung und verwendeten Wahrnehmungsapparaten (bzw.
Instrumenten des Forschers) ein bestimmter Realitätsaspekt
konstituiert. Das Analyseergebnis eines bestimmten Materials
als "Polyester", seine "hohe Reißfestigkeit" und seine "Temperatur von 28°C" sind <u>unterschiedliche</u> Aspekte, so wie "der
Sternenhimmel" ein anderer ist, wenn man ihn durch ein opti-
sches- oder Radio-Teleskop betrachtet.

Ebenso liefert eine Inhaltsanalyse programmatischer Erklärungen zur Erwachsenenbildung eben einen anderen Wirklichkeits-
aspekt des Problemkreises "Einstellungen zur Erwachsenenbildung", als wenn man Erwachsenenbildner befragt, oder - wieder
anders - als wenn man einschlägige Veranstaltungen teilneh-
mend beobachtet. Natürlich gibt es Beziehungen zwischen diesen
Aspekten - so wie auch zwischen Temperatur und Reißfestigkeit.
Nur ist keine dieser Wirklichkeiten "wirklicher" als die anderen - wohl aber für bestimmte Frage- und Handlungszusammen-
hänge jeweils <u>brauchbarer</u> oder <u>adäquater</u>.

Vor einem solchen Hintergrund fällt es schwer, einen Sinn in
den Formulierungen des Autors zu finden, daß die - mittels
Inhaltsanalyse zu erfassende - "Kommunikationssituation und
der Kanal "Fachzeitschrift" ...nicht so restriktiv zu wirken
(scheinen), daß eine größere Verzerrung in Kauf genommen werden muß" als z.B. teilnehmende Beobachtung oder Interview (1).
Genauso unklar ist, was der Satz bedeuten soll: " die
OSGOODsche Technik (zeichnet sich) durch besonders geringe
Verzerrungen aus und verbürgt damit eine relativ große Genauigkeit" (4). "Verzerrung" impliziert, daß es etwas "Wahres"
oder "Wirkliches" gibt, von dem verzerrt wird. Um also fest-
zustellen, ob eine Verzerrung groß oder klein ist (bzw. dieselbe Relation für "Genauigkeit"), bräuchte man zunächst diese wirkliche Wirklichkeit, und nur in Beziehung zu dieser
wäre die Größe der Verzerrung bzw. der Genauigkeit einer
"Technik" feststellbar. Abgesehen davon, daß eine solche Vorstellung unserer eben nochmals resümierten Auffassung (und
wohl auch der überwiegenden Mehrheit wissenschaftstheoretischer Lehrmeinungen) widerspricht, könnte man dann zu Recht
fragen, wie man diese Wirklichkeit erfassen sollte, von der
aus eine Beurteilung der Verzerrung möglich wäre - oder woher der Autor sonst seine Aussage bezieht. Gäbe es nämlich
einen "wahren" Bezugspunkt, von dem aus die Größe der "Verzerrung" feststellbar wäre, so würde sich sofort die Zusatz-
frage stellen, warum dann nicht gleich jene Methode gewählt
wird, welche diese wirkliche Wirklichkeit liefert, sondern man
sich stattdessen mit einer Methode begnügt, die verzerrt
- wenn auch "besonders gering".

Es zeigt sich also, daß der Autor im Sinne unserer Ausführungen von 10.2. Begriffe wie "Methode" oder "Technik" für Inhaltsanalyse im allgemeinen (versus Befragung etc.) und
OSGOODscher Bewertungsanalyse im besonderen nicht nur verwendet, sondern auch so meint - sich jedenfalls des Modellcha-
rakters von Inhalts- bzw. Bewertungsanalyse nicht bewußt ist.
Hier wird an Methoden geglaubt, deren Genauigkeit man beur-

teilen kann, statt Modelle, die bestimmte Aspekte abbilden. Diese (implizite) Fehleinschätzung - die ich in der empirischen Sozialforschung für typisch halte - könnte den Erklärungshintergrund abgeben, warum der Autor zwar über Genauigkeiten nachdenkt - z.B. bei der Zuverlässigkeit (6 und 9) - aber nicht über die Adäquatheit und Konsistenz der Ergebnisaussagen, d.h. der Frage nicht nachgeht, ob die unterschiedlichen Aspekte sich zu einem Bild zusammenfügen lassen oder sich gegenseitig widersprechen.

Hier genau liegt der Unterschied: Eine Wirklichkeit, die "so", wie sie ist, durch "objektive Methoden" möglichst "wenig verzerrt" erfaßt werden kann, gibt nur das Problem auf, diese Erfassung möglichst zuverlässig zu bewerkstelligen. Versteht man aber Inhaltsanalyse (und andere 'Erhebungstechniken') als Modelle, die bestimmte Aspekte von Wirklichkeit abbildhaft konstituieren, würde sich automatisch die Frage stellen, wie und ob sich unterschiedliche Aspekte zu einem umfassenden Bild zusammenfügen lassen. Die fatalen Folgen der ersteren - implizit in der empirischen Sozialforschung vorherrschenden - Auffassung auf Kosten der letzteren für die konkrete Forschungspraxis werden wir exemplarisch an dieser Arbeit in 14.2.3. und 14.2.5. überdeutlich zu sehen bekommen.

14.2.2. <u>Probleme der Bewertung</u>

Das erste Modell, nach dem der Autor Strukturen in seinen Daten zu erfassen versucht, ist die Analyse von Bewertungen bzw. Einstellungen. Dazu müssen zuerst alle Sätze, welche eine oder mehrere Kategorien des Kategorienschemas enthalten, identifiziert werden. Die entsprechende Stelle im Originaltext wird dabei durch den Code (hier: AA bis CC) ersetzt, ferner wird jeder Satz in standardisierte Fassungen umgeformt. Die vom Autor beschriebene Vorgehensweise ist dabei etwas kurz geraten - sie soll hier erweitert werden, damit einige Punkte der Kritik nachvollziehbar werden (für eine ausführliche Beschreibung vgl. z.B. LISCH und KRIZ 1978, 142ff):

Die standardisierten Fassungen der Sätze haben folgende beiden Formen:

    a) Kategorie   /   Bindeglied   /   allgemeine Bewertung
                                              ("Common Meaning")

    b) Kategorie   /   Bindeglied   /   Kategorie

In diesen Standardformen wird einer Kategorie also entweder direkt ein Common Meaning zugeordnet (a), oder aber eine zweite Kategorie (b). Auch diese ordnet der ersten indirekt eine Bewertung zu, sofern man die Bewertung der zweiten kennt. Eine Folge solcher Standardfassungen sieht dann z.B. so aus:

Form	Kategorie	Bindeglied	Common Meaning oder Kategorie
a	BA	will nicht	Friedfertigkeit
a	AF	verträgt nicht	grenzenlosen Kampf
b	AA	schuf	AC
b	AC	schuf	AA
a	AE	ist	realitätsnah
b	BC	fördert	AA

usw.

In diesen (kodierten) Standardfassungen werden nun einerseits die Bindeglieder gemäß ihrer Stärke der Verknüpfung von +3 ("ist", "hat" etc.) bis -3 ("ist nicht", "hat nicht" etc.) skaliert. Ebenso werden den Common Meanings entsprechend ihrer Richtungen und Intensitäten der "allgemeinen" Bewertungen Zahlen zwischen +3 ("optimale Möglichkeit", "sehr verantwortungsbewußt") und -3 ("obrigkeitshörig", "große Gefahr" etc.) zugeordnet. Wesentliche Grundlage für die Berechnung der Bewertungen sind die Produkte aus beiden Zahlen; für das obige Beispiel ergibt sich:

Form	Katego-rie	Bindeglied	Wert	C.M.(Kat.)	Wert	Pro-dukt
a	BA	will nicht	-2	Friedfertigkeit	+2	-4
a	AF	verträgt nicht	-2	grenzenlos.Kampf	-2	+4
b	AA	schuf	+2	AC		
b	AC	schuf	+2	AA		
a	AE	ist	+3	realitätsnah	+2	+6
b	BC	fördert	+2	AA		

Es fällt auf, daß nur Standardfassungen der Form a ein Produkt-Wert zugeordnet ist; dies scheint selbstverständlich, denn nur die Common Meanings können von den Kodierern bewertet werden, während man die Bewertungen für die Kategorien (auch rechts!) ja eben erst durch die Analyse ermitteln will.

Somit wird die Analyse _zweistufig_ durchgeführt: im ersten Schritt können nur Standardformen vom Typ a berücksichtigt und daraus für jede Kategorie ihre vorläufige Bewertung bestimmt werden. Diese wird dann, im zweiten Schritt, _rechts_ in die Standardformen vom Typ b eingesetzt, und mit dem Wert des Bindeglieds multipliziert. Als Gesamtbewertung wird für jede Kategorie das (gewogene) Mittel der beiden Analyseschritte genommen, wodurch sich Werte von min. -3 bis max. +3 ergeben können (genauer in LISCH und KRIZ 1978, 147f).

Selbst in dieser sehr stark verkürzten Darstellung werden vielfältige Probleme sichtbar. Wir wollen vier Aspekte in Frageform aufgreifen:

1.) Sind die Kategorisierungen brauchbar?
2.) Sind die Skalierungen brauchbar?
3.) Sind die Operationen (Produkt-Bildung) sinnvoll?
4.) Ist die Gesamtberechnung sinnvoll?

<u>ad 1.)</u>

Scheinbar gibt der Autor auf die Frage nach den Kategorisierungen eine klare Antwort, indem er die Inter-Kodierer-Zuverlässigkeit berechnet und zum Wert von 0,79 bemerkt: "Er belegt zur Genüge die Brauchbarkeit der Kategorienliste" (6).
Das muß aber so bezweifelt werden. Zunächst einmal bedeutet
ein Wert von 0,79 zwischen zwei Kodierern (tatsächlich wurde
über drei gemittelt, wobei wir die Abweichungen, insbesondere nach unten, nicht kennen), daß ein Kodierer zwischen 65%
und 79% der Menge des zweiten gleich kodierte - und ob das <u>so</u>
erfreulich ist, sei dahingestellt. Wesentlicher ist, daß die
Inter-Kodierer-Zuverlässigkeit nur ein Teilaspekt von der Zuverlässigkeit (Reliabilität) ausmacht, die etwas über die
Brauchbarkeit der Kategorienliste aussagen würde (sofern man
schon zugesteht, daß von Aspekten der Gültigkeit (Validität)
hier ganz abgesehen werden soll).

Zuverlässigkeit bedeutet die Reproduzierbarkeit von Ergebnissen unter hinreichend gleichen Bedingungen. Der Begriff hat
insbesondere in der psychologischen Testtheorie eine wichtige
Bedeutung und meint, daß die Testwerte einer Person für zwei
(vergleichbare) Testhälften, oder zwei Parallel-Tests, oder
bei Test-Wiederholung möglichst weitgehend gleich sind. In
der Inhaltsanalyse muß nun grundsätzlich unterschieden werden
zwischen dem Teilaspekt der Zuverlässigkeit als Reproduzierbarkeit der Interaktion "<u>Untersuchungsobjekt - Instrument</u>"
und dem Teilaspekt der Zuverlässigkeit als Reproduzierbarkeit der Interaktion "<u>Instrument - Forscher (Kodierer)</u>". Eine
hohe Inter-Kodierer-Zuverlässigkeit beinhaltet nur den letzteren Aspekt. Ähnlich, wie in der Testtheorie aber eine Reproduzierbarkeit sich insbesondere darauf beziehen soll, sichere
Aussagen über den <u>Gegenstandsbereich</u> (z.B. Eigenschaften einer Person) treffen zu können und nicht etwa über die zufällig
zustande gekommene Testsituation, will man in der Inhaltsanalyse nicht über die zufällig herausgegriffenen <u>Textstellen</u> et-

was aussagen, sondern über die in der Fragestellung (auch
mittels des Kategorienschemas) definierte <u>sozialen Interak-
tion</u>. Dieser erstere (und wohl wichtigere) Zuverlässigkeits-
aspekt würde analog zu den obigen Ausführungen bedeuten, daß
zwei (vergleichbare) Texthälften, oder (inhaltliche) Parallel-
texte, oder eine wiederholte Textstichprobe mit dieser Kategorienliste zu weitgehend gleichen Ergebnissen führt. Erst
<u>das</u> würde die Brauchbarkeit der Kategorienliste "zur Genüge"
belegen.

<u>ad 2.)</u>

Auch über die Zuverlässigkeit der Skalierungen gibt der Autor
nur scheinbar eine Antwort, indem er den Produkt-Moment-Korre-
lationskoeffizienten berechnet und über dieses Zusammenhangs-
maß aussagt: "Er erreicht sowohl für die Bindeglieder wie für
die Qualifikatoren erstaunliche Werte: $r=0,90$ bzw. $r=0,96$"(9).

Dazu muß zunächst festgestellt werden, daß die Verwendung dieses Korrelationskoeffizienten Werte von mindestens Intervallskalenqualität voraussetzt, was für diese Skalierungen hinreichend bezweifelt werden kann (darauf wird im folgenden
Punkt noch eingegangen). In diesem Zusammenhang aber ist problematischer, daß der Korrelationskoeffizient eine Übereinstimmung nur bedingt mißt. Zwar wird dieser Korrelationskoeffizient für die Ermittlung der Zuverlässigkeit in der
Testtheorie (jedenfalls in der klassischen) verwendet. Eine
hohe positive Korrelation bedeutet, daß die Kovariation (also
die gemeinsame Variation) beider Messungen bzw. Skalierungen
hoch ist, in Relation zur Variation der einzelnen Messungen.
Daraus folgt (wie man auch formal zeigen kann), daß sich beide Messungen auch bei einer extrem hohen Korrelation durchaus - und ebenfalls extrem - in ihrer numerischen Höhe (Mittelwert) und Variabilität (Varianz) unterscheiden dürfen, nur
muß z.B. die Rangordnung der Werte in beiden Messungen über-

einstimmen. Der höchste Korrelationskoeffizient von +1 ergibt sich z.B. auch dann, wenn beide Messungen durch lineare Transformationen der Form: $Messung_1 = a \cdot Messung_2 + b$ verbunden sind ($a \neq 0$). Dies ist in der Testtheorie durchaus sinnvoll, weil die Messungen ja _Ergebnisse_ sind, die auch bei $a \neq 1$ und $b \neq 0$ zwischen den gemessenen Objekten (Personen) gleich gut differenzieren.

Im vorliegenden Fall allerdings sind die Skalierungen nur _Zwischenwerte_, welche als Faktoren von Produkten weiter verrechnet werden, wobei insbesondere lineare Transformationen, welche eine Verschiebung über oder unter den Nullpunkt bewirken, eine _qualitative Veränderung in der Werte-Interpretation_ beinhalten. So ist beim folgenden - extremen - Beispiel für die Bewertungen je zweier Kodierer die Korrelation +1, also noch "erstaunlicher" als beim Autor, die Bewertungen sind aber wohl mindestens genau so erstaunlich unterschiedlich, obwohl doch der Koeffizient angeblich "Übereinstimmung" messen soll:

$Kodierer_1$	3	2	1	3	3	1	1	2	3	1 ...
$Kodierer_2$	-1	-2	-3	-1	-1	-3	-3	-2	-1	-3 ...
$Kodierer_3$	2	0	-2	2	2	-2	-2	0	2	-2 ...

Es zeigt sich, daß man Maße oder "Verfahren" nicht ungeprüft aus fremden Kontexten übernehmen kann, ohne ihren Sinn zu verändern: Wegen der semantischen Bedeutung des Vorzeichens ist hier eine hohe Korrelation nur _notwendige_, keinesfalls _hinreichende_ Bedingung für eine übereinstimmende Skalierung der Kodierer. Aussagekräftiger als der Korrelationskoeffizient wäre daher in diesem Falle z.B. die mittlere Differenz der Skalierungen gewesen.

<u>ad 3.)</u>

Während sich der Autor zumindest mit den ersten beiden Fragen, Brauchbarkeit der Kategorisierung und Skalierung, überhaupt beschäftigt, werden die Fragen nach dem Sinn der darauf
aufbauenden Operationen im "OSGOODschen Verfahren" gar nicht
erst gestellt - und wohl auch nicht gesehen, denn immerhin hat
der Autor ja versprochen, diese "Technik" soweit zu beschreiben, "als es für eine kritische Einschätzung der Ergebnisse
dieser Untersuchung unumgänglich ist" (5). Zur Weiterverarbeitung der obigen Werte aber heißt es, "das Verfahren soll
hier nicht näher erläutert werden".

Offensichtlich handelt es sich auch hier schon um eine praktische Konsequenz des in Teil II unter "Methode versus Modell"
(10.2.) auf der methodischen Ebene diskutierten Problems: Wäre
die Bewertungsanalyse tatsächlich eine "Methode" oder ein
"Verfahren" bräuchte man sich nur um die Zuverlässigkeit der
Eingangsdaten zu kümmern; sofern keine Rechenfehler gemacht
werden, liefert das Verfahren dann "richtige" Ergebnisse. Genau nur <u>jene</u> Zuverlässigkeit wird vom Autor als unumgänglich
für eine kritische Einschätzung der Ergebnisse diskutiert.
Die Bewertungsanalyse ist nun aber ein Modell. Und daher
müssen wir auch die Frage stellen, ob die informationsredu-
zierenden mathematischen Operationen Informationen des Textes
überhaupt adäquat abzubilden vermögen:

Der erste Aspekt ist dabei, welche empirisch sinnvolle Information wohl die Produktbildung der Skalenwerte erlaubt. Anders ausgedrückt (und an Beispielen aus den Originalkodierun-
gen des Autors verdeutlicht): Ist z.B. wirklich empirisch
sinnvoll und gewährleistet, daß die Bindeglieder "hat" (=+3)
und "fördert" (=+2) sich in ihrer Bindung genau so stark unterscheiden wie die letztere und "beeinflußt" (=+1), ist ferner "spielt (+2) stets größere Rolle (+3)" (=2x3=+6) bewer-
tungsmäßig wirklich äquivalent zu "ist Opfer von (-2) Vorur-

teilen (-3)" (= -2x-3=+6)? Diese und analoge Schlüsse als
notwendige Voraussetzung des Textes für die Operationen zeigen zumindest Probleme, die eine etwas vorsichtigere Interpretation der numerischen Höhe der Ergebniszahlen nahelegen würden.

<u>ad 4.)</u>

Ein mindestens genauso schwerwiegendes Problem wie die Produktbildung der Skalierungen aber ist die Zweistufigkeit des
Berechnungsverfahrens: Es ist sicher angemessen und sinnvoll,
nicht nur Standardsätze vom Typ a (mit Common Meanings) sondern auch vom Typ b (mit einer weiteren Kategorie) in die
Analyse miteinzubeziehen. Eine korrekte Antwort auf die Frage, wie sollen die Werte für die Kategorien rechts vom Bindeglied eingesetzt werden, wenn doch die Kategorienbewertungen
erst Ergebnis der Analyse sind, führt zu einem komplexen
Gleichungssystem, das in der Regel über- oder unterbestimmt,
also nicht oder nicht eindeutig lösbar sein wird, und wobei
sich selbst im Idealfall der Aufwand einer Lösung wegen der
schon angesprochenen Problematik der Skalenwerte ohnedies
nicht   lohnen würde.[3]

Somit ist der von OSGOOD vorgeschlagene Weg einer zweistufi-
gen Berechnung - erst vorläufige Werte aus den a-Sätzen, die
dann in die b-Sätze eingesetzt werden - <u>sinnvoll</u>, birgt aber
auch Gefahren: Nehmen wir an, eine Kategorie werde "in Wirklichkeit" positiv bewertet. Liegen nun für diese Kategorie
viele b-Sätze aber wenige a-Sätze vor, und seien einige der
a-Sätze etwas untypisch, so kann sich im ersten Analyseschritt
(nur a-Sätze) vielleicht eine negative Bewertung ergeben.
Wenn nun im zweiten Analyseschritt die Bewertung positiv ist,
so kann (wegen des größeren Gewichtes der vielen Sätze) die
Gesamtbewertung positiv werden, d.h. Ergebnis und "Wirklichkeit" würden in diesem Falle übereinstimmen. Trotzdem hätte

dieses Folgen: obwohl diese Kategorie insgesamt eine "richtige" positive Bewertung erhielte, würden in allen Sätzen der Form b, in denen diese Kategorie rechts vom Bindeglied auftaucht, die "falschen" negativen Werte des ersten Analyseschrittes eingesetzt werden. Das bedeutet, Fehler im ersten Analyseschritt pflanzen sich fort und wirken sich dann gar nicht bei der Kategorie aus, bei der sie entstanden sind - weshalb man sie inhaltlich am Gesamtergebnis dann auch gar nicht bemerken würde - sondern bei anderen Kategorien. Die Wahrscheinlichkeit für einen solchen Fehler nimmt zu, je kleiner der Anteil von a-Sätzen für eine Kategorie ist, und je heterogener deren Bewertungen sind.

Nun sind gerade diese beiden letzten Problem-Aspekte (3. und 4.) unmittelbar mit der OSGOODschen Bewertungsanalyse verbunden. Es wäre daher wohl mehr als unbillig, in einer an Inhalten orientierten Studie vom Autor zu verlangen, daß er diese Probleme durch bessere Lösungen aus der Welt schafft. Hingegen scheint es keine unbillige Forderung zu sein, daß diese Probleme zumindest gesehen und dem Leser mitgeteilt werden - insbesondere, wenn man die "kritische Einschätzung der Ergebnisse" anpreist.

Darüber hinaus aber wäre es wohl geboten, angesichts der aufgezeigten Probleme etwas Vorsicht und Zurückhaltung bei der Interpretation der Ergebnisse hinsichtlich ihrer numerischen Höhe walten zu lassen. Doch abgesehen von den Kategorien, für die weniger als 6 Standardsätze für beide, oder gar nur drei für eine oder beide Formen (a und b), zur Verfügung standen, wird nicht nur die Höhe der Bewertungen (Tab. 14.1 und Abb. 14.1), sondern auch deren Differenzen zwischen den beiden Zeiträumen interpretiert und dann - noch weitergehend - (in Tab. 14.2 und 14.3) sogar die Differenzen dieser Differenzen, nämlich Rangfolgen der Veränderungen.

Sieht man sich diese drei Tabellen und die Abbildung an, so
fällt auf, daß hier mit erheblicher Redundanz immer wieder
dasselbe ausgesagt wird; jedenfalls ist Abb. 14.1 wegen der
vielen Kategorien nicht weniger komplex als Tab. 14.1, d.h.
die Werte von Tab. 14.1 werden durch eine solche Abbildung
(die sämtliche Werte enthält - nicht mehr und nicht weniger
als die Tabelle also) nicht anschaulicher. Und ob es zweier
weiterer Tabellen bedarf, um die Differenzen einmal _mit_ Vorzeichen und einmal _ohne_ zu ordnen, sei dahingestellt. Es hätten die Ausführungen im Text (13 und 14) genügt, mit Hinweis
auf Tab. 14.1 (in der man dann ggf. eine Spalte mit den Differenzen hätte einfügen können). Hier wäre also genügend Platz
gewesen, um die notwendige und viel wichtigere Diskussion
über die _Aussagekraft_ der Daten zu führen, statt diese in
immer neue Reihenfolgen zu bringen und ihnen Begriffe wie
"Einstellungswandel" (13) und "interne Stabilität des Wissenssystems" (14) zuzuordnen - ganz abgesehen davon, daß diese
Interpretation der Differenzen von Differenzen mit hoher
Sicherheit nur Artefakte sind, wie gleich noch gezeigt wird.

Daß die Transformation von "Ergebnis-Zahlen" in eloquente
Wortfolgen noch keine sozialwissenschaftlichen Ergebnisse
sind, wird an einer anderen Stelle noch deutlicher: Am Ende
der Ausführungen zur Bewertungsanalyse werden nämlich die
Durchschnitte der Werte bzw. der Veränderungen berechnet und
interpretiert (15-17). Diese Berechnung ist nun schlicht
falsch: Zwar ist für t_1 das Mittel der positiven Werte +1,03
und das der negativen Werte -0,83 wie angegeben. Doch ergibt
sich daraus nicht ein Gesamtdurchschnitt von +0,10, wie behauptet, sondern von 0,16; und der Wert für t_2 ist nicht "sogar 0,00", sondern +0,14. Für ein Gesamtmittel kann man nämlich nicht einfach zwei Mittelwerte mitteln - wie offensichtlich geschehen - sondern entweder muß das Mittel über alle
Werte neu berechnet werden, oder die beiden Mittelwerte müssen mit der Anzahl der Fälle gewichtet werden. Entsprechend
beträgt auch das Gesamtmittel für die Einstellungsveränderun-

gen nicht +O,25 sondern -O,O7. Doch was folgt eigentlich inhaltlich daraus bzw. was wäre daraus zu folgern, wenn die
Mittel noch ganz andere Werte angenommen hätten? Gewiß, man
hätte dann nicht von der "wahrhaft erstaunlichen" "Stabilität des kognitiven Systems" sprechen können, aber in welchem
Zusammenhang ist diese Aussage eigentlich bedeutungsvoll?

Als etwas befremdendes Detail sei noch vermerkt, daß für die
Bewertung der Kategorie AD in t_2 laut Tab. 14.1 zwar keine
Angabe gemacht werden kann. In Tab. 14.2 und 14.3 aber findet
man dann, daß die Bewertungsveränderungen von t_1 nach t_2 für
AD +O,8 beträgt. Ebenso werden in Tab. 14.1 AD vom Autor fol-
gende Worte zugeordnet: "Die "Massengesellschaft" verliert
fast ganz an Aktualität" (12), in Tab. 14.2 hingegen: "Mittle-
re Sympathiegewinne errang ... die "Massengesellschaft"" (13).
Diese eklatanten Widersprüche aber fallen dem Autor nicht auf:
Zuverlässigkeit in Form von mathematisch-statistischen Koeffizienten wiederzugeben ist offensichtlich eine Sache - Zuverlässigkeit als Kontrolle, wieweit sich Aussagen mit derselben
"Technik" zu derselben Kategorie in zwei aufeinanderfolgenden
Tabellen vereinbaren lassen, eine andere.

14.2.3. Zur Konsistenz von Ergebnisaussagen (I):
        Widersprüche von Bewertungs- und Funktionaler-Distanz-
        Analyse

Daß es sich bei der zuletzt angeführten Unstimmigkeit nicht
um einen "Ausrutscher" sondern eher um "die Spitze eines Eis-
berges" in dieser Arbeit handelt, soll nun gezeigt werden.
Knüpfen wir noch einmal an die Überlegungen zur Zuverlässigkeit an, so ist eine der klassischen Ansätze in der Testtheorie dazu die "Halbierungsmethode" ("split-half-technique"),
in welcher das Material zufällig in zwei Hälften geteilt und
die Übereinstimmung der Ergebnisse bzw. Werte in beiden Hälften untersucht wird (z.B. mithilfe der Korrelationsrechnung).

Gerade angesichts der vielen Probleme und Zweifel an der
Aussagefähigkeit der Werte aus der Bewertungsanalyse hätte
man hier analog zur Halbierungsmethode vorgehen können, um
Aufschluß über die Aussagekraft der Ergebnisse zu gewinnen:
Das Material (für jeden Zeitraum t_1 und t_2) wäre dafür nach
dem Zufall in zwei Hälften aufzuteilen, die Bewertungsanalysen für beide Hälften getrennt durchzuführen und die beiden
Ergebnisse jeweils zu vergleichen. Hohe Übereinstimmung in
den Werten hätte einen Hinweis darauf erlaubt, daß die Ergebnisse trotz aller aufgezeigter Probleme wohl doch eher
stabil und damit interpretationswürdig sind. Große Abweichungen allerdings hätten gezeigt, wie stark die Ergebnisse von
der jeweiligen Komposition der Standardsätze in den Teil-
stichproben abhängen, und daß damit Aussagen über die Gesamt-
stichprobe (für jeden Zeitraum) kaum zuverlässig zu treffen
sind.

Natürlich bedeutet eine solche Analyse zusätzlichen Aufwand
und es wäre zu billigen, wenn der Autor diesen nicht auf
sich genommen hätte. In der vorliegenden Studie aber _hat_ der
Autor praktisch etwas vergleichbares durchgeführt: Die Ausgangsdaten seiner Funktionalen-Distanz-Analyse _sind nämlich_
vier Bewertungsanalysen zu den Zeitpunkten tI=1955/56, tII=
1958/59 sowie tIII=1965/66 und tIV=1968/69, wobei das Material unmittelbar aus der Bewertungsanalyse der Zeiträume
t_1=1955-59 und t_2=1965-69 stammt (28). Das bedeutet nichts
anderes, als daß praktisch eine Zuverlässigkeitsprüfung nach
der Halbierungsmethode durchgeführt wurde, allerdings mit
zwei Abweichungen: 1.) das Material wurde nicht zufällig sondern systematisch aufgeteilt (nämlich in jeweils zwei Hälften
zu Anfang und zu Ende der Zeitperioden), 2.) das Material
wurde nicht ganz vollständig aufgeteilt (es fehlt das Jahr
1957 bzw. 1967).

Trotz dieser Abweichung von einer _bewußt_ durchgeführten Zu-
verlässigkeitskontrolle liegt ein Vergleich der Daten aus

der Bewertungsanalyse der <u>Gesamtzeiträume</u> mit den Bewertungsanalysen der <u>Teilzeiträume</u> auf der Hand. Kern der ganzen Ausführungen des Autors zur Bewertungsanalyse ist ja der Vergleich der beiden Zeiträume 1955-59 und 1965-69. Wenn nun ein
solcher Vergleich sinnvoll sein soll, muß implizit vorausgesetzt werden, daß die Einstellungen <u>innerhalb</u> der beiden Zeiträume konstanter sind als <u>zwischen</u> den beiden Zeiträumen. An-
dernfalls wären Unterschiede zwischen den Zeiträumen ja nicht
"Einstellungswandel" etc., sondern zufälliges Ergebnis der
sich ohnedies ständig und noch stärker ändernden Einstellungen schon in kurzen Zeitabschnitten - oder in varianzanalyti-
scher Terminologie: Die Variabilität <u>zwischen</u> den Vergleichs-
gruppen muß größer sein als <u>innerhalb</u>, sonst interpretiert
man ggf. nur Artefakte.

Vergleicht man nun die Daten der Funktionalen-Distanz-Analyse
mit denen der Bewertungsanalyse, so springt - noch bevor man
die Werte selbst genauer ansehen kann - eine erhebliche Ungereimtheit ins Auge: In Tab. 14.1 gab es an einigen Stellen
Schwierigkeiten wegen des zu geringen Materials zu Aussagen
zu kommen - diese wurden mit "kA" vermerkt. In Tab. 14.6 hingegen gibt es scheinbar keine Schwierigkeiten mehr, Werte zu
berechnen; jedenfalls ist weder in der Tabelle selbst, noch
im Text, ein Hinweis. Selbst wenn man die Zusammenlegung von
CB und CC berücksichtigt und annimmt, daß bis auf die in
Tab. 14.1 gekennzeichneten Kategorien alle anderen so viele
Standardsätze in der Stichprobe aufweisen, daß auch nach einer
Reduzierung der Sätze auf durchschnittlich 2/5 (2 Jahre aus
5 Jahren) genügend übrig bleiben, gibt es nach Tab. 14.1 zumindest 5 Lücken: AD (t_2), AH1 (t_2), BA (t_2), BB (t_1) und
BB (t_2). Zumindest für diese fünf wurde vom Autor zugestanden,
daß für den jeweiligen 5-Jahre-Zeitraum zuwenig Sätze für eine
Bewertungsanalyse vorliegen; nimmt man aber aus diesen zu wenigen Sätzen nun Teilmengen heraus (für jeweils zwei Jahre) so
kann man scheinbar wieder Bewertungsanalysen durchführen. Leider verrät uns der Autor den Trick nicht, wie man aus einem

Bruchteil Daten mehr und zuverlässigere Ergebnisse berechnen kann, als aus den Gesamtdaten.

Aber es kommt noch viel schlimmer: Aus Abb. 14.2 lassen sich
zumindest für einige der Kategorien die Werte der vier Bewertungsanalysen ablesen. Analysieren wir damit einen Satz aus
der Interpretation der Bewertungsanalysen (Tab. 14.1) genauer. Der Autor schreibt:

> "Die "emanzipatorisch-gesellschaftskritische Bildung"
> erfreut sich gleichbleibender, wenn auch nicht über-
> schwänglicher Beliebtheit, die "Demokratie" hinge-
> gen ... verliert an Glaubwürdigkeit" (12).

Im ersten Halbsatz wird interpretiert, daß die "emanzipatorisch-gesellschaftskritische Bildung" (AE) nach Tab. 14.1 sowohl 1955-59 als auch 1965-69 den Wert +1,4 hat. Abb. 14.2
aber zeigt folgende Werte: 1955/56: 0,0; 1958/59: 1,0; und
1965/66: 1,5; 1968/69: 1,4! Einerseits kann da von "Gleich-
bleiben" keine Rede mehr sein. Andererseits ist wohl noch
merkwürdiger, wie für 1955-59 ein Wert von +1,4 entstehen
kann, wenn die beiden Teilmengen 1955/56 eine Bewertung von
0,0 und 1958/59 1,0 zeigen.

Es gibt wohl nur zwei Möglichkeiten: Entweder fällt der
(nicht enthaltene) Wert für 1957 völlig aus dem Rahmen, oder
es liegt eben doch an der "Technik", die keine "besonders geringe Verzerrung" und "relativ große Genauigkeiten" sondern
eher erhebliche Zufälligkeiten auszuzeichnen scheint. In jedem Falle wäre eine Aussage über den gesamten Zeitraum 1955-
59 sinnlos, so daß in diesem Punkt die Daten von A2 nicht nur
T1 völlig widersprechen, sondern beide "Ergebnisse" ihre
nicht vorhandene Zuverlässigkeit gegenseitig beweisen.

Ähnlich im zweiten Halbsatz: Das "Verlieren" von AF geht auf
1,5 in 1955-59 und 0,7 in 1965-69 zurück. AF zeigt aber für

1955/56: 1,6; 1958/59: 0,8 und 1965/66: 1,1; 1968/69: 1,2.
Nicht nur, daß die Bewertung von AF nach diesen "Ergebnissen"
nicht abfällt, nicht nur, daß der Unterschied zwischen 1955/56
und 1958:59 demnach mit 0,9 genausogroß wäre, wie zwischen
1955-59 und 1965-69, sondern wieder liegt die Bewertung für
den Zeitraum 1965-69 mit 0,7 außerhalb des Rahmens der Bewertungen für die Teilmengen 1965/66 (1,1) und 1968/69 (1,2).
Auch für diese Kategorie beweisen die Daten von Abb. 14.2 die
Unbrauchbarkeit der Daten von Tab. 14.1 und umgekehrt.

Weitere Beispiele: Die Kategorie AG soll gemäß Tab. 14.1 für
1965-69 negativ sein (-0,1), obwohl AG gemäß Abb. 14.2 sowohl für die Teilmenge 1965/66 als auch für 1968/69 positiv
sein sollen (0,3 bzw. 0,4). Kategorie AK soll gemäß Tab. 14.1
den Wert 0,0 für 1965-69 haben, worin der Autor "genau das
ambivalente Verhältnis der Erwachsenenbildung gegenüber dem
neuen Erscheinungsbild" erkennt - doch gemäß Abb. 14.2 sieht
es für die Teilmengen ganz anders aus: 1965/66: +0,3 und
1968/69: +1,1. Die Kategorie AI soll nach Tab. 14.1 für 1955-
59 negativ bewertet werden (-0,2), zeigt aber gemäß Abb. 14.2
für 1955/56 und 1958/59 hohe positive Werte (2,0 und 1,4).

Diese wenigen aber wohl eindrucksvollen Beispiele mögen genügen um zu zeigen, daß man die "Ergebnisse" in Tab. 14.1
- und damit auch von Tab. 14.2 und 14.3 sowie Abb. 14.1 - und
ebenso von Tab. 14.6 und Abb. 14.2 - und damit auch von Tab.
14.7, 14.8, 14.9 und 14.10 - genausogut hätte auswürfeln
können: Hier werden Artefakte soziologisch als "Ergebnisse"
gedeutet, und es fällt dem Autor nicht einmal auf, daß die
der Interpretation zugrunde liegenden Daten sich total widersprechen (und - das sollte an dieser Stelle nochmals hinzugefügt werden - auch nicht den Fachkollegen, die eine solche
Arbeit vor der Publikation "gegenlesen", oder den Herausgebern
bzw. dem wissenschaftlichen Beirat, welche über die Publikation entscheiden, noch der scientific community als Rezipient,
die keine Replik oder Kritik schrieb - es handelt sich somit

wohl kaum um das individuelle Problem der vorliegenden Arbeit bzw. des einen Autors!).

14.2.4. <u>Probleme kontingenter Strukturen</u>

Neben der Bewertung von Kategorien geht es dem Autor insbesondere auch um die Zusammenhänge zwischen Kategorien. Als erstes Modell, das solche Zusammenhänge abbilden soll, wählt er die Kontingenzanalyse. Diese geht ebenfalls auf OSGOOD zurück (OSGOOD & ANDERSON 1957) und geht operational (verkürzt) i.W. so vor:

Es wird davon ausgegangen, daß Absätze in einem Text "natürliche" Assoziationseinheiten des Kommunikators bedeuten. Für jeden in die Stichprobe aufgenommenen Absatz wird daher festgestellt, welche Kategorien darin enthalten sind. Es ergibt sich somit das in Abb. 14.3 skizzierte Schema.

Abb. 14.3.: Schema einer Kontingenzanalyse

Absatz	Kategorien				
	AA	AB	AC	. . .	AM
1	x				
2	x				x
.					
.					
N		x	x		x
Häufigkeit	n_{AA}	n_{BB}	n_{CC}	. . .	n_{AM}

Für jeden Absatz läßt sich somit feststellen, welche Kategorien darin vorgekommen sind - in dem (fiktiven) Beispiel in Abs. 1 AA, Abs. 2 AA und AM usw. Ferner wird für jede Kategorie die relative Häufigkeit p festgestellt, mit der sie in den N Absätzen vertreten war (wobei mehrfaches Vorkommen einer Kategorie in einem Absatz in jedem Falle nur <u>einmal</u> vermerkt wird).

Interpretiert man nun die relative Häufigkeit p_i als Schätzung der Wahrscheinlichkeit, mit der eine Kategorie i in einem Absatz auftaucht, so läßt sich auch die Wahrscheinlichkeit berechnen, daß zwei Kategorien (z.B. AA und AB) gemeinsam in einem Absatz vorkommen - unter der Bedingung, daß sich AA und AB rein zufällig über die Absätze verteilen, nämlich:

$$P \text{ (AA und AB)} = P(AA)P(AB) = p_{AA}p_{AB}$$

Als erwartete Häufigkeit für das gemeinsame Auftreten von AA und AB ergibt sich dann $NP = p_{AA}p_{AB} \cdot N$. Damit verglichen kann nun die ausgezählte empirische Häufigkeit werden, mit der AA und AB in den N Absätzen gemeinsam vorkamen. Ist diese empirische Häufigkeit wesentlich größer als die erwartete, wertet man das als Hinweis, daß AA und AB doch nicht zufällig über die Absätze verteilt sind, sondern eher aufgrund der Denkstrukturen des Kommunikators gemeinsam auftreten; liegt die empirische beobachtete Häufigkeit wesentlich unter der erwarteten, so verwirft man ebenfalls die Hypothese einer rein zufälligen Verteilung der Kategorien und nimmt eher an, daß sie sich gemäß den Denkstrukturen des Kommunikators gegenseitig ausschließen.

Das Problem ist nun sicherlich, was "wesentlich" heißt, d.h. wann man berechtigt ist, die Annahme der rein zufälligen Verteilung (unter der ja die Wahrscheinlichkeiten berechnet werden) zu verwerfen. Als Kriterium wird dafür die Signifikanzgrenze gewählt, d.h. unter den eben beschriebenen Modellannahmen wird ein Signifikanztest konstruiert.

Die vom Autor - in Anlehnung an OSGOOD - erörterten Möglichkeiten "Chi-Quadrat-Test" und "Standardfehler für Proportionen" (18) sind nur scheinbar Alternativen. Ob man nämlich den Chi-Quadrat-Wert mit der entsprechenden Chi-Quadrat-Verteilung vergleicht, oder aber den Proportionen-Wert mit der entsprechenden Normalverteilung, ist in diesem Fall dasselbe: die

infrage kommende Chi-Quadrat-Verteilung hat nämlich einen
Freiheitsgrad und ist damit das unmittelbare Quadrat der
Standardnormalverteilung - das analoge gilt für die Testwerte. Aus diesem Grunde ist auch der hier entscheidende Wert,
welcher den "kritischen" Bereich vom "Zufallsbereich" z.B.
auf dem 5%-Niveau abgrenzt, bei der Chi-Quadrat-Verteilung
3,84, bei der Standardnormalverteilung 1,96 - ersterer also
das Quadrat des letzteren.

Wichtiger, als diese Scheinalternative zu erwähnen, wäre daher gewesen, auf die gemeinsamen Probleme und Beschränkungen
hinzuweisen, die sich daraus ergeben, daß es sich nur um
numerische Näherungslösungen des aufgeworfenen Problems des
Signifikanzmodells handelt. Diese Näherungslösungen werden
dann unangemessen, wenn die erwartete Häufigkeit kleiner als
5 wird, bei kleineren erwarteten Häufigkeiten als 1 werden
diese Näherungen absolut unzulässig. Wie häufig das der Fall
ist, führt der Autor nicht aus. Bei 150 Absätzen sind z.B.
schon zwei Kategorien, die jeweils nur 12 mal auftreten, un-
terhalb der zulässigen Grenze (denn 12x12/150 ist kleiner
als 1).

Nicht nur problematisch sondern schlicht falsch ist die Verwendung des "Korrekturfaktors" in diesem Zusammenhang (19).
Der Korrekturfaktor berücksichtigt bei endlichen Grundgesamtheiten der Größe N, daß die Varianz der Stichprobenverteilung
bei einer Stichprobe der Größe n um (N-n)/(N-1) kleiner wird.
Ein Korrekturfaktor von 0,77 bedeutet nun, daß ca. 23% der
Grundgesamtheit in der Stichprobe sind. Das verwundert: selbst
wenn der Autor meint, seine Grundgesamtheit wären die 900 Seiten Text in den drei Zeitschriften, so hat er daraus - wie zu
Anfang ausgeführt - 300 Absätze gezogen, was schwerlich 23%
ausmachen kann (es sei denn, die Absätze sind alle extrem
lang). Aber unabhängig davon geht es hier überhaupt nicht um
eine endliche Grundgesamtheit, aus der eine Stichprobe gezogen wird. Vielmehr beruht das Signifikanz-Test-Modell auf der

Vorstellung, daß die Absätze mit ihren gemeinsam vorkommenden Kategorien Realisationen eines (unendlichen) Zufallsprozesses sind; anders ausgedrückt: die beobachtete empirische Häufigkeit für das gemeinsame Auftreten von z.B. AA und AB ist eine Realisation bei der zufälligen Ziehung von N Absätzen aus einer unendlichen Grundgesamtheit mit dem Parameter π für die Wahrscheinlichkeit des gemeinsamen Auftretens von AA und AB, wobei π über $p_{AA}p_{BB}$ geschätzt wird, wie oben ausgeführt.

Auch wenn einem die statistischen Kenntnisse fehlen, um nachzuvollziehen, daß es sich hier um eine unendliche Grundgesamtheit für das Testmodell handelt, hätte man allein aufgrund _inhaltlicher_ Überlegungen zu demselben Schluß kommen können: Wenn man nämlich _alle_ Absätze eines Textes untersucht, also N=n ist, folgt daraus natürlich keinesfalls _inhaltlich_, daß nun alle Kategorien signifikant kontingent werden. Der Korrekturfaktor aber würde (N-n)=O werden, d.h. der Standardfehler ebenfalls O, und da die (immer ganzzahligen) beobachteten Häufigkeiten von den (kaum ganzzahligen) berechneten abweichen, würde _rechnerisch_ _alles_ signifikant. Diese inhaltliche Überlegung hätte also ausgereicht, die Falschheit des Korrekturfaktors hier zu entdecken.

Ein erhebliches Problem stellt auch die Verwendung von Signifikanztests in der Kontingenzanalyse dar. OSGOOD selbst weist schon darauf hin, daß bei der "Prüfung" einer - üblicherweise sehr großen - Zahl von Kontingenzen auch bei keinerlei inhaltlichem Zusammenhang mittels des Signifikanztests der Anteil α im Schnitt per _Zufall_ signifikant wird, wenn α als übliche Irrtumswahrscheinlichkeit gewählt wird (z.B. $\alpha=0.05$). Auch der Autor erwähnt, daß seine Interpretationen nicht nachträglich zu Hypothesen gemacht werden können, welche scheinbar überprüft würden. Doch weder OSGOOD noch der Autor ziehen daraus den Schluß, möglichst _vor_ der Kontingenzanalyse entsprechende Hypothesen über Kontingenzen zu formulieren.

Es läßt sich aber hinreichend überzeugend argumentieren, daß ohne eine vorherige Formulierung von Hypothesen gerade das Testen sämtlicher Zusammenhänge in der Kontingenzanalyse absurd ist: Bei nur 20 inhaltsanalytischen Kategorien werden nämlich $20 \cdot 19/2 = 190$ Kategorienpaare auf Signifikanz überprüft - auf dem üblichen 5%-Niveau werden dabei im Schnitt also 9-10 rein zufällig signifikant. Doch ist dabei die Analyse von Kontingenzen nicht konsequent zuende gedacht: Warum sollte man die Analyse auf Paare beschränken? Genauso interessant sind Kontingenzen zwischen je drei Kategorien, zwischen vier etc. Für wieder nur 20 Kategorien gibt es aber zu den 190 Paaren 1140 Dreier-, 4845 Vierer-, 15505 Fünfer-, 38760 Sechser-, ..., 184750 Zehner-, ..., -kombinationen, kurz: 1 233 311 unterschiedliche Kontingenzen die überprüft werden müßten. Mit einem Computer ist das kein allzugroßer Aufwand; nur: wenn inhaltliche Hypothesen fehlen, würden davon allein per Zufall über 60 000 (Erwartungswert: 61 665) auf dem 5%-Niveau signifikant werden (dazu müßte allerdings das Textmaterial recht umfangreich sein, damit für größere Kombinationen noch überprüfbare Erwartungswerte bleiben). Bei der "üblichen" Vorgehensweise, signifikante "Ergebnisse" mit soziologischen Begriffen zu garnieren, würde man somit aus nur 20 Kategorien ein mehrbändiges "soziologisches" Werk verfassen können. Daß man sich stattdessen auf Paare bei der Analyse beschränkt, hat wohl kaum inhaltliche Gründe, sondern höchstens den, daß dabei die Absurdität des Vorgehens nicht so überdeutlich ins Auge springt; nur: wird ein "Verfahren" deshalb weniger absurd, weil man es nicht konsequent anwendet?

Im vorliegenden Fall werden vom Autor 12 Kategorien in die Kontingenzanalyse einbezogen (AA bis AM, die B- und C- Kategorien wurden hier nicht ausgewertet, AH1 und AH2 zusammengezogen). Da, wie in der Kontingenzanalyse üblich, nur Paare betrachtet werden, ergeben sich für jeden Zeitraum (t_1 und t_2) 66 Signifikanztests - insgesamt also 132. Auf dem - auch hier als untere Grenze verwendeten - 5%-Signifikanzniveau würden somit allein per Zufall 6-7 signifikant werden. Durch die falsche Verwendung eines Korrekturfaktors von 0,77 aber stimmen die angegebenen Signifikanzgrenzen nicht mehr, d.h. tatsächlich fallen nicht 5% in den kritischen Bereich, sondern über 8,5%, und somit werden von den 132 Tests im Schnitt rund 11 dann signifikant, wenn tatsächlich im Material alle Kategorien zufällig verteilt sind. Von den 22 vom Autor vorgetragenen und interpretierten "Ergebnissen" würde man also gut die Hälfte allein durch Auswürfeln erhalten.

Selbst diese große Zahl der rein zufälligen "Ergebnisse" ergibt sich aber nur unter der Bedingung, daß die 132 Tests unabhängig voneinander durchgeführt werden. Diese Bedingung ist bei der Kontingenzanalyse sicher nicht erfüllt. Denn gerade wenn nicht alles Zufall ist, beeinflussen sich die Häufigkeiten des Auftretens - gerade das bedeuten ja Kontingenzen. Nehmen wir zur Illustration an, eine Kategorie X hätte "eigentlich" im Text (eines bestimmten Kommunikators) eine Auftretenswahrscheinlichkeit von 20%. Sie sei aber hoch kontingent mit einer anderen Kategorie, Y, die dieser Kommunikator in den analysierten Absätzen häufig benutzt, so daß damit die Kategorie X in - sagen wir - weiteren 15% im Text auftaucht. Diese Anteile lassen sich nun aber nicht auseinanderhalten, sondern festgestellt wird, daß X in 35% der Absätze auftaucht, und damit wird die zufällige Auftretenswahrscheinlichkeit überschätzt, wodurch die Wahrscheinlichkeit steigt, daß X nun mit anderen Kategorien seltener ("dissoziativ") auftritt, als man aufgrund der (falschen) Annahme erwarten würde. Das bedeutet, mit Vorliegen bereits einer "echten" Kontingenz verändern sich die Wahrscheinlichkeiten für alle übrigen - und das unkontrolliert, weil sich die Effekte praktisch nicht auseinanderdividieren lassen.

Es zeigt sich also, daß es auch bei der Kontingenzanalyse Probleme genug gibt, um bei der Interpretation der "Ergeb-

nisse" alle erdenkliche Vorsicht walten zu lassen. Doch weder im Abschnitt "Methodendiskussion" noch bei den "Ergebnissen" wird eines der angeführten Probleme vom Autor auch
nur erwähnt, oder die Interpretation in Frage gestellt, obwohl einige der Probleme selbst bei OSGOOD explizit genannt
werden.

Selbst wenn man aber alle getroffenen Einwände außer aucht
läßt und annimmt, die in Tab. 14.4 und 14.5 angeführten "kon-
tingenten Kategorien" wären in keinem Falle Artefakte, gibt
deren Interpretation Anlaß zum Wundern: Wieso folgt z.B. aus
der Assoziation "Gebildete Persönlichkeit" mit "Staatsbürger/
Staat" die Aussage: "Nur die "gebildete Persönlichkeit" ist
also ein wertvoller "Staatsbürger", bzw. das Etikett Staatsbürger verdient nur die gebildete Persönlichkeit" (20)? Aus
der (hier zugestandenen) Tatsache, daß in manchen Absätzen
beide Kategorien gemeinsam auftreten und (was ebenfalls hier
zugestanden werden soll), daß beide positiv bewertet werden,
nun auf "wertvoll" und "Etikett verdienen" zu schließen, bedarf einiger Phantasie. In Texten der Katholischen Kirche werden "Kinderreichtum" und "Priester" sicherlich positiv bewertet. Daraus und dem Zusammentreffen beider Kategorien in Text-
absätzen würde man nach obigem Muster folgern: "Nur der Kin-
derreiche ist also ein wertvoller Priester ...". Um es deutlich zu machen: Phantasie ist bei der Analyse sozialwissenschaftlicher Daten gewiß nicht unwillkommen, nur sollte man
trennen zwischen dem, was sich anhand der Daten noch belegen
läßt, und darauf aufbauenden Spekulationen. Das gilt auch für
die folgenden "Interpretationen" (20).

Mehr als problematisch aber sind besonders die Deutungen der
"dissoziativen" Kontingenzen. Man findet: "das eine hat mit
dem anderen nichts zu tun" (21, 22, 23), "kein Zusammenhang"
(24, 25), "auseinandergehalten" (26), "gedankliche Trennung"
(27) etc. Nun bedeutet aber gemäß dem statistischen Modell,
daß zwischen solchen Kategorien kein Zusammenhang gesehen

wird, die <u>nicht</u> kontingent sind. Dissoziative Kontingenzen
sind somit nicht "kein Zusammenhang", sondern - analog zu
einer negativen Korrelation - ein "negativer" Zusammenhang,
im Sinne eines "sich gegenseitig ausschließen". Am ehesten
trifft somit noch die zuletzt genannte Formulierung zu.

Nicht ganz nachvollziehbar ist auch, wie der Autor im Abschnitt über "Validität" einen Zusammenhang zwischen Bewertungen der Bewertungsanalyse und Kontingenzen der Kontingenzanalyse konstruiert, d.h. konkret, woher er die Aussage
nimmt "im allgemeinen treten Assoziationen zwischen Einstellungen mit gleichem Vorzeichen auf und Dissoziationen zwischen Einstellungen mit verschiedenen Vorzeichen". Jedenfalls
wird auf keine Untersuchung verwiesen, die ein solches Ergebnis erbracht hätte. Untersuchungen aus dem Bereich der Asso-
ziationspsychologie haben stattdessen erbracht, daß der "Kon-
trast" mit großem Abstand vor "Ähnlichkeit" in der Häufigkeit von Assoziationen rangiert (KARWOSKI und SCHACHTER 1948).
Selbst auf der Satzebene ist beim Typ "Kategorie-Bindeglied-
Kategorie" bei einem negativen Bindeglied das Gegenteil der
obigen Behauptung der Fall - und warum es nun bei Absätzen
mit einer Länge von 120 bis 210 Wörtern valider ist, wenn
öfter zwei Kategorien mit gleichem als mit verschiedenen Vorzeichen auftauchen ist nicht einzusehen.

Statt Beziehungen von der Kontingenzanalyse zur Bewertungsanalyse zu konstruieren - wobei diese Modelle ganz unterschiedliche Aspekte erfassen - hätte der Autor besser daran getan,
sich die Beziehungen zwischen Kontingenz- und Faktorenanalyse
anzusehen - da <u>beide</u> Modelle ja <u>Zusammenhänge</u> zwischen Kategorien erfassen sollen. Allerdings wäre er dann hinsichtlich
der Validität und Reliabilität seiner Ergebnisse zu einem
ganz anderen Urteil gelangt, wie nun gezeigt werden soll.

14.2.5. Zur Konsistenz von Ergebnisaussagen (II): Widersprüche zwischen Kontingenz- und Faktorenanalyse

Die Kontingenzanalyse dient dazu, über Beziehungen zwischen Kategorien - entweder in assoziativer oder dissoziativer Form - etwas auszusagen. Entsprechend erfolgten auch die Interpretationen des Autors. Vom statistischen Modell her ist die Faktorenanalyse zwar sehr unterschiedlich im Vergleich zur Kontingenzanalyse, doch dient sie insbesondere im Zusammenhang der vorliegenden Arbeit inhaltlich einer ziemlich gleichen Fragestellung, nämlich die Beziehungen zwischen den Kategorien zu erfassen.

Ein Unterschied liegt zwar darin, daß die Kontingenzanalyse für die beiden Zeiträume t_1 und t_2 getrennt durchgeführt wurde, die Faktorenanalyse hingegen über den gesamten Zeitraum (mit Ausnahme der beiden Jahre 1957 und 1967) erfolgte. Auch ging es bei der Faktorenanalyse nicht um das gemeinsame Auftreten von Kategorien, sondern um deren Ähnlichkeit in den Bewertungen, wobei die Ausgangsdaten dieselben sind, wie für die Funktionale-Distanz-Analyse, nämlich vier Bewertungsanalysen. Daß allerdings beide Analysemodelle auch für den Autor inhaltlich gleiche Funktionen erfüllen, erkennt man unschwer aus dem Vergleich der Interpretationen der Kontingenzanalyse (20-27) mit den Hypothesen für die Faktorenanalyse (33): Es geht klar um Kategorien-Zusammenhänge - ein Vergleich hätte für den Autor also auch hier auf der Hand liegen müssen.

Da eine Faktorenanalyse praktischerweise von Korrelationsmatrizen ausgeht, berechnet der Autor als ersten Schritt die (Produkt-Moment)-Korrelationskoeffizienten über die vier Zeitpunkte. Daß dies eine nicht unproblematische Angelegenheit ist, wurde bereits in 14.2.2. argumentiert: So können nämlich zwei Kategorien hoch positiv - im Extremfall +1 - korrelieren, auch wenn eine nur negative, die andere nur positive Werte

aufweist (da die Korrelation gegenüber linearen Transformationen der Variablen invariant sind). Ob in diesem Falle, wo
es sich ja um _Bewertungen_ von Kategorien handelt, bei einer
solchen Datenlage dann noch semantisch sinnvoll von einem
hohen positiven Zusammenhang der beiden Kategorien gesprochen
werden kann, muß bezweifelt werden (insbesondere da es dem
Autor in den Hypothesen - (33) - und logischerweise auch in
den Interpretationen der Ergebnisse zu diesen Hypothesen,
nicht so sehr um den Zusammenhang von Kategorien-_Verläufen_
als schlicht um den Zusammenhang von Kategorien _selbst_ geht).

Daß die Daten aus den vier Bewertungsanalysen - auch wenn man
von den aufgezeigten Mängeln in dieser speziellen Arbeit ab-
sieht - wohl kaum die für eine Produkt-Moment-Korrelation
notwendige Intervallskalierung aufweisen, sei nur am Rande
vermerkt. Fataler ist, daß jeweils nur über vier Werte korreliert wird:

Jeden, der schon einmal Ergebnisse aus einer Faktorenanalyse
gesehen hat, müssen die Resultate in der vorliegenden Arbeit
erstaunen. Nicht nur, daß geradezu phantastisch hohe Faktorenladungen auftreten, umwerfender ist, daß bei 18 Variablen
(Kategorien) durch nur drei Faktoren 99,99% der Varianz "erklärt" werden (Fußnote zu Tab. 14.11, bzw. (35)). Üblicherweise ist man bei einer solchen Variablen-Faktoren-Relation
glücklich, wenn deutlich die 50%-Marke überschritten wird.
99,99% der Varianz zu erklären - und das mit drei Faktoren -
bedeutet praktisch, den jahrzehntelangen Traum der Faktoren-
analytiker zu erfüllen, daß nämlich so etwas wie ein empirisches Gesetz entdeckt wird. Man mache sich das klar: Die gesamte Variabilität eines durch 18 Kategorien und umfangreichen Textstichproben sehr heterogenen Materials läßt sich
praktisch vollständig auf drei unabhängige Faktoren zurückführen, die sich zudem noch - wegen der extrem hohen Ladungen der Kategorien - geradezu ideal inhaltlich interpretieren lassen.

Leider ist dem Autor diese geschichtlich einmalige Sternstunde seiner Faktorenanalyse nicht bewußt geworden - das hätte sonst möglicherweise doch dazu geführt, daß er etwas kritischer die Möglichkeit eines Methodenartefaktes in seine Überlegungen mit einbezogen hätte. Schlägt man z.B. in dem einschlägigen Lehrbuch über Faktorenanalyse von ÜBERLA (1968) nach, so findet man unter dem Kapitel "Ansatzpunkte für eine Systematisierung der Anwendungen der Faktorenanalyse" u.a. (S. 35a):

> "Liegt die übliche faktorenanalytische Technik vor?
> (R-Technik. Die Ausgangsdaten sind quantitative Größen,
> wobei die Fallzahl größer als die dreifache Variablen-
> anzahl sein sollte, ...) Wenn diese Technik nicht vor-
> liegt, ist Vorsicht geboten ..."

Also auch wenn man von den unterschiedlichen Techniken der Faktorenanalyse nichts gehört hat, gibt es zumindest einen klaren Hinweis (den auch die meisten Computerprogramme enthalten): Die Fallzahl sollte hinreichend groß sein in Relation zur Variablenzahl. In der vorliegenden Studie aber haben wir 18 Variable (Kategorien) und eine Fallzahl (über die korreliert wird) von nur vier!

Mit diesem Hinweis wird nun auch inhaltlich die Sonderstellung der vorliegenden Analyse deutlich: Üblicherweise ist der Ausgang eine Datenmatrix mit m Variablen und n Fällen, wobei eben $n \gg m$. Der erste Schritt, die Berechnung einer Korrelationsmatrix, reduziert die in der mxn-Matrix enthaltene Information bereits erheblich, nämlich zu mxm Korrelationen. Eine Faktorenanalyse nun soll diese Information noch weiter reduzieren, indem - bis auf eine (oft erheblich große) Restvarianz - r Faktoren gezogen werden ($r < m$), und somit die Matrix der Faktorenladungen nur noch die Größe mxr hat. Hier aber besteht die Datenmatrix aus m(=18)x4. Da die Werte der jeweils 4 Fälle, wie oben ausgeführt, ohnedies linearen Transformationen unterworfen werden dürfen, kann man auch jeweils

zwei aufeinanderfolgende Fälle subtrahieren, es bleiben
dann drei Differenzen für jede Variable, die die ganze (ver-
wertbare) Information enthalten. So gesehen enthält die gesamte Matrix aller Ausgangsdaten überhaupt nur 18x3 Werte
- kein Wunder also, daß auch die Matrix der Faktorenladungen
von 18x3 die Information vollständig zu enthalten vermag.

Bezieht man sich nochmals auf einen Satz von ÜBERLA, auf derselben Seite: "Man sollte sich überlegen, ..., ob wirklich
eine Faktorenanalyse von der Sache her notwendig ist" so muß
dies hier, was den Aspekt der Informationsreduktion betrifft,
in jedem Falle verneint werden. Wenn es dem Autor nun aber
stattdessen um die Erfassung von Zusammenhängen gegangen wäre, dann hätte er zumindest die in der Faktorenanalyse angeblich gefundenen Zusammenhänge mit denen aus der Kontingenzanalyse vergleichen müssen. Doch das erfolgt nicht.

Lassen wir nämlich alle bisherigen Einwände gegen die Faktorenanalyse fahren und nehmen an, die Ladungszahlen wären tatsächlich sinnvoll und fehlerfrei. Dann bedeuten wegen der
Orthogonalität der Faktoren (d.h., daß sie geometrisch interpretiert senkrecht aufeinander stehen) hohe Ladungen auf (nur)
einem und demselben Faktor für diese Kategorien einen sehr
starken Zusammenhang bzw. hohe Ähnlichkeit; hohe Ladungen auf
jeweils (nur) einem aber unterschiedlichen Faktoren für solche
Kategorien hingegen Unabhängigkeit bzw. "kein Zusammenhang".

Vergleicht man daraufhin Tab. 14.4 und 14.5 mit 14.11, so
sind gemäß der Faktorenanalyse (Tab. 14.11) "Internationale
Beziehungen"-"Deutsche Geschichte" und "Gebildete Persönlichkeit"-"Geschichte" voneinander unabhängig, gemäß Tab. 14.4
aber signifikant abhängig; ebenso sind in Tab. 14.5 z.B. "Das
deutsche Volk"-"Die deutsche Geschichte" oder "Gebildete Persönlichkeit"-"Massengesellschaft" signifikant abhängig, nach
Tab. 14.11 aber völlig unabhängig. Hohe positive Korrelationen nach der Faktorenanalyse sind in der Kontingenzanalyse mal

assoziativ - z.B. "Gebildete Persönlichkeit"-"Staatsbürger/
Staat" - mal dissoziativ - z.B. "Staatsbürger/Staat"-"Internationale Beziehungen". Kurz: abgesehen von allen methodischen und formalen Problemen und Mängeln überprüft der Autor
nichteinmal seine eigenen verbalen Interpretationen auf interne Konsistenz, denn sonst hätte er die eklatanten Widersprüche selbst entdecken müssen.

Nun könnte man dem Autor zugute halten, daß bei allen aufge-
deckten Widersprüchen zumindest die Ergebnisse der Funktionalen-Distanz-Analyse und der Faktorenanalyse hinreichend übereinstimmen. Das ist zwar richtig, doch handelt es sich hierbei weitgehend um eine durch die "Methode" bedingte Übereinstimmung und keine inhaltliche. Beide Modelle gehen nämlich
von denselben Ergebnissen der vier Bewertungsanalysen aus
(die oben weitgehend als Artefakte charakterisiert wurden)
und verrechnen sie in ziemlich gleicher Weise. Sowohl die
Funktionale-Distanz-Analyse als auch die Produkt-Moment-Korrelation erfaßt praktisch die Ähnlichkeit der drei "Kurven-
stücke" zwischen den vier Zeitpunkten in Abb. 14.2. Der einzige Unterschied liegt i.W. darin, daß bei den Funktionalen
Distanzen auch die absolute Lage der "Kurven" berücksichtigt
wird, bei der Korrelation nur ihr relativer Verlauf (Die
Kategorien AB und AI müßten nach der Korrelation also recht
ähnlich sein, da sie etwa gleich verlaufen: ab-auf-ab. Nach
der Funktionalen Distanz müßten sie eher unähnlich sein, da
sie weit auseinanderliegen.)

Aus diesem Grunde wird hier auch nicht mehr ausführlich auf
die Funktionale-Distanz-Analyse eingegangen, da die Probleme
der Ausgangsdaten im Zusammenhang mit der Bewertungsanalyse
diskutiert wurden. Da die in der "Methodendiskussion" vorgetragene Berechnung der Werte (29 und 30) wohl kaum zum Verständnis ausreicht - zumal noch in (30) Symbole wie x,y,d
und Δ auftauchen, die an keiner anderen Stelle im Text erläutert werden und zudem ein Druckfehler in der Formel ist -

sollen die bisherigen Ausführungen genügen.

Allerdings führt die obige Betrachtung der Ähnlichkeiten von "Kurvenverläufen" noch zu einer letzten, hier zu erörternden, "Ungereimtheit": Wenn die obige Erläuterung korrekt ist, so müßten die Kategorien AB und AI ja eine nicht allzu niedrige positive Korrelation aufweisen, die höher ist, als z.B. die zwischen AA und AI. Andererseits lassen sich aus den Faktoren bekanntlich die Korrelationen rückrechnen: Und hiernach laden aber AA und AI auf einem und demselben Faktor hoch, was eine sehr hohe positive Korrelation ergeben müßte, während AB und AI nicht auf denselben Faktoren laden und somit die Korrelation zwischen diesen beiden Kategorien nahe bei O sein müßte - also ein weiterer Widerspruch. Um vom bloßen Augenschein zu konkreten Werten zu gelangen, wurden die Werte für die drei Kategorien in Abb. 14.2 ausgemessen (kleinere Meß- oder Zeichenungenauigkeiten beeinflussen dabei die Korrelationen praktisch kaum):

	t_1	t_2	t_3	t_4
AA	2,1	1,1	0,4	0,8
AB	-2,0	-2,5	-1,8	-2,0
AI	2,0	1,5	1,9	1,5

Damit ergibt sich aber:

	nach Abb. 14.2	nach Tab. 14.11
$r_{AA,AI}$	+.38	+.97
$r_{AB,AI}$	+.63	-.24

Diese Unterschiede lassen sich weder inhaltlich noch methodisch erklären: Es muß ein <u>weiterer</u> "Wurm" in den Funktionalen Distanzen oder den Faktorenladungen sein.

14.2.6. <u>Resümee</u>

Die Kritik zusammenfassend ist zu konstatieren, daß der Autor
durch die Art der Darstellung und bestimmte Formulierungen
zwar den Eindruck hervorruft, es gehe ihm um eine kritische
Reflexion seines forschungsmethodischen Vorgehens, doch wird
dieser Anspruch - trotz methodenkritischer Bemerkungen, "Methodendiskussion" zu jedem Modell etc. - auf der konkreten
Ebene nicht eingelöst. Stattdessen gewinnen bei genauerer
Betrachtung viele scheinbar methodische Anmerkungen eine Ali-
bifunktion.

Dies beginnt schon bei der Feststellung des Autors, die Inhaltsanalyse im allgemeinen und die Bewertungsanalyse im besonderen zeichne sich gegenüber anderen "Techniken" durch "geringere Verzerrung" aus. Dabei wird übersehen, daß es gar
keine Möglichkeit gibt, den Begriff der geringen Verzerrung
mit Sinn zu füllen, da eine wirkliche Wirklichkeit - von der
allein "Verzerrung" festgestellt werden könnte - nicht erheb-
bar oder konstruierbar ist. Entsprechend werden vom Autor
Überlegungen zur Zuverlässigkeit seiner Analysen nur auf der
Ebene der numerischen Höhe von Reliabilitäts-Koeffizienten
angestellt. Abgesehen davon, daß die benutzte "Inter-Kodierer-Zuverlässigkeit" nur einen Aspekt (auch formaler) Zuverlässigkeit erfaßt, und daß der Produkt-Moment-Korrelations-
koeffizient zur Bestimmung der Zuverlässigkeit der Skalierungen Meßprobleme mit sich bringt und hier wegen der semantischen Bedeutung des Nullpunktes inadäquat ist, so hindert den
Autor die befriedigende Höhe dieser "Zuverlässigkeits-Koeffi-
zienten" offensichtlich daran, einmal <u>inhaltlich</u> über die Zuverlässigkeit seiner Daten und Ergebnisse nachzudenken, d.h.
zu diskutieren, welche Voraussetzungen die von ihm verwendeten Modelle haben - und wieweit diese erfüllt sind - und wieweit sich die unterschiedlichen Ergebnisse überhaupt in Einklang bringen lassen.

So wird beim ersten Modell, der Bewertungsanalyse, weder die
Skalierung noch die Zweistufigkeit als Problem diskutiert,
stattdessen folgt eine ausgedehnte Interpretation nicht nur
der absoluten Höhe der numerischen Werte, sondern auch von
Differenzen ("Unterschiede") und Differenzen von Differenzen
("Veränderung der Unterschiede"). Unwichtig ist, daß die Be-
rechnung der Mittelwerte für die Gesamtbewertungen und die
Veränderungen falsch ist, viel wesentlicher ist, daß dem Autor nicht auffällt, daß seine so ausführlich interpretierten
Zahlen der Bewertungsanalyse diametral den Zahlen seiner
Funktionalen-Distanz-Analyse widersprechen (wobei allerdings
auch jene dann recht phantasievoll interpretiert werden).
Obwohl die Daten der Funktionalen-Distanz-Analyse vor ihrer
Verrechnung <u>echte Teilmengen</u> aus der Bewertungsanalyse sind,
werden Funktionale Distanzen auch für solche Kategorien "berechnet" für die nicht einmal das <u>gesamte</u> Material ausreichte,
um zu Aussagen zu gelangen. Abgesehen von der totalen Wider-
sprüchlichkeit in den Ergebnissen beider Analysen, liegen bei
einigen Kategorien die Werte für die Bewertungsanalysen nicht
einmal in dem <u>Bereich</u>, der nach den Werten in der Funktionalen-Distanz-Analyse überhaupt möglich sein könnte.

Ebenso werden bei der Kontingenzanalyse schon die Probleme
des Modells selbst mit keinem Wort erwähnt. Stattdessen führen inadäquate Überlegungen des Autors über das Stichproben-
modell zu einem falschen "Korrekturfaktor", der die Anzahl
des vom Modell ohnedies in Kauf genommenen rein zufälligen
"Ergebnisse" nochmals erheblich vergrößert: Von den 22 referierten "Kontingenzen" würde man per Zufall - d.h. bei aus-
gewürfeltem statt empirisch erhobenem Material - über die
Hälfte der "Ergebnisse" ohnedies erwarten. Trotzdem werden
alle 22 "Ergebnisse" sehr phantasievoll interpretiert, wobei oft der Rahmen dessen verlassen wird, was mit den Daten
(selbst wenn sie korrekt wären) belegt werden könnte. Dissoziative Zusammenhänge werden öfter so interpretiert, als sei
"kein Zusammenhang" das Ergebnis.

Auch bei der Kontingenzanalyse ist allerdings nicht der Kern
unserer Kritik, daß der Autor methodische Grenzen und Implikationen des Modells nicht genügend gesehen hat. Viel gra-
vierender ist, daß auch hier die Ergebnisse bereits <u>rein in-
haltlich</u> seinen Ergebnissen aus einem anderen Analyseschritt
wiederum diametral wiedersprechen: So sind Kategorienpaare,
die nach der Faktorenanalyse orthogonal und damit als <u>unab-
hängig voneinander</u> interpretiert werden, mehrfach in der Kontingenzanalyse als "signifikant kontingent", also <u>hoch zu-
sammenhängend</u> klassifiziert.

Was die Faktorenanalyse anbetrifft, so erfüllen seine Daten
- auch wenn man von den bisher entdeckten Mängeln voll ab-
sehen würde - auch nicht annähernd die Voraussetzungen dieses
Modells. Dabei muß nichteinmal so sehr auf das mangelhafte
Skalenniveau verwiesen werden, wichtiger ist auch hier wieder
ein eher <u>inhaltlicher</u> Mangel: Eine Faktorenanalyse über 18
Variable, aber jeweils nur 4 Werten, ist überhaupt nicht sinnvoll. Das hätte - abgesehen von entsprechenden Hinweisen in
einschlägigen Lehrbüchern zu diesem Modell - dem Autor spätestens daran auffallen müssen, daß seine drei Faktoren
99,99% (!) der Varianz abschöpfen (bzw. "erklären") - ein für
empirische Daten schlicht (und im wahrsten Sinne:) unglaub-
liches Ergebnis. Letztlich treten zwischen Korrelationen, die
aus den Faktorenladungen rückgerechnet wurden und denen, die
man aus den abgebildeten Ausgangswerten berechnen kann, eklatante Unterschiede auf, obwohl sie identisch sein müßten.

Insgesamt gesehen sind neben allen Einzelproblemen gerade die
Widersprüche auf der inhaltlichen Ebene ins Auge springend
(womit auch die vordergründige Erklärung hier deutlich wider-
legt wird, Forschungsartefakte lägen primär an einer zu geringen rein methodischen Kenntnis). Daß der Autor (und seine
scientific community, die unmittelbar an dieser Publikation
beteiligt war) nicht einmal diese inhaltlichen Probleme bemerkt, sondern sogar noch schreibt, es "verdichteten sich stu-

fenweise Annahmen" - so als würde durchgehend konsistent argumentiert und als paßten die Ergebnisse zusammen - kann als Beleg für die Kontextlosigkeit - und damit letztlich: völlige Belanglosigkeit - von Ergebnissen empirischer Sozialforschung gewertet werden.

14.3. <u>Gesamtbewertung</u>

Trotz des scheinbar methodenkritischen und reflektierten Eindrucks der referierten Arbeit zeigt sich auch hier, daß die Überlegungen zur inhaltlichen Bedeutung des eigenen Tuns dort aussetzen, wo mit "Methoden" hantiert wird. Wie sinnlos aber methodische Konzepte werden können, wenn man sie aus - durchaus sinnvollen - Kontexten heraus in andere Sinnzusammenhänge verpflanzt ohne ihre Bedeutung erneut zu hinterfragen, wird nur allzu deutlich: So sind Reliabilitäts- und Korrelationskoeffizienten von Antwortskalen in der Testpsychologie durchaus sinnvoll, bei der "Inter-Koder-Zuverlässigkeit" und der Korrelation zwischen den Skalierungen aber - wie gezeigt wurde - sind sie fragwürdig bis unbrauchbar.

Bissig formuliert muß man feststellen, daß sobald der Rechner eingeschaltet wird, sich der sozialwissenschaftliche Sachverstand ausschaltet. Nur so ist es zu erklären, daß dem Autor die eklatanten Widersprüche zwischen den Zahlen, die jeweils inhaltlich dasselbe belegen sollen, nicht auffallen. Wenn Werte, die über Einstellungen zu Objekt A in einer Zeitperiode etwas aussagen sollen, mehrfach völlig aus dem Rahmen fallen, den dasselbe Objekt A jeweils in zwei Teilabschnitten dieser Zeitperiode hat, so bleibt jegliches inhaltliches Verständnis für die eigenen "Ergebnisse" auf der Strecke. Wenn die methodisch aufwendig entdeckten Zusammenhänge zwischen zwei Kategorien an anderer Stelle ebenso methodisch aufwendig als "keine Zusammenhänge" zwischen diesen Kategorien nachgewiesen werden und vice versa, so kann das eigentlich der scientific

community nur dann nicht auffallen, wenn diese gewohnt ist,
gar keine inhaltlichen Zusammenhänge mehr zu suchen, sondern
blind unzusammenhängende (und eben auch total widersprüchliche) "Fakten" zu registrieren, sofern diese nur mit einer
wohlklingenden "Methode", die einen tiefgründigen Formalis-
mus suggeriert, erbracht wurden.

In der vorgetragenen Kritik wurde Wert darauf gelegt zu zeigen, daß garade an jenen Stellen, wo die tiefgreifendsten
"Methoden"-Artefakte zum Vorschein traten, gar keine großen
methodischen Kenntnisse notwendig gewesen wären, sondern es
hätten relativ einfache und rein inhaltliche Überlegungen
genügt, die Widersprüche und Ungereimtheiten zu entdecken.
Doch sind in unserer scientific community offensichtlich inhaltliche Überlegungen (bevorzugt rein theoretische und kom-
plizierte) eben das eine und "Methoden" eben etwas anderes.

Trotzdem ergibt sich die Frage, wie es im konkreten Fall möglich ist, daß die ausgeführten Unsinnigkeiten, Widersprüche
und Fragwürdigkeiten nicht offen und für jedermann klar erkennbar zutage treten. Sieht man sich die herausgearbeiteten Widersprüche zwischen Bewertungs- und Funktionaler-Distanz-Ana-
lyse sowie zwischen Kontingenz- und Faktorenanalyse genauer
an, so muß festgestellt werden, daß in den Sätzen, die der
Autor den Tabellenzahlen zuordnet, diese Widersprüche nicht
unmittelbar erkennbar sind. Erst indem wir Fragen stellten
wie: "was bildet das jeweilige Modell inhaltlich überhaupt
ab?", "welche inhaltlichen Voraussetzungen müssen für die
formalen Schritte und die Aussagen überhaupt gegeben sein?"
oder "was folgt überhaupt aus den Aussagen?", wurde ein Be-
ziehungsgefüge entwickelt, in dem die Widersprüche dann ekla-
tant wurden. Anders formuliert: Gerade relativ komplexe Modelle enthalten mannigfaltige Aspekte und Ergebnisfacetten; solange man diese nicht systematisiert und weiter reduziert,
d.h. einer tiefergehenden Struktur hinsichtlich ihrer Bedeutung unterwirft, lassen sich Fragen zur logischen Konsistenz

der Aussagen gar nicht wirkungsvoll stellen. Das Manko liegt
also darin, daß die Frage nach den weitergehenden Sinnstrukturen (als allererste Voraussetzung für eine Umsetzung in
Handlung) nicht gestellt wird, sondern Teile der Ergebnisfacetten deskriptiv nebeneinander gestellt werden, sozusagen
Satz an Satz gereiht, wie die Strickmaschen eines bunten Pul-
lovers. Das mag dann ggf. optisch "schön" sein, ist aber
gleichzeitig völlig belanglos, da auf der Ebene der Satzanein-
anderreihungen jede Struktur fehlt, die eine Falsifikation
erlauben würde. Ob nun X oder Y oder gar -X das "Ergebnis"
ist, kann ohne Bezug auf eine umfassende Sinnstruktur gleich-
gültig sein - allerdings lassen sich allen drei Möglichkeiten
wohlklingende Sätze zuordnen.

Als Beleg für die oftmalige Belanglosigkeit von Ergebnisaussagen und die dahinterstehende Gleichgültigkeit für eine
Realität, die sich mittels Erkenntnis in Handlungskontexte
einbinden ließe, soll eine Ergebnis"interpretation" aus einer
anderen Arbeit angeführt werden: In einer Studie über die
"Berufstätigkeit der Mutter und spätere Partnerwahl der Kinder"[4] findet der Autor bei der Kreuztabellierung verschiedener Variabler zwischen einer Reihe insignifikanter Tabellen
zunächst zwei signifikante Unterschiede: Mütter, deren Mütter
berufstätig waren, haben Ehemänner die erstens aus einer stärker unausgewogenen Geschlechterverteilung stammen (Jungen /
Mädchen) und zweitens überzufällig häufig bei Stiefeltern auf-
wuchsen. Diesen beiden Datenbefunden wird nun folgende Wort-
sequenz zugeordnet (alle Unterstreichungen von mir):

Interpretation: Offensichtlich scheint also Berufstätigkeit der Mutter der Mutter eine Beziehung zur späteren Partnerwahl der Mutter
aufzuweisen, und zwar insbesondere hinsichtlich der Unausgewogenheit der Geschlechter und des Vorhandenseins von Stiefeltern beim
Partner. Da im allgemeinen Unausgewogenheit der Geschlechter als
Bedingung für das Entstehen von Rivalitätshaltungen gesehen wird
(... verweis auf Literatur...), bedeutet dies, daß Berufstätigkeit
der Mutter bei Mädchen zur Wahl stärker mit Rivalitätsproblemen be-
lasteter Partner führt. Frauen, deren Mütter berufstätig waren, suchen also eher nach Kampfsituationen, nach Auseinandersetzungen,

nach Dominanzkonflikten in der Ehe als Frauen, deren Mütter nicht berufstätig waren. Wir könnten vermuten, daß die Berufstätigkeit der Mutter der Mutter mit bestimmten Einstellungen einhergeht, z.B. mit Ehrgeizhaltungen, Dominanzstreben, Wunsch nach Auseinandersetzung und Kampf. Diese Haltungen könnten bei ihrer Tochter zu einer entsprechenden Wahl des Ehepartners führen. Möglich wäre aber auch, daß Frauen, deren Mütter berufstätig waren, im Kontakt allgemein verunsichert sind und daher ungünstigere Partnerwahlen treffen, vielleicht sich auch mit weniger günstigen Partnern zufrieden geben als Frauen, deren Mütter nicht berufstätig waren. Nun könnte ja prinzipiell auch die Berufstätigkeit der Mutter gerade bei Mädchen zu einer verringerten Möglichkeit der Identifikation mit der Mutter führen und damit zu einer Irritierung beim Erlernen der Geschlechtsrolle. Aufgrund dessen könnten hier männliche Haltungen überwiegen, was im Wunsch nach Dominanz und Kampf zum Ausdruck käme. Es wäre auch denkbar, daß hier nicht die Berufstätigkeit der Mutter in erster Linie den Ausschlag gibt, sondern daß Männer mit ungünstiger Geschlechterverteilung in ihren Familien sich eher ehrgeizige und etwas dominierende Frauen suchen, vielleicht aber auch Frauen, die im Kontakt verunsichert sind; denn auch so könnte prinzipiell die Berufstätigkeit der Mutter sich auswirken. Daß Berufstätigkeit der Mutter der Mutter und die Unausgewogenheit der Geschlechter in der Familie des Vaters von einer dritten Variablen abhängig sind, ist wenig wahrscheinlich, da es sich bei der Unausgewogenheit der Geschlechter, die wir ja unabhängig von der Geschwisterzahl betrachteten, ganz sicher um eine zufallsbedingte Variable handeln dürfte. Lediglich wäre wohl möglich, daß die neurotisierende Wirkung einer unausgewogenen Geschlechterverteilung abhängig ist von bestimmten Einstellungen in einer Familie und damit doch letzten Endes die festgestellte Korrelation zwischen Berufstätigkeit der Mutter der Mutter und einer stark unausgewogenen Geschlechterverteilung des Partners von einer dritten Variablen abhinge, wie z.B. einer starken Betonung der Wichtigkeit der Geschlechtsrollenausprägung u.ä. Daß bei einer Stiefelternsituation beim Vater die Mutter seiner Ehefrau eher berufstätig war, könnten wir so erklären, daß Personen mit intentionalen Lücken (...Hinweis...), mit vollen oder partiellen Verlusterlebnissen (...Hinweis...), sich gegenseitig anziehen. Möglicherweise suchen sich also Ehefrauen, die leichte Kontaktschwierigkeiten oder Verlustängste aufweisen, Ehemänner, die ähnliche Probleme haben, also vermutlich aus einer gewissen Ängstlichkeit heraus anhänglicher und gefügiger sind als andere. Denkbar wäre allerdings auch, daß sich recht ehrgeizige und nach Dominanz strebende Frauen (deren Mütter berufstätig waren) Ehemänner suchen, mit denen sie umspringen können, die sie beherrschen können. Wenn wir unsere Ergebnisse bis hierher also zusammenfassen, so bedeuten sie, daß Berufstätigkeit von Müttern mit Verlusterlebnissen gleichzusetzen sein könnte, daß sie eine Störung des Kontaktes bewirken könnte, die sich auf die Partnerwahl später auswirkt. Unsere zweite Erklärung würde darau hinauslaufen, daß Berufstätigkeit von Müttern bei den Töchtern besondere Ehrgeizhaltungen hervorruft, die sich in der Ehe in verstärktem Dominanzstreben auswirken. Unter diesem Gesichtspunkt würde dann die Partnerwahl stattfinden.

Es soll hier gar nicht kritisiert werden, daß diese "Ergebnisse" an einer Stichprobe von Eltern verhaltensgestörter Kinder
gewonnen wurde (also für den Aussagenbereich sicher nicht repräsentativ ist), daß beide knapp auf dem 5%-Niveau signifikant werden (eines davon, weil in einer Zelle der Erwartungswert 3, der beobachtete Wert 6 ist - wäre also <u>ein einziger</u>
Vater mit Stiefeltern Gatte einer Frau mit nicht berufstätiger Mutter statt einer Frau mit berufstätiger Mutter, so wäre
die Kreuztabelle nicht signifkant geworden). Selbst wenn man
einmal die beiden Ergebnisse als reliabel, valide und repräsentativ unterstellt, was wissen wir nach diesem Wortschwall
mehr über unsere Wirklichkeit, welches Handeln (innerwissen-
schaftlich oder allgemein-gesellschaftlich) wird von diesen
Ausführungen beeinflußt, welche Ansichten über unsere Wirklichkeit wurden revidiert oder erweitert, und wie müßte eigentlich ein Untersuchungsdesign aussehen, daß dieses "Interpreta-
tionsgefüge" falsifizieren könnte? Ist es eine bösartige Unterstellung anzunehmen, wenn zufällig zwei andere Kreuztabellen
die formale Hürde der Signifikanz genommen hätten, daß dann
diese Arbeit nicht unterlassen worden wäre, sondern ein ent-
sprechender Wortschwall sich über diese Kreuztabellen ergossen
hätte, und die Publikation vermutlich an derselben Stelle in
derselben Zeitschrift erschienen wäre? Wenn letzteres aber
eintreten würde, geht es hier nicht mehr um die Auseinandersetzung mit Sinnstrukturen die sich auf unsere gemeinsam konstituierte Realität beziehen und in Handlung münden können,
sondern Wissenschaft degeneriert zum Kreuztabellen-Roulette.

Hat man erst einmal einige Aspekte der Daten in Worte transformiert, läßt sich auf <u>dieser</u> Ebene dann durchaus logisch
argumentieren, da die Bedingungen für die Daten und numerischen Ergebnisse gar nicht mehr hinterfragt werden können,
sofern daraus keine Ableitungen folgen, die wieder auf der
Datenebene oder gar an neuerlich konstituierter Wirklichkeit
überprüft werden können. Nur so ist es zu erklären, daß in
der analysierten Arbeit der Autor nicht auf die Widersprüche

in den numerischen Ergebnissen stößt sondern für seine Interpretationen nur findet: "Im Verlauf der vorliegenden Analyse
verdichteten sich stufenweise einige Annahmen...". Auch dafür,
wie auf einer Ebene durchaus logisch und scheinbar kritisch
argumentiert werden kann, dies aber dann völlig belanglos ist,
wenn diese Ebene abgehoben ist und zu den eigentlichen Problemen der Daten und Ergebnisse gar nicht mehr herunterreicht,
ein weiteres Beispiel:

Unter dem Namen "Bedeutungsfeldanalyse" wurde in einer Arbeit
versucht, "ein neues Verfahren der Inhaltsanalyse" zu entwik-
keln.[5] Das Modell basiert i.w. darauf, daß ein in der Sprachpsychologie entwickeltes Maß - sogenannte Überschneidungsko-
effizienten - auf die Analyse von inhaltsanalytischen Katego-
riensequenzen übertragen wird. Es konnte allerdings gezeigt
bzw. bewiesen werden, daß die methodische Vorgehensweise auf
inhaltlich inadäquaten Vorstellungen aufbaut und die statistischen Folgerungen falsch sind (KRIZ, 1975b). Dies ist nicht
weiter tragisch, da bei der Entwicklung von Analysemodellen
Irrtümer nicht auszuschließen sind und Fehleinschätzungen auch
berühmten Wissenschaftlern unterlaufen.[6] Bemerkenswert ist
allerdings, daß in diesem Falle wiederum relativ elementare
<u>inhaltliche</u> Überlegungen ausgereicht hätten, die Fehler in
der statistischen Konzeption aufzuspüren und zu bemerken, daß
in diesem Kontext nicht einmal die Minimalbedingungen erfüllt
sind, daß nämlich beim Vergleich je zweier Überschneidungs-
koeffizienten der größere Koeffizient auch auf eine größere
Überschneidung hinweist.

Stattdessen kommt der Autor bei der Erprobung seines Analyse-
modells zu Aussagen wie: "Die Matrix der Überschneidungskoef-
fizienten läßt zweifellos die Zusammenhänge in zweifacher Hinsicht besser transparent werden: erstens setzt sie jede Kategorie zu jeder anderen in Beziehung und zweitens sind die Daten differenzierter, da die Werte kontinuierliche Größen sind."
Oder - für auf den Werten aufbauende Analyseschritte:"Die Ana-

lyse hierarchisch geordneter Cluster hat die Resultate der
Faktorenanalyse als valide erwiesen", oder: "Die Bedeutungsfeldanalyse hat sich als ein zuverlässiges Instrument erwiesen..." und letztlich: "Der Bedeutungsfeldanalyse kommt allerdings der Vorteil zu, differenziertere Resultate geliefert
und deshalb wesentlich besser interpretierbare Aussagen ermöglicht zu haben. Sie hat eine höhere analytische Kapazität".

Wenn man fragt, wie solche Aussagen möglich sind, wenn das
Analysemodell doch Zahlen liefert, die nicht einmal einer
Ordinalrelation genügen, so fällt auf, daß die Argumente diese Minimalvoraussetzung überhaupt nicht tangieren. Auch beliebige Zufallszahlen können in eine Matrix gebracht werden und
setzen so "jede Kategorie zu jeder anderen in Beziehung"; und
auch solche Zufallszahlen können kontinuierliche Größen sein.
Wegen der prinzipiellen Ähnlichkeit von Faktorenanalyse und
hierarchischer Clusteranalyse werden für beliebig ausgedachte
Zufallszahlen - die ja immer in den Bereich o,1 transformiert
und als Distanzen interpretiert werden können - die Ergebnisse
stets recht ähnlich sein. Das hat mit Validität überhaupt
nichts zu tun. Die entscheidende Frage, ob die Zahlen überhaupt irgendetwas sinnvolles auszusagen vermögen, bevor man
sie in weitergehende Modelle als Rohmaterial eingibt, wurde
überhaupt nicht gestellt.

Abschließend soll auch für die oben getroffene Aussage, daß
komplexes Material eben unterschiedliche (und letztlich gegensätzliche) Interpretationen zuläßt, wenn nur Teile betrachtet
werden und ein übergeordneter Interpretationsrahmen fehlt, der
die Aussagen z.B. in Handlungen einfließen lassen würde und
damit deren Validität überprüft, ein weiteres Beispiel gegeben werden:

In einer Arbeit über "Rechtsradikalismus in einem Bundeswehrstandort" wurden von den Autoren Zivilisten und Soldaten zu
Statements wie "In der Politik sollte die nationale Ehre ei-

nes Volkes das Wichtigste sein" befragt.[7] Es ergibt sich
dabei u.a. eine Tabelle, in der die Mittelwerte für Soldaten
und Zivilisten, die jeweils auf einem 5-Punkte-Kontinuum ihre
Zustimmung zu skalieren hatten, angegeben werden. Diese Tabelle sieht auszugsweise so aus (für unsere Belange unwichti-
ge Werte wie Standardabweichung, Nummer des Statements sind
fortgelassen):

Soldaten	Zivilisten	t	p=0,05
3,68	3,73	0,13	n.s.
3,18	3,38	1,10	n.s.
2,80	2,87	0,37	n.s.
2,61	2,63	0,15	n.s.
2,33	2,64	1,78	n.s.
3,46	3,77	1,72	n.s.
2,30	2,46	0,81	n.s.
2,24	2,49	1,30	n.s.
2,62	2,87	1,14	n.s.
2,22	2,22	0,06	n.s.
3,27	3,41	1,01	n.s.
2,09	2,05	0,20	n.s.
2,86	3,32	1,94	n.s.
3,33	2,67	3,10	s.
4,05	3,94	0,62	n.s.
2,79	2,82	0,15	n.s.
2,89	2,45	2,01	s.
2,51	2,12	2,30	s.
2,58	2,64	0,33	n.s.
2,63	2,68	0,24	n.s.
2,36	1,85	2,66	s.
3,90	4,00	0,57	n.s.

Getestet wurden die Unterschiede mit dem t-Test (der Wert
steht in der dritten Spalte). In der vierten Spalte steht,
ob der Unterschied auf dem 5%-Niveau signifikant ist.

Wie man "sieht" sind nur vier Unterschiede signifikant, dort
weisen die Soldaten höhere Werte auf, ansonsten sind die Unterschiede recht gering. Diesen Effekt sehen auch die Autoren. Man kann aber auch etwas anderes sehen: Bis auf diese
vier Ausnahmen gibt es nur noch zwei Zeilen, wo die Zivilisten
niedrigere Werte haben als die Soldaten. Überprüft man die
Gesamttabelle ohne diese vier Ausnahmen (z.B. mit dem sign-

Test), so ergibt sich hochsignifikant, daß die Zivilisten rechtsradikaler sind als die Soldaten, gerade auf dem 5%-Niveau wird dies sogar dann noch signifikant, wenn man auch die vier Ausnahmen mit berücksichtigt und nur den für beide Gruppen gleichen Wert 2,22 herausläßt.

Natürlich sind das Spielereien mit Daten, die keinen Wert haben außer zu demonstrieren, daß man mal das eine und mal das andere in den Daten sehen kann und sich mit etwas Geschick dann auch meist ein Signifikanztest finden läßt, der das, was man zeigen möchte, belegt. Es geht aber nicht darum, ob der t-Test in diesem Zusammenhang ein besserer oder richtigerer Test ist, als z.B. der sign-Test, nicht einmal darum, ob nun die Soldaten rechtsradikaler sind als die Zivilisten oder umgekehrt, sondern was die eine bzw. die andere Ergebnisaussage letztlich bedeutet, d.h. in welchen Gesamtzusammenhängen sie ihren Stellenwert hat, was daraus konkret folgt (und damit, woran diese Aussage ggf. falsifiziert werden kann). Schlimmer - im Hinblick auf das in Teil I entwickelte normative Wissenschaftsmodell - als ein Ergebnis, das sich in der Praxis als falsch erweist, scheitert und revidiert werden muß, sind "Ergebnisse" die so belanglos sind, daß sie schon deshalb nicht falsifizierbar sein können, weil sie überhaupt nicht in eine wie immer geartete Praxis einfließen und von der scientific community nur registriert aber nicht hinterfragt werden.

15.   Beispiel 3: Selbstkonzept

15.1. <u>Darstellung</u>

Das Selbstkonzept einer Person wird als eine sehr entscheidende Variable für ihr Verhalten schlechthin angesehen - insbesondere bei abweichendem Verhalten (Delinquenz, psychische
Devianz etc.) steht somit das Selbstkonzept im Mittelpunkt
des Interesses. In der Arbeit "Untersuchungen zum Selbstkonzept von Strafgefangenen"[1) soll ein Beitrag zu der Frage geleistet werden, ob und wieweit sich das Selbstkonzept jugendlicher Straftäter von dem einer vergleichbaren Gruppe anderer
Jugendlicher unterscheidet.

Der Autor referiert dabei zunächst kurz die Ergebnisse anderer Forscher, welche die Auffassung vertreten, daß Delinquente ein gestörtes Selbstkonzept besitzen. In Gegensatz dazu
wird die Annahme (offensichtlich aus vorhergehenden Untersuchungen) gestellt, daß Delinquente im allgemeinen ein "positives Selbstkonzept" haben:

> Genauer gesagt: wir nehmen an, daß im allgemeinen der Anteil des
> Selbstkonzeptes "positiv" ist, den das Bild beschreibt, das der
> Delinquent von sich selbst zeichnet, wenn er die Aufgabe bekommt,
> sich selbst zu charakterisieren.

Die Thematik der Untersuchung wird nun fortlaufend präzisiert;
zunächst die inhaltliche Kernfrage:

> Unsere Untersuchungen fragen nach dem Selbstverständnis, Selbst-
> bild oder Selbstkonzept von Strafgefangenen (Auto- bzw. Autohetero-
> Stereotyp). Verglichen wird das Selbstbild der Straftäter
>
> 1. mit ihrem Bild von den anderen, mit ihrer Vorstellung von dem
>   Verhalten der zu ihrer Altersgruppe gehörenden straffreien Bun-
>   desbürger,
>
> 2. mit dem Bild, das sich eine im Alter und Geschlecht vergleich-
>   bare Gruppe von sich selbst und von "den anderen" macht.

Diese wird dann in fünf Aspekte aufgegliedert:

So untersucht die Frage nach dem Selbstkonzept des Strafgefangenen weitergehend:

a) Wird die eigene Person, das eigene Verhalten sehr verschieden von dem Verhalten der übrigen, nicht straffällig gewordenen Mitglieder der eigenen Population erlebt?

b) Unterscheidet sich die Beschreibung der eigenen Person von der Beschreibung nicht-gefangener Vpn, z.B. daß andere, sozial weniger erwünschte Eigenschaften verwendet werden?

c) Wie meinen jugendliche Strafgefangene, daß die eigene Person von anderen, ihnen bekannten Menschen beschrieben wird? Unterscheiden sie sich hier von nicht-gefangenen Jugendlichen?

d) Wie sehen jugendliche Delinquenten den "typischen jugendlichen Straffälligen"?

e) Wie meinen jugendliche Straftäter, daß die "anderen", nicht straffällig gewordenen Menschen, den "typischen jugendlichen Straftäter" sehen?

Abschließend werden dann diese fünf Aspekte operationalisiert und die erwarteten Ergebnisse in Hypothesenform vorgetragen:

1. In der Selbstdarstellung nehmen Strafgefangene wie Nicht-Gefangene an, die Mehrzahl (60 bis 100%) der gleichaltrigen, nicht straffälligen Mitglieder ihrer Population verhalte sich so, wie sie sich selbst verhalten, d.h., straffällige Versuchspersonen urteilen "normkonsonant" ... Anders formuliert: Delinquenten sehen sich *nicht* als Menschen, die in ihrem Verhalten von der Mehrzahl der Mitglieder ihrer (straffreien) Population abweichen.

2. Jugendliche Straftäter schreiben ihrer eigenen Person vorwiegend sozial erwünschte Eigenschaften zu, ähnlich wie nicht-strafgefangene Jugendliche, d.h., sie zeichnen ein "positives" Selbstbild.

3. Jugendliche Straftäter nehmen - ähnlich wie Nichtgefangene - an, daß sie von Menschen, die sie gut kennen, so beurteilt werden, wie sie sich selbst beschreiben; d.h., jemand, der sie gut kennt, charakterisiert sie "positiv".

4. Jugendliche Straftäter skizzieren den "typischen jugendlichen Straftäter" negativer als sich selbst.

5. Jugendliche Delinquenten beurteilen (jedoch) den "typischen jugendlichen Straftäter" positiver, als sie annehmen, daß die

"anderen", nicht-strafgefangenen Menschen, den jugendlichen
Straftäter beschreiben.

Im anschließenden Abschnitt "Methode" wird dargestellt, daß
zwei Erhebungsinstrumente benutzt wurden, nämlich einmal ein
Persönlichkeitsfragebogen, ergänzt durch einen weiteren Fragebogen, sowie eine Liste von 110 Eigenschaften. Damit wurden
sehr unterschiedliche Personengruppen erfaßt und zwar erstens:

1. Einen Persönlichkeitsfragebogen (von Brengelmann und Brengelmann, 1960) und einen Bogen mit Fragen, die die Situationen
   des Delinquenten berühren, beantworteten

   a) 131 männliche Jugendliche verschiedener Strafanstalten im
      Alter von 15 bis 23 Jahren,

   b) 51 weibliche Strafgefangene im Alter von 21 bis 50 Jahren

   für die eigene Person. Sodann schätzten sie, wieviel Prozent
   der

   a) gleichaltrigen Jugendlichen der BRD,

   b) gleichaltrigen weiblichen Erwachsenen der BRD

   die jeweilige Frage mit "ja" beantworten, wieviel das Fragezeichen verwenden.

   In analoger Weise beantworteten den Fragebogen von Brengelmann
   und Brengelmann (1960)

   a) 60 männliche Studenten der Universität Frankfurt (Main),

   b) 60 weibliche Studenten der Universität Frankfurt (Main)

   für die eigene Person. Danach gaben sie an, wieviel Prozent der
   gleichgeschlechtlichen Erwachsenen der BRD, 18 bis 50 Jahre alt,
   die jeweilige Frage mit "ja" beantworten, wieviel das Fragezeichen verwenden.

Zu der Untersuchung mit dem zweiten Erhebungsinstrument wird
ausgeführt:

   53 männliche Gefangene einer Strafanstalt beurteilten mit Hilfe
   einer Liste von 110 Eigenschaften und einem Rating-Verfahren (O
   bis 3)

   1. die eigene Person, indem sie angaben, ob bzw. in welchem Aus-
      maß die jeweilige Eigenschaft für die eigene Person zutreffe.

2. Die 53 jugendlichen Strafgefangenen gaben mit dem Eigenschafts-Rating-Verfahren an, wie sie vermutlich von jemandem beschrieben werden, der sie öfters gesehen hat und sie gut zu kennen glaubt (Eltern, Lehrer, Freund etc.).

3. Die 53 jugendlichen Strafgefangenen beschrieben mit dem Eigenschafts-Rating-Verfahren, welche Eigenschaften nach ihrer Meinung den "typischen jugendlichen Straffälligen" kennzeichnen.

4. Die 53 jugendlichen Strafgefangenen notierten mit dem Eigenschafts-Rating-Verfahren, wie nach ihrer Meinung die Menschen, die noch nicht in einer Strafanstalt waren und auch persönlich keine jugendlichen Straftäter kennen, den "typischen jugendlichen Straffälligen" charakterisieren.

49 männliche straffreie Jugendliche charakterisierten mit Hilfe einer Liste von 110 Eigenschaften und einem Rating-Verfahren (0 bis 3)

1. die eigene Person, indem sie angaben, ob bzw. in welchem Ausmaß die jeweilige Eigenschaft für die eigene Person zutreffe.

2. Die 49 straffreien Jugendlichen gaben mit dem Eigenschafts-Rating-Verfahren an, wie sie vermutlich von jemandem beurteilt werden, der sie öfters gesehen hat und sie gut zu kennen glaubt (Eltern, Lehrer, Freund etc.).

Zur letzten Gruppe wird ergänzend hinzugefügt:

Die Jugendlichen besuchten entweder die 10. Klasse einer Realschule oder die 11. Klasse eines Gymnasiums oder waren Lehrlinge mit Realschulabschluß, 1. Lehrjahr. Die Vpn waren 15 bis 18 Jahre alt.

Und es folgt noch ein Hinweis zur Instruktion:

Die Instruktion aller Einzelarbeiten (1 und 2) kaschierten die Intentionen der Untersuchung. Den Vpn wurde gesagt, es handle sich um methodenkritische Fragen. Es gehe generell um das Problem: ob mit einem Fragebogen bzw. einer Eigenschaftsliste eine Persönlichkeit angemessen beschrieben werden könne ...

Daran anschließend werden die Ergebnisse dargestellt. Zur Überprüfung der Hypothese 1 werden dabei die Antworten der Befragten in verschiedene Kategorien aufgeteilt (Tab. 15.1). Es zeigt sich, daß die prozentuale Verteilung der Häufigkeiten in den Gruppen recht ähnlich ist, die Unterschiede erweisen sich

als nicht signifikant (Chi-Quadrat-Test). Daraus wird geschlossen:

> Aus den Resultaten ... läßt sich folgern: Das Selbstbild der Straf-
> gefangenen unterscheidet sich in seinem Bezug zur Normpopulation
> nicht von dem nicht-gefangener Versuchspersonen: In der Mehrzahl
> ihres Verhaltens, ihrer Gefühle und Stimmungen glauben sich Straf-
> gefangene wie nicht-gefangene Vpn in Übereinstimmung mit der Mehr-
> zahl (60 bis 100%) der Mitglieder ihrer straffreien Population
> (Bestätigung der Hypothese 1).

Tabelle 15.1.: Aus dem Originaltext

Verhaltensschätzung der gleichgeschlechtlichen	Beschreibung der Vpn	Anzahl der Reaktionen in den Kategorien			Summe aller Reakt.
		+	−	0	
Jugendlichen der BRD 15 bis 24 Jahre alt	131 männliche Jugendliche einer Strafanstalt — 15—23 Jahre alt	7243 (51,7 %/o)	3912 (27,9 %/o)	2866 (20,4 %/o)	14021
gleichaltrigen weiblichen Erwachsenen der BRD	51 weibliche Strafgefangene 21—50 Jahre alt	2310 (50,4 %/o)	1276 (27,9 %/o)	994 (21,7 %/o)	4580
männlichen Erwachsenen der BRD — 18 bis 50 Jahre alt	60 männliche Studenten	1564 (48,7 %/o)	1070 (33,4 %/o)	574 (17,9 %/o)	3208
weiblichen Erwachsenen der BRD — 18 bis 50 Jahre alt	60 weibliche Studenten	1594 (49,5 %/o)	879 (27,3 %/o)	750 (23,2 %/o)	3223

Legende

„+" Reaktion: die Vp beurteilt das Verhalten der Mehrzahl (60—100 %/o) der Mitglieder der betreffenden Population analog dem eigenen Verhalten.

„−" Reaktion: die Vp charakterisiert das Verhalten der Mehrzahl (60—100 %/o) der Mitglieder der betreffenden Population entgegengesetzt dem eigenen Verhalten.

„o" Reaktion: die Vp bestimmt das Verhalten der H ä l f t e (45—55 %/o) der Mitglieder der betreffenden Population analog bzw. entgegengesetzt dem eigenen Verhalten.

Zur Untersuchung von Hypothese 2 wird die Rangreihe der Nennungen von Eigenschaften bei den 53 jugendlichen Strafgefangenen mit denen der 49 jugendlichen Nicht-Gefangenen verglichen
(Tab. 15.2 und 15.3). Bei den Werten muß beachtet werden, daß
die Befragten den Grad des Zutreffens mit Zahlen von 0 bis 3

Tabelle 15.2.: Aus dem Originaltext

Rangreihe der am häufigsten verwendeten Eigenschaften	Rangreihe der am wenigsten verwendeten Eigenschaften
1. kinderlieb (127)	1. schmutzig (11)
2. lustig (125)	2. hinterlistig (17)
3. sauber (122)	3. primitiv (19)
4.5 kameradschaftlich (119)	4. grausam (20)
4.5 tierliebend (119)	5. streitsüchtig (21)
7.5 treu (107)	7. gemein (22)
7.5 gefühlvoll (107)	7. unzuverlässig (22)
7.5 hilfsbereit (107)	7. treulos (22)
7.5 lebhaft (107)	9.5 schlampig (23)
10. handwerklich begabt (106)	9.5 feige (23)
10. höflich (106)	

Tabelle 15.3.: Aus dem Originaltext

Rangreihe der am häufigsten verwendeten Eigenschaften	Rangreihe der am wenigsten verwendeten Eigenschaften
1. friedlich (110)	1.5 grausam (5)
2. kameradschaftlich (109)	1.5 brutal (5)
3. lustig (102)	3. Schläger (7)
4. gefühlvoll (99)	4.5 primitiv (8)
5.5 tierliebend (98)	4.5 gemein (8)
5.5 kinderlieb (98)	6.5 schmutzig (10)
7. sauber (96)	6.5 ungebildet (10)
8. anständig (95)	8.5 hinterlistig (13)
9. gerecht (94)	8.5 treulos (13)
11. kontaktfreudig (92)	10. ordinär (15)
11. treu (92)	
11. zuverlässig (92)	

gewichten konnten, so daß die maximal mögliche (gewichtete)
"Nennung" stets das dreifache der Personenzahl ist (nämlich
wenn alle Personen eine "3" vergeben). Es zeigt sich, daß in
beiden Gruppen von den 10 am häufigsten genannten Eigenschaften 7 übereinstimmen. Dazu wird ausgeführt:

Das Selbstbild jugendlicher Strafgefangener korreliert hoch mit
dem Selbstbild jugendlicher Nicht-Gefangener (Spearman-Rangkorre-
lation r_s = .92) ... Mit diesen Resultaten wird Hypothese 2 bestätigt: Jugendliche Straftäter schreiben ihrer eigenen Person vorwiegend sozial erwünschte Eigenschaften zu, ähnlich wie nicht-

straffällige Jugendliche; d.h., sie zeichnen bei der Aufforderung, sich selbst zu charakterisieren, ein positives Selbstbild.

Doch werden trotz der hohen Korrelation zwischen beiden Rangreihen noch weitere Ergebnisse interpretiert:

> Eine Untersuchung der (gewichteten) Häufigkeiten der einzelnen Eigenschaften erbrachte jedoch auch statistisch signifikante Differenzen in der Selbstbeurteilung zwischen beiden Gruppen (Chi-Quadrat-Test).

Dazu wird dann zwar in einer Fußnote angemerkt:

> 5% der durchgeführten Untersuchungen können zufällig statistisch signifikant sein.

Doch dann geht es weiter:

> Die jugendlichen Strafgefangenen beurteilten sich selbst als handwerklich begabter ($p < .1\%$), als ordinärer ($p < .1\%$), eher als Schläger ($p < .1\%$), weniger als friedlich ($p < .5\%$), häufiger als brutal ($p < .1\%$), als sich die Gruppe jugendlicher Nichtgefangener charakterisierte.

Tabelle 15.4.: Aus dem Originaltext

Rangreihe der am häufigsten verwendeten Eigenschaften	Rangreihe der am wenigsten verwendeten Eigenschaften
1. kinderlieb (113)	1. schmutzig (18)
2. kameradschaftlich (110)	2. schlampig (22)
3. lustig (108)	3. primitiv (23)
4. sauber (105)	4. feige (24)
5. höflich (101)	5. streitsüchtig (25)
6.5 ordentlich (100)	6. hinterlistig (28)
6.5 hilfsbereit (100)	7.5 grausam (31)
9. großzügig (99)	7.5 unbeliebt (31)
9. tierliebend (99)	9.5 gemein (32)
9. handwerklich begabt (99)	9.5 träge (32)

Als nächstes wird nun Hypothese 3 untersucht. Dazu wird eine (gewichtete) Rangreihe über jene Eigenschaften gebildet, die nach Meinung der 53 jugendlichen Strafgefangenen von Menschen, die sie gut kennen, zu ihrer Charakterisierung verwendet wird. Die zehn häufigsten bzw. seltensten sind in Tab. 15.4 wiedergegeben. Die gesamte Rangreihe wird nun mit der Rangreihe ihrer eigenen Eigenschaftsnennungen korreliert:

> Die vermutete Charakterisierung des einzelnen straffälligen Jugendlichen durch einen Menschen, der ihn gut kennt (Auto-Hetero-Stereotyp), gleicht - wie Tabelle 4 zeigt - außerordentlich dem Selbstbild (Spearman-Rangkorrelation r_s = .96). Diese Menschen, die den Delinquenten gut kennen, halten ihn nach seiner Ansicht für kinderlieb, kameradschaftlich, lustig, sauber, höflich, ordentlich, hilfsbereit, großzügig, tierliebend, handwerklich begabt, kontaktfreudig. Fast dieselben sozial negativ bewerteten Bezeichnungen - wie bei der Selbstbeurteilung - kommen nur in geringem Maße für die Beschreibung des einzelnen straffälligen Jugendlichen durch jemanden, der ihn gut kennt, vor. Der jugendliche Straffällige ist *nicht* schmutzig, schlampig, primitiv, feige, streitsüchtig, hinterlistig, grausam, unbeliebt, gemein, feige. - So schreiben Menschen, die den jugendlichen Straftäter gut kennen, ihm *nach seiner Meinung* positive (sozial erwünschte) Eigenschaften zu (Bestätigung der Hypothese 3).

Doch dann geht es auch hier weiter:

> Ein Vergleich des Ausprägungsgrades einzelner Eigenschaften erbrachte jedoch, trotz der Korrelation von r_s = .96, statistisch signifikante Differenzen zwischen der Selbstbeschreibung und der von den Straffälligen erwarteten Beschreibung der eigenen Person durch jemanden, der ihn gut kennt:

Und es folgen, analog zu oben, 8 signifikante Einzelergebnisse.

Ebenso wird der zweite Teil von Hypothese 3 bestätigt: Auch bei den jugendlichen Nichtgefangenen korreliert ihre eigene Rangreihe der Eigenschaften mit der, die als Urteil Personen zugeschrieben wird, welche sie gut kennen, mit .94. Auch hier werden anschließend 7 signifikante Unterschiede referiert.

Tabelle 15.5.: Aus dem Originaltext

Rangreihe der am häufigsten verwendeten Eigenschaften	Rangreihe der am wenigsten verwendeten Eigenschaften
1. genußsüchtig (107)	1. anspruchslos (40)
2. mißtrauisch (103)	2.5 schmutzig (42)
3. trinkt zuviel (97)	2.5 religiös (42)
4. großspurig (96)	4. gehorsam (45)
5. Schläger (94)	5. ängstlich (46)
6. handwerklich begabt (93)	6. pflichtbewußt (48)
8. leicht erregbar (92)	7. sanft (49)
8. jähzornig (92)	8. verweichlicht (51)
8. kameradschaftlich (92)	10.5 gern allein (52)
10. rechthaberisch (91)	10.5 beständig (52)
	10.5 vertrauensselig (52)
	10.5 treulos (52)

Nun wird Hypothese 4 geprüft, indem eine Rangreihe über die Nennungen der 53 strafgefangenen Jugendlichen hinsichtlich der Beschreibung des "typischen jugendlichen Strafgefangenen" gebildet wird (Tab. 15.5). Sie korreliert mit ihrem eigenen Selbstbild nur mit .021; zudem werden hier 19 signifikante Unterschiede in der Eigenschaftsliste aufgezählt:

Ein Vergleich des Ausprägungsgrades der einzelnen Eigenschaften (Sign-Test) erbrachte folgende Resultate:

Jugendliche Strafgefangene beurteilen den typischen jugendlichen Straftäter, wie sie ihn kennen, statistisch signifikant als unbeliebter ($p < .001$), weniger offen ($p < .001$), genußsüchtiger ($p < .05$), großspuriger ($p < .001$), egoistischer ($p < .001$), träger ($p < .01$), leichtsinniger ($p < .02$), weniger zuverlässig ($p < .001$), leichtgläubiger ($p < .03$), weniger zielstrebig ($p < .002$), treuloser ($p < .001$), rechthaberischer ($p < .002$), jähzorniger ($p < .001$), herrschsüchtiger ($p < .001$), bestechlicher ($p < .001$), rachsüchtiger ($p < .001$), grausamer ($p < .001$), eher als Schläger ($p < .001$), als sie sich selbst charakterisierten. Auch meinten die jugendlichen Strafgefangenen, daß der typische jugendliche Straftäter eher zuviel trinke als sie selbst ($p < .05$).

Letztlich wird auch Hypothese 5 bestätigt: Das von den 53 jugendlichen Strafgefangenen vermutete Urteil über den "typischen jugendlichen Straftäter" von Menschen, die weder in Strafanstalten waren noch jugendliche Straftäter kennen, ist

noch negativer, als diese Beurteilung der Strafgefangenen
selbst (Tab. 15.6). Nun werden zwischen beiden Beurteilungen
38 signifikante Unterschiede aufgezählt. Die Korrelation der
gesamten Rangreihe zum Selbstbild beträgt -.77.

Tabelle 15.6.: Aus dem Originaltext

Rangreihe der am häufigsten verwendeten Eigenschaften	**Rangreihe der am wenigsten verwendeten Eigenschaften**
1. Schläger (131)	1. gehorsam (21)
2. genußsüchtig (130)	2. pflichtbewußt (25)
3. streitsüchtig (129)	3.5 arbeitsam (27)
4. großspurig (128)	3.5 fleißig (27)
5. brutal (124)	5. dankbar (28)
6. trinkt zuviel (121)	6. strebsam (29)
7.5 unberechenbar (120)	7. entgegenkommend (31)
7.5 flegelhaft (120)	8.5 treu (32)
9. schnell wütend (118)	8.5 anständig (32)
10. rücksichtslos (117)	12. gerecht (33)
	12. friedlich (33)
	12. sanft (33)
	12. zielstrebig (33)

Die Wiedergabe der 38 signifikanten Unterschiede können wir
wohl dem Leser hier ersparen.

In der abschließenden "Diskussion" wird zunächst nochmals re-
sümiert:

> Die Ergebnisse zeigen: Werden jugendliche Strafgefangene aufgefor-
> dert, sich zu charakterisieren, schreiben sie sich in Überein-
> stimmung mit jugendlichen Nichtgefangenen gleichen Geschlechts
> und vergleichbaren Alters vorwiegend sozial erwünschte Eigenschaf-
> ten zu. Dieses "positive" Selbstbild, so urteilen sie, ist nahezu
> identisch mit dem Bild, das Menschen, die sie gut kennen, von
> ihnen haben.

Doch wird darüber hinaus auch Zweifel an einem Ergebnis von
z.B. CATTELL (1967) geäußert, der eine geringe "Über-Ich-Stär-
ke" bei Straftätern beobachtet hat:

Unsere Ergebnisse könnten eine Modifizierung des Konzeptes anre-
gen. Sie zeigen, daß Straftäter zur Selbstcharakterisierung Eigenschaften bevorzugen, die den gesellschaftlichen Idealnormen zuge-
rechnet, als "Über-Ich-Normen" verstanden werden können. Obgleich
das "Über-Ich" das Verhalten (die Entscheidung des Ichs) der Delinquenten bei der Straftat nicht angemessen zu beeinflussen ver-
mochte, scheinen doch gesellschaftliche Idealnormen über das
"rechte Verhalten" oder über "den guten Menschen" gewichtig als
Normen vom "Über-Ich" übernommen worden zu sein und wirksam zu
werden.

Auch das erste Ergebnis wird im vorletzten Absatz noch einmal
aufgegriffen:

Das Selbstbild der Strafgefangenen unterscheidet sich in seinem
Bezug zur Normpopulation nicht von dem nicht-gefangener Vpn. In
der Mehrzahl ihres Verhaltens, ihrer Gefühle und Stimmungen glauben sich Strafgefangene wie nicht-gefangene Vpn in Übereinstimmung
mit der Mehrzahl (60 bis 100%) der Mitglieder ihrer straffreien
Population.

15.2. <u>Kritische Diskussion</u>

Der Begriff des Selbstkonzeptes, als dem Bild, welches eine
Person von sich selbst hat, scheint zunächst intuitiv recht
einsichtig. Sofern es um die Veränderung bei einzelnen Personen geht, gibt das Selbstkonzept gute Hinweise - man kann
hier recht gut Vergleiche anstellen, da es sich ja um dieselbe Person zu unterschiedlichen Zeiten handelt. Schwieriger
und unklarer allerdings wird es, wenn - wie im vorliegenden
Fall - unterschiedliche Personengruppen miteinander verglichen werden: Was ist dann ein "gestörtes Selbstkonzept" und
was ein "positives Selbstkonzept"? Hier muß sozusagen ein
Maßstab von außen, vom Forscher, angelegt werden.

Besonders schwierig aber wird es, wenn man die Frage untersuchen will, ob Konzepte verschiedener Populationen einander
ähnlich oder unähnlich sind; und eine letzte Steigerung der
Schwierigkeiten wird erreicht, wenn man die erstere Hypothese
vertritt: Während man in letzteren Fall noch "einfach" auf

Unterschiede verweisen könnte (wobei allerdings zu fragen wäre, ob diese auf der Sprach- oder der Handlungsebene liegen), muß nun - teststatistisch - die Nullhypothese bewiesen werden. Es gibt also bereits beim ersten Hinsehen eine Reihe inhaltlicher Probleme, die diskutiert und wo Entscheidungen gefällt werden müßten, noch bevor erste Überlegungen zur "Methodik" im engeren Sinne beginnen.

Daß in der Arbeit, trotz relativ weitreichender Aussagen am Ende (32), eine solche inhaltliche Diskussion nicht geleistet wird, sondern die Fragen implizit über eine Spezifizierung der Hypothesen, Operationalisierung und Erhebungsmethodik entschieden werden, kann als Beleg für die Verselbständigung empirischer Vorgehensweisen gelten, welche dann die Inhalte determinieren (und nicht umgekehrt). Da ja Artefakte durch inadäquate Kontextrahmen entstehen, liegt es auf der Hand, daß Artefakte dann besonders leicht entstehen können, wenn eine inhaltliche Diskussion der Voraussetzungen gar nicht erst explizit geführt wird, die konkrete Bedeutung der Begriffe also unklar bleibt.

15.2.1. Probleme der Hypothesen

Die grundlegende Erwartung der Untersuchung, daß Delinquente sich in ihrem Selbstbild nicht von anderen Personen unterscheiden, wird fortlaufend präziser gefaßt (1-12). Dabei stellt sich letztlich bei der genauen Formulierung der Hypothesen (8-12) das oben skizzierte inhaltliche Problem heraus: Was heißt in Hypothese 1 "gleiches Verhalten" (8), was heißt in Hypothese 2 "abweichen" (9), was heißt in Hypothese 3 "positiv" und was "ähnlich" (10) etc.?

Geht man nämlich diesen Fragen nach, so wäre zunächst einmal festzuhalten, daß Delinquente sich per definitionem "delinquent" und damit abweichend, nicht gleich, und nicht ähnlich

verhalten haben, wie die Mehrzahl der Nichtdelinquenten. Und
den meisten Delinquenten wird ihre Abweichung in diesem Ver-
haltensaspekt auch bewußt sein. Würde man also nach <u>diesem</u>
speziellen Aspekt fragen, so würden sich Delinquente genauso-
wenig in Übereinstimmung mit über 60% der Bevölkerung glauben, wie z.B. Rothaarige in bezug auf ihre Haarfarbe.

Andererseits ist es genauso trivial, daß es mit Sicherheit
Aspekte gibt, in denen nahezu alle Menschen übereinstimmen
- also insbesondere auch Delinquente mit Straffreien in dieser Kultur: So etwa auf die Frage "ärgern Sie sich, wenn Sie
einen 100-DM-Schein verlieren?" oder, "empfinden Sie Schmerz,
wenn Sie sich mit dem Hammer auf den Daumen hauen?".

Diese - zugegebenermaßen etwas absurden - Beispiele machen
deutlich, daß eine wie immer zu messende Übereinstimmung oder
nicht-Übereinstimmung offenbar doch wohl sehr stark von den
Aspekten abhängt, hinsichtlich derer diese Übereinstimmung
festgestellt werden soll. Es hätte somit bei der Formulierung
der Hypothesen einer Diskussion bedurft, welche Aspekte des
Verhaltens für die aufgeworfene Untersuchungsfrage relevant
sind und daher der Untersuchung hätten zugrunde gelegt werden
müssen.

Stattdessen fehlt jede Erörterung der Frage, was aus einem
ähnlichen bzw. unterschiedlichen Selbstkonzept von Strafgefangenen und Nichtgefangenen überhaupt folgt. Der Leser erfährt
nichts über die Kontexte, hinsichtlich derer entschieden wird,
ob die obigen Fragen absurd und trivial sind, welche Aspekte
weniger trivial sind und welche letztlich eine Bedeutung haben. So bleibt denn - unabhängig davon, ob die Hypothesen nun
verworfen oder bestätigt werden - völlig unklar, was die zu
erwartenden Ergebnisse aussagen oder überhaupt bedeuten. Zwar
wird am Schluß auf "gesellschaftliche Idealnormen" verwiesen,
doch reicht dieser Hinweis nicht, denn auch die Frage, was gesellschaftliche Idealnormen im Zusammenhang mit dem Verhalten

von Delinquenten und Straffreien konkret sind, müßte diskutiert werden (es ist jedenfalls nicht <u>selbstverständlich</u>, daß
diese durch die Eigenschaftslisten genau abgedeckt werden).

Festzuhalten ist, daß noch vor jeder empirischen Untersuchung
und Messung klar ist, daß bestimmte Verhaltensaspekte die
Hypothesen bestätigen, andere hingegen die Hypothesen nicht
bestätigen werden. Damit das Ergebnis eine über diese Trivialität hinausgehende Bedeutung erlangt, hätte also ein Kriterium entwickelt werden müssen, hinsichtlich dessen die in der
Arbeit konkret vorgenommene Zusammenstellung untersuchter Verhaltensaspekte beurteilbar ist und gerechtfertigt werden kann
(d.h. letztlich, ihre Relevanz für bestimmte Kontexte aufzuzeigen). Auf einen Satz reduziert: Die Be-Deutung (im wörtlichen Sinne) der Hypothesen bleibt völlig unklar.

15.2.2. <u>Probleme der Erhebungsinstrumente</u>

Schaut man sich nun den verwendeten (13) Persönlichkeitsfragebogen von BRENGELMANN und BRENGELMANN (1960) an, so findet
man Fragen, die den oben gewählten absurden Beispielen nicht
allzu unähnlich sind. Insgesamt besteht der Bogen aus 56
Items, und zwar 16 Fragen zur "Extraversion" (z.B. "Macht es
Sie verlegen, wenn Leute auf der Straße oder in Läden Sie beobachten?"), 20 Fragen zur "neurotischen Tendenz" (z.B. "Sehen
Sie einer Krise oder Schwierigkeit nur ungern in die Augen?")
und 20 Fragen zur "Rigidität" (z.B. "Finden Sie es sehr lästig,
wenn unerwartete Besucher in Ihre Zurückgezogenheit eindrin-
gen, ohne sich vorher anzumelden?"). Zumindest diese drei Beispiele des Fragebogens, der nicht speziell für Strafgefangene
entwickelt wurde, haben in dem Kontext, daß z.B. ein ein-
sitzender Dieb in seiner Zelle befragt wird, wohl eine etwas
andere Bedeutung als üblicherweise in der Bevölkerung.

Da nun vom Autor gar keine Analysen der Variablen Extraver-

sion, neurotischer Tendenz und Rigidität angestellt werden,
sondern die Fragen nur dazu dienen, Aspekte vorzugeben, hinsichtlich derer die Befragten angeben sollen, wie weit sie
sich in Übereinstimmung mit der Bevölkerung glauben (15), ist
nicht einzusehen, warum der Fragebogen nicht hätte verändert
und für die spezielle Untersuchung bearbeitet werden können.
Nicht in allen Kontexten hat Bewährtes Sinn. Der "Bogen mit
Fragen, die die Situation des Delinquenten berühren" bleibt
dem Leser der Publikation unbekannt. Daher kann nicht beurteilt werden, wie weit dadurch das erfragte Spektrum erweitert wird. Es ist zu bezweifeln, daß die drei Komponenten
Extraversion, Neurotizismus und Rigidität ausreichen, um
Frage (3) zu beantworten, ob "das eigene Verhalten" von dem
anderer unterschiedlich "erlebt" wird.

Ähnlich problematisch ist die Verwendung von 110 Eigenschaften, die von den Befragten nach dem Grad der Zustimmung mit
Gewichten von 0 bis 3 versehen wurden. Sieht man einmal von
der zwangsläufig für die Verrechnung zu Rangreihen unterstell-
ten Voraussetzung ab, daß die "3" eines Befragten inhaltlich
äquivalent den Reaktionen dreier Befragten mit jeweils einer
"1" ist, so wird besonders die Korrelation der Rangreihen
ohne deren inhaltlichen Diskussion artefakteanfällig:

Bekanntlich wird die Höhe einer Korrelation sehr stark durch
die Extremwerte beider Verteilungen beeinflußt. Zwei Rangreihen, die an ihren Enden übereinstimmen, korrelieren somit
sehr viel positiver, als wenn diese Übereinstimmung an den
Enden nicht vorhanden ist. "Übereinstimmung an den Enden"
kann aber in der vorliegenden Untersuchung einfach dadurch
erreicht werden, daß es einige Eigenschaften gibt, die trivialerweise von fast allen Menschen als zutreffend erlebt werden,
und einige andere, die ebenso trivialerweise von fast keinem
als zutreffend erlebt werden.

Nehmen wir z.B. den fingierten Fall, 10 Eigenschaften, welche

zwischen zwei Personengruppen gut differenzieren und relevant für ihr Selbstkonzept und Verhalten sind, werden wie
folgt gereiht:

Gruppe 1:   6   7   8   9   10 11 12 13 14 15
Gruppe 2: 12 14 15 13   6   8 10   7 11   9

Es ergibt sich hier eine Rangkorrelation (nach SPEARMAN) von
-.58. Man würde als "Ergebnis" erhalten: Die Selbstkonzepte
der Gruppen sind sehr unterschiedlich.

Indem man diese Eigenschaften nun aber in jeweils 5 trivial
positive und 5 trivial negative einbettet, könnte man z.B.
erhalten:

Gr.1: 1 2 3 4 5 6 7 8 9 10 11 12 13 14 15 16 17 18 19 20
Gr.2: 1 2 4 3 5 12 14 15 13   6 8 10 7 11   9 16 17 18 20 19

Obwohl sich also bei den "relevanten" 10 Eigenschaften nichts
geändert hat, ist nun die Korrelation +.80, und man würde nun
als Ergebnis erhalten: Die Selbstkonzepte der Gruppen sind
praktisch gleich.

Dieses Beispiel demonstriert, wie entscheidend "Gleichheit"
oder "Unterschiede", gemessen durch Rangkorrelationen, von
den Inhalten der Rangreihen beeinflußt werden. Eine Rangkorrelation über 110 Eigenschaften kann daher über die ge-
stellten Fragen (4 und 5 bzw. 9 und 10) keinerlei Auskunft
geben, wenn nicht diese Eigenschaftslisten ausführlich inhaltlich diskutiert und begründet werden. Dazu aber findet sich
in der vorliegenden Arbeit nicht ein Satz.

15.2.3. <u>Probleme der Stichproben und Instruktion</u>

Es ist einleuchtend, daß das Selbstkonzept von Strafgegange-
nen nur dann mit dem anderer Personengruppen vergleichbar
ist, wenn es sich entweder ebenfalls um "typische" Gruppen
handelt (z.B. Personen mit psychisch abweichendem Verhalten),
oder aber um eine "Kontrollgruppe", die hinsichtlich möglichst
vieler Merkmale den Delinquenten gleich ist - mit Ausnahme
der Delinquenz. Das wurde auch vom Autor zunächst so gesehen,
denn es wird von "eine im Alter und Geschlecht vergleichbare
Gruppe" (2), von "nicht straffällig gewordenen Mitgliedern
der eigenen Population" (3) etc. gesprochen.

Tatsächlich untersucht aber wurden: Parallel zu den 131 männlichen Strafgefangenen, 15-23 Jahre alt (14), 60 männliche
Studenten (16); zu den 51 weiblichen Gefangenen, 21-50 Jahre
alt (14), 60 weibliche Studenten (16); zu den 53 männlichen
jugendlichen Gefangenen (17) 49 männliche Schüler von 15-18
Jahren mit mindestens Realschulniveau (19). Diese Gruppen
sind aber jeweils weder hinsichtlich ihres Alters wirklich
vergleichbar, noch hinsichtlich ihres Bildungsstandes, denn
der Anteil von Strafgefangenen mit Abitur bzw. Realschulniveau
dürfte recht gering sein. Es wird daher darauf zu achten sein,
ob Unterschiede in den Ergebnissen nicht auch durch diese Unterschiede in den Stichproben-Merkmalen erklärt werden können.

Auch die Instruktion ist artefaktanfällig: So wird berichtet,
daß zur "Kaschierung der Intention" ein anderes Untersuchungs-
ziel vorgegeben wird. Durch die gewählte Vorgabe (20) aber
werden die Untersuchten dem Material gegenüber kritisch ein-
gestellt, insbesondere hinsichtlich der Frage, ob denn das
Erhebungsmaterial eine Persönlichkeit angemessen beschreiben
könne.

Daraus könnte sich nur allzuleicht die Erwartungshaltung ergeben, daß die Eigenschaften nicht immer besonders gut cha-

rakterisieren können (die Vpn sich also mit der "Methodenkritik" teilweise identifizieren). Und - natürlich! - entspricht dieser kritischen Haltung die Erwartung, daß jemand,
der einen Strafgefangenen überhaupt nie gesehen hat, diesen
mittels solcher Liste aus "schlechter angemessen beschreiben"
kann, als jemand, der den Strafgefangenen ohnehin gut kennt.
Daß diese Beschreibung gegenüber ihrem Selbstkonzept die
größten Unterschiede aufweist - Hypothese 5 (12) also bestätigt wird (Tab. 15.6) - könnte somit auch auf den Effekt
der Instruktion zurückzuführen sein.

15.2.4. Probleme der Auswertung und Interpretation

Die in Tab. 15.1 dargestellten Ergebnisse werden so interpretiert, daß sich die Selbstbilder der Gruppen "nicht unterscheiden" (21). Tatsächlich sehen die Prozentwerte in dieser
Tabelle auch alle recht ähnlich aus, so daß der erste Eindruck die obige Aussage bestätigt. Etwas merkwürdig aber wird
es, wenn man sich die Mühe macht, die in der rechten Spalte
angegebene "Summe aller Reaktionen" durch die Anzahl der Vpn
zu teilen, also die durchschnittliche Anzahl an "Reaktionen"
für die Mitglieder der einzelnen Gruppen zu ermitteln. Dann
ergibt sich nämlich:

Gruppe	Reakt./ Anzahl	durchschnittl. Reaktion
131 männl.jugendl. Strafgefangene	14021 / 131	107
51 weibl. Strafgef.	4580 / 51	89,8
60 männl. Studenten	3208 / 60	53,5
60 weibl. Studenten	3223 / 60	53,7

Es zeigt sich also, daß die männlichen Strafgefangenen im
Schnitt genau doppelt so viele in Tab. 15.1 kodierte Reaktionen zeigen, wie ihre "Vergleichsgruppe" männlicher Studenten. Bei den Frauen sind die Unterschiede zwar nicht ganz

so krass, doch immerhin auch dort noch beachtlich. Offensichtlich haben also die Delinquenten vorwiegend andere Kategorien benutzt als die Studenten (letztere wahrscheinlich oft das "Fragezeichen" für sich oder die Restpopulation, denn eine solche Reaktion fällt gemäß der Legende zu Tab. 15.1 nicht unter die erfaßten Reaktionen). Angesichts dieser Unterschiede in den Reaktionen von "nicht unterscheiden" (21) zu sprechen - nur weil die berücksichtigten Aspekte diese Hypothese nicht verwerfen und die Widersprüche nicht explizit gemacht werden - verweist wieder auf die schon mehrfach angeführte Betriebsblindheit der Forscher gegenüber Ergebnissen, die nicht ins Konzept passen.

Abgesehen davon, daß in Tab. 15.1 nur ein Ausschnitt der Reaktionen kodiert und erfaßt ist, handelt es sich bei allen Angaben darum, was die Personengruppen hinsichtlich der Übereinstimmung mit anderen glauben. Gerade wenn - wie unter 15.2.1 und 15.2.2 diskutiert - fraglich ist, wie weit die vorgegebenen Fragebogenitems ein relevantes Verhaltensspektrum erfassen, wäre nicht nur ein Vergleich der Vermutungen zwischen Delinquenten und Straffreien wichtig gewesen, sondern auch ein Vergleich der konkreten Selbsteinschätzung. Dies wäre anhand der Daten leicht vorzunehmen gewesen, wurde aber unterlassen (wohl weil andere Autoren solche Unterschiede fanden. Doch werden in dieser Arbeit ja gerade die Befunde anderer Autoren bestritten; ferner sind die Stichproben kaum vergleichbar).

Eine hohe Ähnlichkeit bei den Selbsteinschätzungen würde für die untersuchten Stichproben nämlich den Verdacht methodischer Tautologie, bzw. inhaltlicher Irrelevanz bestätigen: Wenn nur solche Aspekte erfaßt worden sind, hinsichtlich derer sich Delinquente und Straffreie sowieso nicht unterscheiden, wäre das Ergebnis, daß sich Delinquente hinsichtlich dieser Aspekte auch in Übereinstimmung mit der Mehrheit der Straffreien glauben, mehr als trivial.

In Tab. 15.2 und 15.3 werden nun die Rangreihen der Eigenschaftslisten bei Delinquenten und Straffreien miteinander
verglichen. Daß die Höhe der Rangkorrelation ein Artefakt
der jeweils gewählten Eigenschaften sein kann, wurde in
15.2.2 gezeigt. Da die Eigenschaftslisten nicht diskutiert
und begründet werden, sagt die Höhe der Korrelation nichts
inhaltliches über die Ähnlichkeit der Selbstkonzepte aus.

Auch der Autor selbst argumentiert hier ziemlich inkonsi-
stent: Einerseits wird die hohe Korrelation als Beleg für
eine hohe Übereinstimmung der Selbstbilder herangezogen,
danach aber werden unmittelbar signifikante Unterschiede referiert (22 und 24). Letzteres wird nun besonders dadurch
obskur, daß einerseits 5 signifikante Unterschiede berichtet
werden (26), in einer Fußnote aber andererseits angemerkt
wird, daß 5% der durchgeführten Untersuchungen zufällig
signifikant sein können. Da bei 110 Eigenschaften aber 110
"Untersuchungen" angestellt werden, würde man 5 bis 6 rein
zufällige "Ergebnisse" im Schnitt erwarten. Mit anderen Worten: Die 5 referierten "Ergebnisse" können nichts als Artefakte des statistischen Modells sein; hätte man statt realer
Daten einen Zufallszahlengenerator verwendet, hätten sich
ebenfalls ca. 5 "signifikante" Unterschiede ergeben.

Unter diesen Randbedingungen nicht einmal zu versuchen, die
präsentierten "Ergebnisse" in einen Gesamtrahmen zu stellen
oder inhaltlich zu diskutieren, zeigt, daß die Fußnote nicht
ernst gemeint sein kann, oder aber der Autor meint, es sei
sinnvoll, Zufallszahlen zu publizieren. Letztlich ist zudem
die Fußnote genaugenommen so nicht richtig, da mit unterschiedlichen Signifikanzniveaus gearbeitet wird (26 und 30),
die 5%-Aussage aber nur für ein festes Signifikanzniveau von
5% gilt - was im übrigen auch korrekter gewesen wäre.

Aber selbst wenn die Unterschiede nicht alle ein reines Me-
thoden-Artefakt sind, bleibt immer noch die Möglichkeit eines

Erhebungs-Artefaktes: Da die "Vergleichspopulation" überproportional Gymnasiasten und auch sonst nur Realschüler enthielt, ist es nicht unbedingt verwunderlich, daß eine andere Gruppe, die wohl eher Hauptschüler, wenige Realschüler und praktisch keine Gymnasiasten umfaßt - also ganz andere Berufe und Berufsperspektiven hat - sich als "handwerklich begabter" bezeichnet als die ersteren. Das hat dann aber mit der mangelhaften Vergleichbarkeit der Stichproben etwas zu tun und hängt nicht mit dem Vergleich "delinquent" versus "straffrei" zusammen.

Dieselben Einwände wie beim Vergleich der Straftäter mit den Straffreien gelten natürlich auch für die Korrelation der Rangreihe der Selbsteinschätzungen mit der Rangreihe der Einschätzungen durch "Menschen die sie gut kennen" (Tab. 15.4), d.h. die "Bestätigung" von Hypothese 3 (27 und 28). Hier folgen der Korrelation zwar 8 signifikante Unterschiede, doch liegt auch diese Anzahl - abgesehen von oben erwähnten inhaltlichen Problemen - nur schwach oberhalb der Grenze reinen Zufalls. Analog gilt das für den Vergleich der Selbstbeurteilung mit der vermuteten Fremdbeurteilung bei den Nicht-Gefangenen, wo einerseits eine Korrelation von .94 und andererseits 7 signifikante Unterschiede als Ergebnisse präsentiert werden.

Einzig akzeptierbar sind die Unterschiede in den Korrelationen bei der Prüfung von Hypothese 4 und 5, da sie sehr viel niedriger liegen, als die bisher berichteten, und auch auf Grund der bevorzugt vergebenen negativen Eigenschaften (Tab. 15.5 und 15.6) ein Artefakt ausgeschlossen werden kann. Welche Information allerdings die lapidare Aneinanderreihung von 19 bzw. sogar 38 Eigenschaften, welche signifikante Unterschiede aufweisen, liefern soll, wenn nicht ein einziger Satz der inhaltlichen Interpretation geschweige denn eines größeren Zusammenhanges dazu geboten wird, muß mehr als fraglich bleiben.

15.2.5. <u>Resümee</u>

Faßt man die Kritik zusammen, so wäre als erstes eine viel
zu geringe Spezifizierung und Grundlegung der zentralen Fragestellung zu bemängeln. Gerade weil ein großer Teil des
Nachweises der geäußerten Vermutung darin besteht, daß Delinquente sich von der vergleichbaren straffreien Bevölkerung
nicht unterscheiden sollen, hätten die Aspekte, hinsichtlich
derer Unterschiede oder Gleichheit konstatiert wird, erörtert
werden müssen.

Aus dem letzteren Grunde wäre es auch notwendig gewesen, daß
die "Vergleichsgruppe" nicht nur hinsichtlich Geschlecht vergleichbar ist, sondern auch hinsichtlich Alter und Ausbildung. Obwohl von vergleichbarem Alter geredet wird, müssen
doch erhebliche Unterschiede festgestellt werden, da es wohl
kaum 15 jährige Studenten oder 50 jährige Studentinnen (Ausnahmen abgesehen) gibt. Besonders aber sind Studenten, Abi-
turienten und Realschüler - ein niedrigeres Bildungsniveau
findet sich bei der "Vergleichsgruppe" überhaupt nicht -
eben nicht mit einer Gruppe Delinquenten ohne weiteres vergleichbar.

Auch die Erhebungsinstrumente werden nicht reflektiert, denn
die Tatsache, daß diese in Vergleichsuntersuchungen herangezogen wurden, kann keine inhaltliche Begründung ersetzen. <u>So</u>
sind die hohen positiven Korrelationen Artefakte der Eigenschaftslisten ohne inhaltlichen Aussagewert.

Dadurch, daß nicht alle Antworten beim eigenen Selbstbild und
beim vermuteten Selbstbild der anderen kodiert wurden, sind
von Tab. 15.1 nur jene Aspekte aufgeführt, welche die Hypothesen unterstützen. Belege für starke Unterschiede - also
entgegen den Hypothesen - werden hingegen übersehen und nicht
einmal erwähnt.

Obwohl als Fußnote vermerkt wird, daß bei 110 Vergleichen
von jeweils zwei Eigenschaftslisten 5% der "Untersuchungen
...zufällig statistisch signifikant sein" können, werden
ohne jede weitere Diskussion mal etwas weniger, mal etwas
mehr als jene zufälligen Effekte als "Ergebnisse" interpretiert. Es muß aber doch ein Unterschied sein, ob man Daten
analysiert, oder die Ergebnisse auswürfelt. Ein solcher Unterschied wird in drei von fünf Unterschieds-Aufzählungen
nicht sichtbar. In den anderen beiden Fällen ist der Ertrag
dieser Aufzählungen dadurch fraglich, daß jeder Versuch, diese in einen Gesamtzusammenhang zu stellen, sie zu strukturieren oder auch nur zu interpretieren, unterbleibt.

15.3. Gesamtbewertung

Auch diese Arbeit zeigt wieder, daß der Kontextrahmen, in dem
die Untersuchung stattfindet und ggf. einen sozialwissenschaftlichen Sinn erhält, auch nicht annähernd ausreichend expliziert ist. Es ist eine Trivialität, daß zwei beliebig heraus-
gegriffene Menschen dieser Gesellschaft weder in allen Facetten ihres Selbstbildes völlig gleich sein werden (denn es handelt sich ja um unterschiedliche Individuen mit einer unterschiedlichen ontogenetischen Erfahrung) noch völlig ungleich
sein werden (denn beide teilen die Sozialisation in dieser Gesellschaft die selbst für z.B. Delinquente noch einen erheblichen Umfang von Sinnstrukturen vorgibt).

Gerade weil es also trivial ist, daß sich Ähnlichkeit im Selbstbild hinsichtlich bestimmter Aspekte finden läßt (besonders
noch dann, wenn man die Aspekte zur Beurteilung vorgibt und
nicht die Personen selbst die für sie relevantesten Aspekte
frei berichten läßt), wäre es vor jeder methodischen Überlegung eine inhaltliche Frage, was Ähnlichkeit oder Unähnlich-
keit konkret und praktisch bedeutet, d.h. welche Aspekte in
welchen Kontexten (z.B. zur Erklärung von Delinquenz) inhalt-

<u>lich</u> bedeutsam sind. Die statistische Bedeutsamkeit ist nur
eine Frage zweiten Ranges, denn diese kann nur auf einem inhaltlichen Fundament aufbauen.

<u>So</u> ist es denn auch schwerlich auszumachen, was die scienti-
fic community von den in Tab. 15.1 aufgeführten "Übereinstimmungen" in den Reaktionen von Delinquenten und Studenten haben
soll (insbesondere wo die frappierenden Unterschiede zwischen
diesen Gruppen in derselben Tabelle "übersehen" werden), oder
wem die in 5 Absätzen insgesamt 77 lapidar aneinandergereih-
ten signifikanten Unterschiede in den Eigenschaftlisten für
sein zukünftiges (innerwissenschaftliches oder außerwissen-
schaftliches) Handeln nützliche Erkenntnis bringt (insbesondere wieder, wo gleichzeitig über Korrelationskoeffizienten
argumentiert wird, daß dieselben Eigenschaftslisten teilweise
gerade eine hohe Übereinstimmung belegen). Es drängt sich das
Bild auf, daß das Signifikanz-Roulette zufällig auf einigen
Zahlen (Eigenschaften) stehen blieb - und wären es andere gewesen, hätte man auch damit die Seiten seiner Publikation
füllen können.

Teile der vorgetragenen Kritik zu dieser Arbeit wurden als Replik bereits veröffentlicht (KRIZ 1975a). Aus der Antwort darauf sei eine Passage zitiert, da sie einen Kernpunkt der in
diesem Buch entwickelten Methodenkritik berührt: [2]

> Ich möchte hier nicht prinzipiell die Frage stellen, ob es soetwas
> wie ein "falsch verstandenes Methodenbewußtsein" gibt, das K r i z
> kritisiert, nur wenn K r i z als "falsch verstandenes Methodenbewußt-
> sein" kennzeichnet, daß in einem wissenschaftlichen Zeitschriften-
> artikel Methoden, die zur Grundausbildung der Adressaten (...)gehö-
> ren, nur genannt, ihre Implikationen als bekannt vorausgesetzt wer-
> den, muß ich ebenso pointiert widersprechen. Man stelle sich vor, in
> einer Zeitschriften-Nummer werden mehrere Arbeiten publiziert, die
> zwar unterschiedliche Themen behandeln, jedoch dasselbe Forschungs-
> instrumentarium in ihrer empirischen Untersuchung verwandt haben,
> etwa ihre Ergebnisse über Rating-Skalen, über Varianz- oder Faktoren-
> analysen ermittelten. Nach K r i z müßten in jeder Arbeit von den ver-
> schiedenen Autoren die Prämissen und die damit verbundenen Probleme
> dieser Verfahren diskutiert werden, begonnen mit der Frage: handelt
> es sich um abhängige oder unabhängige Stichproben, sind die Daten

> normalverteilt, kann eine Intervallskala vorausgesetzt werden? etc.
> etc. - Probleme und Argumente, die den Adressaten (...) durch ange-
> messene Ausbildung in jeder Hinsicht bekannt sein sollten, würden
> in jeder Arbeit reproduziert, dafür könnten weitere, eventuell die
> Forschung anregende Untersuchungsergebnisse aus Raummangel nicht
> dargestellt werden."

Zunächst möchte ich betonen, daß meine Ansicht treffend wiedergegeben wird - indem ihr durch das gewählte Beispiel "poin-
tiert widersprochen" werden soll, wird m.E. nur die Werkzeug-
-Ideologie der üblichen Methoden-Verwendung überdeutlich: Beim
Einschlagen eines Nagels geht es um die Stelle an der Wand,
die Tiefe etc. und gewöhnlich nicht um den Hammer, dessen Wir-
kungsweise und Handhabung man bei Leuten "mit angemessener
Ausbildung" voraussetzen kann - das ist richtig. Die Probleme
von Rating-Skalen, Varianz- und Faktorenanalyse, Datenvertei-
lung, Stichproben etc. aber sind nicht von den Inhalten bzw.
Themen zu trennen. Denn die Zahlen, mit denen Operationen
durchgeführt werden, bedeuten (im Gegensatz zum Nagel) nicht in
den üblichen Handlungskontexten des Wissenschaftlers jeweils
dasselbe, sondern stehen bekanntlich für empirische Elemente;
und die sinnvoll zu betrachtenden Relationen zwischen den Zahlen gehen eben nicht aus der allgemeinen und "in jeder Hinsicht
bekannten" Eigenschaft einer "6" im Vergleich zu einer "8"
hervor, sondern dieser Sinn hängt untrennbar von der empirischen Struktur ab, welche die Zahlen abbilden sollen. Die Frage, ob die Zahlen - als modellhafte Abbildung eines empirisch
konstituierten Wirklichkeitsbereiches - daher jene Relationen
sinnvoll aufweisen, die z.B. für die durchzuführenden Operationen bei der Faktorenanalyse notwendig sind, kann daher in
einer Zeitschriften-Nummer mit Arbeiten aus unterschiedlichen
Themenbereichen jeweils völlig anders beantwortet werden, und
diese Antworten können in keiner noch so "angemessenen Ausbildung" vorweggenommen werden, weil es sich nämlich ausschließlich um Fragen an die jeweils zu untersuchende Wirklichkeit
handelt. Man kann durch eine angemessene Ausbildung höchstens
vermitteln, daß es notwendig ist, diese Fragen vor der Analyse
zu stellen und was man anstellen muß, um sie zu beantworten.

Bezogen auf die kritisierte Arbeit darf denn auch gefragt werden, ob nicht doch Platz für die Diskussion von Problemen vorhanden gewesen wäre, ohne auf "eventuell die Forschung anregende Untersuchungsergebnisse" zu verzichten. So ist z.B. die <u>Tatsache</u>, daß von 110 Eigenschaftsvergleichen 5 signifikant werden (vgl. S. 266) kaum für die Forschung anregend, denn durch Auswürfeln statt Befragen hätte man auch 5 signifikante "Ergebnisse" erwarten dürfen (wenn auch andere). Daß aber gerade <u>diese</u> Eigenschaften - zufällig oder nicht - signifikant geworden sind, wird mit keinem weiteren Wort in igendeinen inhaltlichen Zusammenhang gestellt. Was also außer einigen Buchstaben an dieser Stelle der Publikation hätte sich an der Arbeit und für die scientific community geändert, wenn 5 andere Eigenschaften "signifikant" geworden wären ?

Daß der Unsinn, vom Computer ausgeworfene Zahlen ohne Rückfragen nach ihrem inhaltlichen Ertrag mit einigen Worten garniert sozialwissenschaftliche Zeitschriften aufblähen zu lassen, nahezu unbegrenzt steigerungsfähig ist, soll abschließend kurz belegt werden. In der bereits angeführten Arbeit über "Berufstätigkeit der Mutter und spätere Partnerwahl der Kinder"[3] werden nicht nur nicht-signifikante Ergebnisse berichtet - was ggf. höchst wünschenswert und sinnvol wäre, sofern es gute inhaltliche Gründe gibt, eigentlich Zusammenhänge zu erwarten und ein solches Ergebnis Teil einer umfassenderen Argumentation ist (was hier aber nicht der Fall ist) - sondern es werden sogar die dazugehörigen Tabellen mit abgedruckt:[4]

Berufstätigkeit der Mutter der Mutter und Geschwisterzahl des Vaters:

	Mutter der Mutter berufstätig	nicht berufstätig
$\overline{x}$	3,0	2,973
s^2	14	3,89
N	22	75

n.s.; F = 3,599 (1 %), d. h. die Ehemänner von Frauen, deren Mütter berufstätig waren und die Ehemänner von Frauen, deren Mütter nicht berufstätig waren, unterscheiden sich nicht hinsichtlich ihrer Geschwisterzahl.

Links ist die erste von insgesamt 15 Tabellen wiedergegeben
(teilweise handelt es sich dabei auch um Vierfeldertafeln),
von denen 9 nicht signifikant sind - bzw. nach Meinung des
Autors nicht signifikant sind. Der einzige Erkenntniswert dieser 9 Tabellen liegt in ihrem Demonstrationscharakter, was in
unserer scientific community abgedruckt wird und daß der Autor seine eigenen Werte nicht interpretieren kann. Denn selbstverständlich zeigt der angeführte signifikante F-Wert, daß
sich die beiden Gruppen sehr wohl unterscheiden (sofern nicht
alles Zufall ist, aber wenn man das zugesteht, bräuchte man
so erst gar nicht zu testen), zwar nicht hinsichtlich der
durchschnittlichen Geschwisterzahl, sondern eben hinsichtlich
der Verteilung der Geschwisterzahlen.

Nicht daß solche Fehler bei der Tabellen"interpretation" öfter
unterlaufen ist die eigentliche Kritik, sondern die völlige
Belang- und Bedeutungslosigkeit dessen, was als Material für
den Diskurs der Forscher angeboten wird. So ist denn der Wiedergabe der folgenden Kreuztabelle aus derselben Publikation,
mit der dieses Kapitel abgeschlossen werden soll, nichts
mehr hinzuzufügen: [5]

Berufstätigkeit der Mutter der Mutter und Geschwisterposition des Vaters:

	Vater Erstgeborener	Vater Spätgeborener	
Mutter der Mutter berüfstätig	14	15	29
nicht berufstätig	44	47	91
	58	62	120

n. s., d. h. die Ehemänner von Frauen, deren Mütter berufstätig waren, und die von
Frauen, deren Mütter nicht berufstätig waren, unterscheiden sich nicht hinsichtlich
ihrer Geschwisterposition.

16. Schlußbemerkungen

Die vorausgegangene Exemplifikation in Teil III hat ausführlich belegt, daß die methodischen Konzepte in der sozialwissenschaftlichen Forschungspraxis weitgehend ihres Sinnes entkleidet und somit sinnlos verwendet werden. Damit wurden die Folgen des in Kap. 11 resümierten "falschen Methodenbewußtseins" konkretisiert und gezeigt, daß die in diesem Resümee abgeleiteten Forderungen für einen sinnvollen Gebrauch des methodischen Instrumentariums nicht erfüllt werden: Verbunden mit mangelhafter Transparenz und Dokumentation der Schritte im Forschungsprozeß werden die implizit getroffenen Entscheidungen weder expliziert noch auf mögliche Alternativen hin hinterfragt - sie sind, so muß vermutet werden, den Autoren oftmals selbst nicht bewußt. Der Kontextrahmen, in dem die Ergebnisse Bedeutung und Relevanz haben sollen, bleibt weitgehend unklar; Fragen nach der Invarianz der vorgetragenen Ergebnisse werden praktisch kaum angeschnitten (oft hält es der Autor nicht einmal für angebracht zu überlegen, ob das dargestellte Ergebnis überhaupt irgendeinen Sinn oder eine Bedeutung für die scientific community - ganz zu schweigen von der Gesellschaft - haben könnte).

Geht man von dem Kern aus, daß nicht die Ergebnisse selbst schon objektiv sind, sondern erst der diskursive Prozeß der Forscher Objektivität schaffen kann, müßten unsere sozialwissenschaftlichen Zeitschriften eigentlich der Diskussion breiten Raum bieten. Tatsächlich aber sind inhaltlich substanzielle Kontroversen - wie z.B. zwischen KLEINING einerseits und MAYER und MÜLLER andererseits über Erfassung von Mobilität [1] - seltene Ausnahmen. Der Grund dafür liegt wohl nicht allein in der mangelnden Bereitschaft der Forscher zur Auseinandersetzung, sondern auch in der Herausgeberpolitik - so dauert das Verfahren bis zur Drucklegung auch für kritische Diskussionsbeiträge sehr lang, oder diese Beiträge sind -als Replik-

auf wenige Seiten begrenzt, oder es werden maximal eine Replik mit Antwort zugelassen etc.

Mit der aufgezeigten und kritisierten Belanglosigkeit der Ergebnisse empirischer Sozialforschung scheint allerdings auch
eine Folgenlosigkeit hinsichtlich Kritik einherzugehen - bzw.
eine bemerkenswerte Immunität. So wurde z.B. die Arbeit zur
"Bedeutungsfeldanalyse" (vgl. S. 243) längst nachdem erwiesen
war, daß die statistischen Grundannahmen falsch sind, das Modell also nur Artefakte liefern kann, vom Autor erneut in einem Sammelband publiziert [2] - und die Kritik an den Mängeln
der "Schweigespirale" (vgl. S. 61) von vielen Seiten hat keinen erkennbaren Einfluß auf die neuerliche Verbreitung der
Thesen [3] - um nur zwei Beispiele anzuführen.

Angesichts dieser Beliebigkeit sozialwissenschaftlicher Forschung (solange jedenfalls die institutionellen Spielregeln
eingehalten werden) scheint es umso mehr der Verantwortung
des Einzelnen überlassen, ob er mit seinem Tun einen Beitrag
zur Erklärung und Verbesserung sozialen Handelns leistet.
Ich wünschte, dieses Buch könnte einigen dabei helfen, weniger
zu rechnen und mehr inhaltlich zu denken - vielleicht sogar
über diesen Rahmen hinaus. Wie sagte doch WITTGENSTEIN[4] :

> "Wir fühlen, daß selbst, wenn alle *möglichen*
> wissenschaftlichen Fragen beantwortet sind,
> unsere Lebensprobleme noch gar nicht be-
> rührt sind."

Anmerkungen

Einzelne Vorarbeiten zu diesem Buch wurden bereits als Aufsätze veröffentlicht (KRIZ 1975a, 1977c, 1979), für diesen Gesamtzusammenhang allerdings nochmals überarbeitet und erweitert.

Kapitel 2

1) Den Gegensatz von "Welt" als potentielle und "Wirklichkeit" als konstituierte Realität findet man in östlicher Philosophie als "Absolutes", das sich im "Relativen" manifestiert - etwa im Hinduismus als "Brahman" und dessen vielen Manifestationen, z.B. als "Atman"; es entspricht wohl auch dem Gegensatzpaar "Nagual" und "Tonal" in den Schriften von CASTANEDA (1978)

2) Vgl. BERGER und LUCKMANN 1970

3) Trotzdem gibt es diesen Wirklichkeitsbereich nicht nur, sondern er ist auch vermittelbar, z.B. indem ich jemanden direkt mit Erfahrung konfrontiere, vgl. WITTGENSTEIN 1969 Satz 6.522 (wenngleich es so scheint, als hätte er in Satz 7 übersehen, daß Sprache vornehmlich Bezüge stiftet).

4) Insbesondere können in einer Gesellschaft mit ungleicher Machtverteilung vermittelte Sinn- und Handlungsmuster nur für einzelne (mächtige) Gruppen funktional sein - z.B. unsere heutigen Wegwerf-Produkte angesichts von Energie- und Umweltproblemen, Hunger etc.

5) Vgl. KANNGIESSER 1976 und KUHN 1976

6) Ich bin mir voll bewußt, daß diese normative Funktionsbestimmung von Wissenschaft angesichts der bestehenden Zustände völlig irrational erscheint. Wenn 10 Jahre, nachdem der Mensch den Mond betrat, jährlich 35 Mill. Kinder verhungern, in Ost und West Menschen unterdrückt und gefoltert werden und die "zivilisierten" Nationen die Güter dieses Planeten in Wegwerf-Ideologie verprassen, scheint es "blind", den Sinn von Wissenschaft darin zu postulieren, die Lebensbedingungen des Menschen zu verbessern. Dennoch vermag ich normativ keinen anderen Sinn auszumachen - und es scheint auch mehr als fraglich, ob unsere Kultur mit dieser Haltung überlebensfähig (und -wert) ist.

Kapitel 5

1) Fatalerweise werden allerdings mit der zunehmenden Vorhersagbarkeit von Handlungen die Folgen unberechenbaren Handelns immer bedrohlicher für das Überleben der Menschheit (atomare Hyperbewaffnung, Umweltverseuchung etc.)

Kapitel 6

1) Vgl. dazu Teil I und Kap. 14

Kapitel 6 (Forts.)

2) Hinweis für Nicht-Drudler: Ein Drudel ist eine aus wenigen Elementen bestehende Zeichnung, die das zu Erratende
   - meist aus einer witzigen Perspektive - ungewöhnlich darstellt. Siehe PRICE 1965.

3) NOELLE-NEUMANN 1974, S. 310f.

Kapitel 7

1) Zum Aspekt der Erwartungserwartungen siehe LUHMANN 1971
   bes. S. 63ff.

2) Vgl. zur Aktionsforschung HAAG u.a. (1972), sowie PIEPER
   (1977)

3) Erklärungen:
   ad 1: Zunahme in A: 4OE, in B: 5OE; 1OE von 5OE sind 20%
         weniger
   ad 3: Zunahme in A: 4OE, in B: 5OE; 1OE von 4OE sind 25%
         mehr
   ad 2: Zunahme von 4OE bei A=6OE sind 66,7%; analog 5OE
         bei B=1OOE sind 50%, d.h. 66,7% minus 50% = 16,7%
         mehr in A
   ad 4: analog zu 2: in A 66,7%, in B 50%, d.h. A-B=16,7%
         weniger. 16,7% sind aber bezogen auf 66,7% in A
         1/4 oder 25%
   Weitere Beispiele z.B. in KRIZ 1973, S. 32f., 64-70,
   242-247; LISCH 1978, S. 180f.

4) Noch genauer: ob der Parameter der Stichprobenverteilung
   in einen bestimmten Randbereich fällt - was zufällig sehr
   selten geschieht (5%, 1% oder O,1% der Fälle).

5) Ähnliche Analysen ausländischer Fachliteratur erbrachten
   einen noch höheren Anteil von Artikeln, in denen die Nullhypothese verworfen wird; z.B. STERLING (1959):97,3%;
   GALTUNG (1967):100%; WILSON u.a. (1973):80,4%

6) Ausführliche Beispiele dazu in KRIZ 1973, S. 202-210 und
   264ff.

7) In beiden konstruierten Fällen wäre allerdings die par-
   tielle Korrelation $r_{xz/y}$ =-1, so daß der eigentlich interessante Effekt hier sicher der Einfluß von Y wäre.

Kapitel 8

1) Man beachte wieder die grundsätzliche Übereinstimmung zwischen Alltagshandeln und Forschung: auch Berufserfolg und
   "Intelligenz" (kurz: Erfolg im Alltag) setzen ein Individuum voraus, welches möglichst schnell und gut bestimmte
   angemessene Kontextrahmen zu finden vermag, sich also beim
   gesellschaftlichen Aufbau von Sinnwelten und in den damit
   verbundenen Handlungskontexten bewährt.

2) So liegt die gefährliche Manipulation z.B. von "BILD"
   nicht so sehr in den frei erfundenen oder unterschlagenen

Kapitel 8 (Forts.)

"Tatsachen", sondern darin, daß dem Leser kaum Kontextrahmen für die weitgehend isoliert dargebotenen "Fakten"
gegeben werden und der Aufbau eines umfassenden Interpretationsrahmens und Argumentationszusammenhangs verhindert
wird.

3) Hier wird die Ähnlichkeit des Kontextrahmens mit den Randbedingungen des HEMPEL-OPPENHEIM-Schemas deutlich (siehe
dazu z.B. ESSER u.a. 1977, S. 101ff.)

4) Bei Rechenfehlern im Forschungsverlauf, z.B. im Teilbereich der Datenverarbeitung, ist die Kategorie "richtig-
-falsch" zwar angemessen, denn sie bezieht sich auf den
Teilaspekt eines mathematischen Algorithmus, doch kann
möglicherweise das empirische Ergebnis trotzdem (oder im
extremen Fall gerade deswegen) die hergestellte Realität
adäquat beschreiben und erfolgreiches Handeln ermöglichen.

5) Immerhin ist BURT nicht erst durch seine Ergebnisse, die
sich dann als Fälschung erwiesen, bekannt geworden, sondern war längst Professor, bevor er -fast 50jährig- mit
seiner Intelligenz-Zwillingsforschung begann.

Kapitel 9

1) also: mit i=1...N Alternativen

$$\sum_{i=1}^{N} P_i U_i = Max!$$

P_i=subj. Wahrsch. von Alternative i
U_i^i=Nutzen (Utility) von Alternative i

2) Die Wahrscheinlichkeit wird nämlich über BAYES' Theorem
mithilfe des Likelihood-Quotienten berechnet (KRIZ 1967a)

3) Eine solche Paradox-Funktion muß entstehen, wenn die
Stichproben mit zunehmender Ähnlichkeit in der Proportion
heil/defekt nach dem statistischen Modell - wegen zunehmender Stichprobengröße - immer weniger wahrscheinlich
aus einer gemeinsamen Grundgesamtheit stammen; wenn also
subjektive Ähnlichkeit und objektive Wahrscheinlichkeit
gegensätzlich verlaufen.

4) Eine dritte Möglichkeit - wenn auch mit beiden genannten
verwandt - besteht darin, daß die formale Umsetzung der
Erhebungs- oder Auswertungsmodelle mathematisch-stati-
stisch falsch ist (vgl. hierzu KRIZ 1967b und 1975b).

Kapitel 10

1) Das zeigt allein schon die Problematik der "Meßfehler",
mit denen alle realen Beobachtungen behaftet sind, und
somit können die "wahren" Größen nur erschlossen (und nie-
mals operational erfaßt) werden. Auch gelten die folgenden
Vergleiche für Aussagen mittels Meßsystemen, was die Physik betrifft, genaugenommen nur für die klassische Physik
bzw. die Physik in Inertialsystemen, deren Messungen also
Galilei-invariant sind. Die Erweiterung auf relativisti-
sche Physik - z.B. mit den Folgen der Lorentz-Transforma-

Kapitel 10 (Forts.)

tion - scheint für den Zweck <u>dieser</u> Ausführungen irrelevant.

2) Es ist zu beachten, daß "Wärme" oder "Temperatur" sich auf die <u>empirischen</u> Relationen bezieht, "Temperaturmessung" oder "Meßsystem" hingegen auf die <u>numerischen</u>.

3) Ausführlicher zu den Skalen siehe KRIZ 1973

4) Vgl. dazu Kap. 13.2.2

5) Denn dies genau ist für eine Intervallskala im Gegensatz zur Ordinalskala erforderlich.

6) Zu beachten ist auch, daß gerade im letzten Jahrzehnt die statistische Modellbildung für Nominal- und Ordinalvariable ganz erhebliche Fortschritte gemacht hat. Siehe dazu z.B. PLACKETT 1974 oder in dieser Reihe: KÜCHLER 1978

7) Teile dieser Argumentation wurden schon in KRIZ (1973) vorgetragen und gehen auf eine Anregung von FISCHER (1967) zurück; sie sollen hier aber in einen größeren Zusammenhang gestellt werden.

8) Auf die Unterschiede zwischen einseitiger und zweiseitiger Fragestellung soll hier nicht eingegangen werden.

9) Für eine etwas ausführlichere Darstellung dieser Argumente vgl. KRIZ 1972

Kapitel 11

1) Vgl. BERGER und LUCKMANN 1970

Kapitel 13

1) LUPRI 1973

2) Wobei allerdings auch zu fragen ist, wieweit die Inkonsistenz nicht durch die vom Autor vorgenommene Zuordnung von Ergebnissen aus dem amerikanischen Gesellschaftsbereich auf die Parteienwelt der BRD entsteht.

3) Übrigens sind auch die anderen χ^2-Werte in dieser Tabelle falsch.

4) BLINKERT, FÜLGRAFF und STEINMETZ 1972

Kapitel 14

1) WEYMANN 1973 a

2) In der zweiten Formel ist ein Druckfehler, der mitzitiert wird. Es müßte richtig heißen:
$$MHD = \frac{1}{3} \sum_{i=1}^{3} |d_i - \Delta_i|$$

3) Eine Lösung für dieses Problem hat LISCH 1980 vorgeschlagen.

4) LANGENMAYR 1976

Kapitel 14 (Forts.)

5) **WEYMANN 1973 b**

6) So wurde z.B. von THURSTONE 1931 ein Verfahren veröffentlicht, das die Distanzen für skalierte Objekte nach seinem "Law of comparative Judgment" aus den Rangfrequenzen
erlauben soll. Dieses Verfahren wurde in spätere einschlägige Lehrbücher übernommen. Es konnte aber gezeigt werden
(KRIZ 1967b), daß dabei Wahrscheinlichkeiten als unabhängig behandelt werden, die korrekterweise abhängig sind.

7) SILBERMANN und KRÜGER 1971

Kapitel 15

1) DEUSINGER 1973

2) DEUSINGER 1975, S.136

3) LANGENMAYR 1976

4) ebenda S. 730

5) ebenda S. 731

Kapitel 16

1) Die Diskussion begann mit einem Artikel von KLEINIG 1971
in der Kölner Zeitschrift für Soziologie und Sozialpsychologie und setzte sich fort mit einer Replik von MAYER
und MÜLLER 1971 sowie weiteren Beiträgen aller drei Autoren in derselben Zeitschrift.

2) In: Arbeitsgruppe Bielefelder Soziologen 1973

3) Der bereits in mehreren Bänden abgedruckte Artikel (hier
mit NOELLE-NEUMANN 1974 zitiert) wurde 1980 unter dem Titel
"Die Schweigespirale - Öffentliche Meinung unsere soziale
Haut" zu einem Buch erweitert, ohne jedoch gerade die Mängel und Probleme auszuräumen.

4) WITTGENSTEIN 1969, S.114 (Satz 6.52)

Literaturverzeichnis

A <u>Bände aus dieser Reihe</u> mit besonders hoher Affinität zum
  vorliegenden Buch

Alemann, H.v.,   Der Forschungsprozeß, Bd. 30, 1977

Benninghaus, H.,   Deskriptive Statistik, Bd. 22, 1979[3]

Bungard, W. und H. Lück, Forschungsartefakte und nicht-reak-
                        tive Meßverfahren, Bd. 27, 1974

Erbslöh, E.,   Interview, Bd. 31, 1972

Esser, H.,u.a.,   Wissenschaftstheorie 1, Bd. 28, 1977

Grümer, K.-W.,   Beobachtung, Bd. 32, 1974

Sahner, H.,   Schließende Statistik, Bd. 23, 1971

B <u>andere Bände</u> für die weitere Orientierung und Vertiefung

Berger, H.,   Untersuchungsmethode und soziale Wirk-
                        lichkeit. Frankfurt a.M. 1974

Berger, P.L. und T.Luckmann, Die gesellschaftliche Konstruk-
                        tion der Wirklichkeit. Frankfurt a.M.1970

Cicourel, A.V.,   Methode und Messung in der Soziologie.
                        Frankfurt a.M. 1970

Elashoff, J.D. und R.E. Snow, Pygmalion auf dem Prüfstand.
                        München 1972

Greif, B.v.,   Gesellschaftsform und Erkenntnisform.
                        Frankfurt a.M./ New York 1976

Habermas, J.,   Erkenntnis und Interesse. Frankfurt a.M.
                        1975[3]

Habermas, J. und N. Luhmann, Theorie der Gesellschaft oder
                        Sozialtechnologie. Frankfurt a.M. 1971

Holzkamp, K.,   Kritische Psychologie. Frankfurt a.M.1972

Hülst, D.,   Erfahrung - Gültigkeit - Erkenntnis
                        Frankfurt a.M./New York 1975

Kriz, J.,   Statistik in den Sozialwissenschaften
                        Reinbek b. Hamburg 1973

Mertens, W.,   Sozialpsychologie des Experiments.
                        Hamburg 1975

C <u>Zitierte Literatur</u>

Ach, N., 1931:   Über Begriffsbildung. Bericht 7. Kongreß
                        exper. Psychol.

Arbeitsgruppe Bielefelder Soziologen, 1976: Kommunikative So-
                        zialforschung. München

Atteslander, P. und H.-U. Kneubühler,1975: Verzerrungen im In-
                        terview. Zu einer Fehlertheorie der Befra-
                        gung. Opladen

Banta, T.J., 1961:   Social Attitudes and Response Styles.
                        Educational Psychological Measurment, 21,
                        543-557

Berger, P.L. und T. Luckmann, 1970: Die gesellschaftliche Kon-
                        struktion der Wirklichkeit. Eine Theorie
                        der Wissenssoziologie. Frankfurt a.M.

Blinkert, B., B. Fülgraff und P. Steinmetz, 1972: Statuskon-
                        sistenz, soziale Abweichung und das Inter-
                        esse an Veränderungen der politischen
                        Machtverhältnisse, in: Kölner Zeitschr.f.
                        Soz. und Soz.Psych., 24, 24-45

Brengelmann, J.C. und L. Brengelmann, 1960: Deutsche Validie-
                        rung von Fragebögen der Extraversion, neu-
                        rotischer Tendenzen und Rigidität, in:
                        Zeitschr.f. exper. und angew. Psychol., 7,
                        291-331

Bridgman, P.W., 1927: The logic of modern Physics. New York

Bungard, W. und H. Lück, 1974: Forschungsartefakte und nicht-
                        -reaktive Meßverfahren. Stuttgart

Castaneda, C., 1978: Der Ring der Kraft. Don Juan in den
                        Städten. Frankfurt a.M.

Cattell, R.B., 1967: The scientific analysis of personality.
                        Harmondsworth, Middlesex

Cravens, J.M., 1956: Experimentelle Untersuchungen zur sprach-
                        sinnlichen Wiedergabe von Sinneseindrük-
                        ken. Phil. Diss., Wien

Deusinger, I.M., 1973: Untersuchungen zum Selbstkonzept von
                        Strafgefangenen, in: Psychol. Rundschau,
                        24, 100-113

Deusinger, I.M., 1975: Zum Publikationsverfahren empirischer
            Forschungsarbeiten. Eine Stellungnahme zur
            Replik von Jürgen Kriz: Fakten oder Arte-
            fakte? - in Deusingers Untersuchungen zum
            Selbstkonzept von Strafgefangenen, in:
            Psychol. Rundschau, 26, 135-140

Ebbingshaus, H., 1885: Über das Gedächtnis. Leipzig

Ernst, H., 1977:   Wer Daten fälscht oder nachmacht oder ge-
            fälschte öder nachgemachte in Umlauf
            bringt..., in: Psychologie heute, 4,
            51-57

Esser, H., K. Klenovits und H. Zehnpfennig, 1977: Wissenschafts-
            theorie. (1) Grundlagen und Analytische
            Wissenschaftstheorie. Stuttgart

Fischer, G., 1967:   Zum Problem der Integration Faktorenana-
            lytischer Ergebnisse, in: Psychol. Bei-
            träge, 10, 122-135

Friedrichs, J., 1973: Methoden empirischer Sozialforschung.
            Reinbek

Galtung, J., 1967:   Theory and Methods of Social Research.
            Oslo

Guttman, L., 1977:   What is not what in Statistics, in: The
            Statistician, 26, 81-107

Haag, F., u.a.,1972: Aktionsforschung. München

Habermas, J. und N. Luhmann, 1971: Theorie der Gesellschaft
            oder Sozialtechnologie. Frankfurt a.M.

Hare, P., 1960:   Interviewer-Responses: Personality or
            Conformity? in: Public Opinion Quarterly,
            24, 679-685

Höfling, O., 1966:   Lehrbuch der Physik. Bonn

Hofstätter, P.R., 1964: Sozialpsychologie. Berlin

Hofstätter, P.R., 1971: Fischer-Lexikon: Psychologie (Neuausg.)
            Frankfurt a.M.

Jourard, S.M., 1973: Brief einer Vp an einen Vl, in: Gruppen-
            dynamik, 4, 27-30

Kamin, L., 1974:   The Science and Politics of IQ. LEA-
            Publishers, New York (und in: Ernst 1977)

Kamlah, A., 1978:   Die Denk- und Arbeitsweise der exakten
                     Naturwissenschaften, in: Engfer, H.J.
                     (Hg.), 1978: Philosophische Aspekte schu-
                     lischer Fächer und pädagoqischer Praxis,
                     München, Wien, Baltimore, 114-138

Kanngießer, S., 1976: Modelle der Spracherklärung, in:
                     Schecker, M. (Hg.), 1976: Methodologie
                     der Sprachwissenschaft, Hamburg, 49-90

Kern, H. und M. Schumann, 1974: Industriearbeit und Arbeiter-
                     bewußtsein. Frankfurt a.M.

Kleining, G., 1971: Struktur- und Prestigemobilität in der
                     Bundesrepublik Deutschland, in: Kölner
                     Zeitschr.f. Soz. und Soz.Psych., 23,
                     1-33

Köhler, W., 1933:   Psychologische Probleme. Berlin

Kriz, J., 1967a: Der Likelihood-Quotient zur Erfassung ei-
                     nes subjektiven Signifikanzniveaus. In-
                     stitut für Höhere Studien, Wien, Forschungs-
                     bericht No 9

Kriz, J., 1967b: Über die Gewinnung einer Proportionsmatrix
                     aus einer Rangfrequenzmatrix. Institut für
                     Höhere Studien, Wien, Forschungsbericht
                     No 10

Kriz, J., 1968a: Subjektive Signifikanz im zwei-Stichpro-
                     benvergleich für Alternativmerkmale, in:
                     Zeitschrift für Psychol., 174, 231-244

Kriz, J., 1968b: Über die Unabhängigkeit zwischen subjek-
                     tiven und objektiven Wahrscheinlichkeiten.
                     Institut für Höhere Studien, Wien, For-
                     schungsbericht No 17

Kriz, J., 1968c: Subjektive Wahrscheinlichkeiten und Ent-
                     scheidungen. Phil.Diss., Wien

Kriz, J., 1972:   Statistische Signifikanz und sozialwissen-
                     schaftliche Relevanz. Eine Kritik statisti-
                     scher Entscheidungsmodelle, dargestellt am
                     Beispiel des t-Test-Moedells, in: Zeitschr.
                     f. Soziologie, 1, 47-51

Kriz, J., 1975a: Fakten oder Artefakte? Eine Replik auf
                     Deusinger: Untersuchungen zum Selbstkon-
                     zept von Strafgefangenen. Psychol. Rund-
                     schau, 131-134

Kriz, J., 1975b: Über den Unterschied zwischen Bedeutungs-
                     feldern und Assoziationsstrukturen. Anmer-
                     kungen zu Ansgar Weymanns gescheitertem
                     Versuch, ein neues Verfahren der Inhalts-
                     analyse zu entwickeln, in: Kölner Zeitschr.
                     f. Soz. und Soz.Psych.,27, 312-317

Kriz, J., 1975c: Datenverarbeitung für Sozialwissenschaft-
                     ler. Einführung in Grundlagen, Programmie-
                     rung und Anwendung. Reinbek b. Hamburg

Kriz, J., 1973:   Statistik in den Sozialwissenschaften.
                     Einführung und kritische Diskussion. Rein-
                     bek b. Hamburg

Kriz, J., 1977a: Öffentliche Meinung und politisches Han-
                     deln. Kritik der Schweigespirale, in:
                     Matthöfer, H. (Hg.), Bürgerbeteiligung
                     und Bürgerinitiativen, Villingen, 396-416

Kriz, J., 1977b: Forschungsartefakte als Tautologien der
                     Operationalisierung. Kommentar zu W.Lilli
                     und K.Grabicke "Zur Analyse des Urteils-
                     prozesses bei der Personenbeschreibung",
                     in: Zeitschr.f.Soz., 6, 250-251

Kriz, J., 1977c: Empirische Sozialforschung und Pragmatik,
                     in: Sozialwiss. Annalen, 1, B71-B86

Kriz, J., 1980:   Artefakte in der Sozialforschung, in:
                     Zeitschr.f. Markt-, Meinungs- und Zukunfts-
                     forschung, 22, 5061-5112

Kriz, V., 1972:   Einfluß der Lautsymbolik bei Lern- und Be-
                     griffsbildungsexperimenten, Phil.Diss.Wien

Küchler, M., 1978:   Multivariate Analyseverfahren. Stuttgart

Kuhn, T.S., 1976:   Die Struktur wissenschaftlicher Revolu-
                     tionen. Frankfurt a.M. (2.Aufl.)

Langenmayr, A., 1976: Berufstätigkeit der Mutter und spätere
                     Partnerwahl der Kinder, in: Kölner Zeitschr.
                     f. Soz. und Soz.Psych., 28, 728-737

Legewie, H. und W. Ehlers, 1978: Knaurs moderne Psychologie.
                     München/Zürich

Lenski, G., 1954:   Status Crystallization: A Non-Vertical
                     Dimension of Social Status, in: American
                     Soc. Review, 19, 405-413

Lenski, G., 1956:   Social Participation and Status Crystalli
                     zation, in: ASR, 21, 458-464

Linert, G.A., 1961: Verteilungsfreie Methoden in der Biosta-
                     tistik. Meisenheim

Lisch, R., 1980:   Valuation in Content Analysis, in: Zeszyty
                     Prasoznawcze, 21, 39-48 (Kraków)

Lisch, R. und J. Kriz, 1978: Grundlagen und Modelle der Inhalts-
                     analyse. Bestandsaufnahme und Kritik.
                     Reinbek b. Hamburg

Lück, H. und W. Bungard, 1978: Artefakte und die Höflichkeit
                     im sozialwissenschaftlichen Forschungs-
                     betrieb, in: Gruppendynamik, 1, 2-10

Luhmann, N., 1971:   Sinn als Grundbegriff der Soziologie, in:
                     Habermas,J. und N. Luhmann 1971, 25-100

Lupri, E., 1973:   Statuskonsistenz und Rechtsradikalismus
                     in der Bundesrepublik, in: Kölner Zeitschr.
                     f. Soz. und Soz.Psych., 25, 265-281

Manz, W., 1968:   Das Stereotyp. Zur Operationalisierung ei-
                     nes sozialwissenschaftlichen Begriffs.
                     Meisenheim

Mayer, K.U. und W. Müller, 1971: Trendanalyse in der Mobili-
                     tätsforschung, in: Kölner Zeitschr.f.
                     Soz. und Soz.Psych., 23, 761-788

Morrison, D.E. und R.E. Henkel, 1970: The Significance Test
                     Controversy - A Reader. Chicago/London

Moscowici, S., 1963: Attitudes and Opinions. Annual Review of
                     Psychol., 14, 231-260

Noelle-Neumann, E., 1974: Die Schweigespirale. Über die Ent-
                     stehung der öffentlichen Meinung, in:
                     Forsthoff, E. und R. Hörstel (Hg), Stand-
                     orte im Zeitstrom, Frankfurt a.M. 299-
                     330

Osgood, C.E., 1959: The Representational Model and Relevant
                     Research Methods, in: Pool, I. (Hg.),
                     Trends in Content Analysis, Urbana, Ill.,
                     33-88

Osgood, C.E., S. Saporta und J.C. Nunnally, 1956: Evaluative
                     Assertion Analysis, in: Litera, 3, 47-102

Osgood, C.E. und L. Anderson 1957: Certain Relationes Between
                     Experienced Contingencies, Assoziative
                     Structure, and Contingencies in Encoded
                     Messages, in: Amer.Journ.Psychol.,70,411-20

Pieper, H.-R., 1977: Theorie, Praxis, Technik und Alltag. Wissenschaftstheoretische Grundlagen der Aktionsforschung. Phil.Diss.Hamburg

Plackett, R.L., 1974: The Analysis of Categorical Data.London

Price, R., 1965: Des Drudels Kern. Zürich

Rapoport, A., 1968: Comments on "Über die Unabhängigkeit zwischen subjektiven und objektiven Wahrscheinlichkeiten" by J. Kriz, in: Kriz, J. 1968b

Rosenthal, R. und K.L. Fode, 1963: The Effect of Experimenter Bias on the Performance of the Albinorat, in: Behavioral Science, 8, 183-189

Sahner, H., 1978: Empirische Sozialforschung: Ein Instrument zur Bestätigung der Vorurteile des Forschers? Eine Analyse veröffentlichter empirischer Sozialforschung. Soziol. Arbeitsber. 4, Christian-Albrechts-Universität, Kiel. (leicht veränderte Fassung auch in: Zeitschr.f.Soz., 8, 267-278, 1979)

Schütz, A., 1971: Gesammelte Aufsätze, Bd.I-III. Den Haag

Selvin, H., 1957: A Critique of Tests of Significance in Survey Research. Amer.Soc.Rev.,22, 519-527

Silbermann, A. und U.M. Krüger, 1971: Rechtsradikalismus in einem Bundeswehrstandort. Methodik und Ergebnisse einer Vorstudie, in: Kölner Zeitschr.f.Soz. und Soz.Psych.,23,568-579

Thurstone, L.L., 1931: Rank order as a Psychometric Method, in: Journ.Exper.Psychol., 14, 187-201

Überla, K., 1971: Faktorenanalyse. Eine systematische Einführung für Psychologen, Mediziner, Wirtschafts- und Sozialwissenschaftler. Berlin, Heidelberg, New York

Weymann, A., 1973a: Zur Konzeption von politischer Bildung in der Erwachsenenbildung. Eine inhaltsanalytische Studie, in: Zeitschr.f. Soz., 2, 182-2o3

Weymann, A., 1973b: Bedeutungsfeldanalyse. Versuch eines neuen Verfahrens der Inhaltsanalyse am Beispiel der Erwachsenenbildung, in: Kölner Zeitschr. f. Soz. und Soz.Psych.,25, 762-776

Wilson, F.D., G.L. Smoke und J.D. Martin, 1973: The Repli-
cation Problem in Sociology. A Report
and a Suggestion, in: Sociol. Inquiry,
43, 141-149

Wittgenstein, L., 1969: Tractatus logico-philosophicus.
Logisch-philosophische Abhandlung.
Frankfurt a.M. (7.Aufl.)

Wittmann, J., 1934: Die physiognomische Urbedeutung des
Wortes und das Problem der Bedeutungs-
entwicklung. (vermutl: 13. Kongreß f.
Psychologie)

Sachregister

Studienskripten zur Soziologie

31 E.Erbslöh, Interview
   (Techniken der Datensammlung, Bd. 1)
   119 Seiten, DM 9,80

32 K.-W.Grümer, Beobachtung
   (Techniken der Datensammlung, Bd. 2)
   290 Seiten, DM 15,80

35 M.Küchler, Multivariate Analyseverfahren
   262 Seiten, DM 16,80

37 E.Zimmermann, Das Experiment
   in den Sozialwissenschaften
   308 Seiten, DM 15,80

38 F.Böltken, Auswahlverfahren
   Eine Einführung für Sozialwissenschaftler
   407 Seiten, DM 17,80

39 H.J.Hummell, Probleme der
   Mehrebenenanalyse
   160 Seiten, DM 10,80

41 Th.Harder, Dynamische Modelle
   in der empirischen Sozialforschung
   120 Seiten, DM 9,80

42 W.Sodeur, Empirische Verfahren zur
   Klassifikation
   183 Seiten, DM 10,80

44 H.-D.Schneider, Kleingruppenforschung
   351 Seiten, DM 16,80

45 H.J.Helle, Verstehende Soziologie und
   Theorie der Symbolischen Interaktion
   207 Seiten, DM 12,80

48 S.Jensen, Talcott Parsons
   Eine Einführung
   204 Seiten, DM 14,80

49 J.Kriz, Methodenkritik empirischer
   Sozialforschung
   292 Seiten, DM 16,80

Weitere Bände in Vorbereitung

Preisänderungen vorbehalten